高等学校计算机教育"十二五"规划教材

Access 数据库应用技术

丁明浩　主　编

邹汪平　副主编

U0316716

中国铁道出版社

CHINA RAILWAY PUBLISHING HOUSE

内 容 简 介

本书详细讲解了 Access 数据库设计的方法,共分四篇,分别讲解了数据库概论、建立关系型数据库、操作界面的设计,以及一个图书进销存的专题练习。

本书结合数据库理论与实务,在理论部分说明关系型数据库如何产生作用,实务部分则以 Access 实际操作为重点。内容讲解上采用循序渐进、逐步深入的方法,突出重点,使读者易学易懂。

本书适合作为高等院校相关专业的教材,也可以作为广大 Access 自学者的参考用书。

图书在版编目(CIP)数据

Access 数据库应用技术/丁明浩主编. —北京:中国铁道
出版社,2012.9
高等学校计算机教育"十二五"规划教材
ISBN 978-7-113-15045-7

Ⅰ.①A… Ⅱ.①丁… Ⅲ. ①关系数据库系统-数据库
管理系统-高等学校-教材 Ⅳ.①TP311.138

中国版本图书馆 CIP 数据核字(2012)第 154930 号

书　　名:Access 数据库应用技术
作　　者:丁明浩　主编

策　　划:秦绪好　翟玉峰　　　　　　读者热线:400-668-0820
责任编辑:赵　鑫　马洪霞
封面设计:刘　颖
责任印制:李　佳

出版发行:中国铁道出版社(100054,北京市西城区右安门西街 8 号)
网　　址:http://www.51eds.com
印　　刷:北京鑫正大印刷有限公司
版　　次:2012 年 9 月第 1 版　　　　2012 年 9 月第 1 次印刷
开　　本:787mm×1092mm　1/16　印张:17.5　字数:415 千
印　　数:1~3 000 册
书　　号:ISBN 978-7-113-15045-7
定　　价:35.00 元

随着计算机科学与技术的飞速发展，现代计算机系统的功能越来越强大、应用也越来越广泛，尤其是快速发展的计算机网络。它不仅是连接计算机的桥梁，而且已成为扩展计算能力、提供公共计算服务的平台，计算机科学对人类社会的发展做出了卓越的贡献。

计算机科学与技术的广泛应用是推动计算机学科发展的原动力。计算机科学是一门应用科学。因此，计算机学科的优秀创新人才不仅应具有坚实的理论基础，还应具有将理论与实践相结合来解决实际问题的能力。培养计算机学科的创新人才是社会的需要，是国民经济发展的需要。

计算机学科的发展呈现出学科内涵宽泛化、分支相对独立化、社会需求多样化、专业规模巨大化和计算教育大众化等特点。一方面，使得计算机企业成为朝阳企业，软件公司、网络公司等 IT 企业的数量和规模越来越大，另一方面，对计算机人才的需求规格也发生了巨大变化。在大学中，单一计算机精英型教育培养的人才已不能满足实际需要，社会需要大量的具有职业特征的计算机应用型人才。

计算机应用型教育的培养目标可以利用知识、能力和素质三个基本要素来描述。知识是基础、载体和表现形式，从根本上影响着能力和素质。学习知识的目的是为了获得能力和不断地提升能力。能力和素质的培养必须通过知识传授来实现，能力和素质也必须通过知识来表现。能力是核心，是人才特征的最突出的表现。计算机学科人才应具备计算思维能力、算法设计与分析能力、程序设计能力和系统能力（系统的认知、设计、开发和应用）。计算机应用型教育对人才培养的能力要求主要包括应用能力和通用能力。应用能力主要是指用所学知识解决专业实际问题的能力；通用能力表现为跨职业能力，并不是具体的专业能力和职业技能，而是对不同职业的适应能力。计算机应用型教育培养的人才所应具备的三种通用能力是学习能力、工作能力、创新能力。基本素质是指具有良好的公民道德和职业道德，具有合格的政治思想素养，遵守计算机法规和法律，具有人文、科学素养和良好的职业素质等。计算机应用型人才素质主要是指工作的基本素质，且要求在从业中必须具备责任意识，能够对自己职责范围内的工作认真负责地完成。

计算机应用型教育课程类型分为通用课程、专业基础课程、专业核心课程、专业选修课程、应用课程、实验课程、实践课程。课程是载体，是实现培养目标的重要手段。教育理念的实现必须借助于课程来完成。本系列规划教材的特点是重点突出、理论够用、注重应用，内容先进实用。

本系列教材有不足之处，敬请各位专家、老师和广大同学指正。

陈明

2012 年 3 月

前言
FOREWORD

本书结合数据库理论与实际，理论部分说明关系型数据库如何产生作用，实际部分则以 Access 实际操作为重点。

数据库理论在数据库的世界中只有一套，总括而言，就是"关系型数据库"，而"关系型"3 字又是重点所在，目前所有数据库软件都是关系型数据库，也就是各软件公司用同一套数据库理论开发出不同的数据库软件。

本书共 4 篇，在内容安排上，大致上是先理论后实际。有关理论的章节，由于有些理论较难以用文字表达，故本书尽量以流程图或表格等图解形式进行说明。以下是每篇的简略说明：

第 1 篇　数据库概论

本篇包括第 1~5 章，主要说明何谓数据库，如何将日常生活所见的事物转化为数据库中的概念。

除此之外，本篇亦将针对本书的实际工具——Access 的操作，予以说明，包括建立数据表及输入记录，故读者在本篇必须了解数据库的基本原理及 Access 的基本操作。

第 2 篇　建立关系型数据库

本篇包括第 6~9 章，大部分内容是数据库理论，包括如何进行系统分析，唯有经过分析后的结果，方是符合数据库原理的设计。

而在操作上，Access 的数据表、查询及关联等，都是将理论化为实际的设计，故这也是数据库的基础。本篇目的是为读者打好数据库的基础。

第 3 篇　操作界面的设计

本篇包括第 10~11 章，是建立在数据库理论基础上的实际设计。操作界面指的是显示在屏幕上，提供用户操作的区域，包括窗口、报表等，此部分也是实际设计中，最为复杂的部分。

由于操作界面可讨论的范围相当广泛，限于篇幅，本书无法详述殆尽，只能就常用设计予以说明。

第 4 篇　专题练习——完成图书进销存管理

本篇包括第 12 章，是 Access 数据库的专题实例，以图书进销存为例，详细介绍数据库设计的方法与应用实践，让读者将所学到的知识得以实践。

本书由丁明浩任主编，邹汪平任副主编，袁东光、李锦、高艳萍、刘静、李阳、王卫玲、范超琪、柴艳宾、章新斌、杨静等同志为本书的编写工作提出了宝贵的建议，在此一并表示感谢！

由于时间仓促，不足之处在所难免，希望读者批评指正，我们也会在适当时间进行修订和补充，使之不断完善。

编　者
2012 年 3 月

目 录
CONTENTS

第 2 篇 建立关系型数据库

第 3 篇 操作界面的设计

第1篇 数据库概论

第1章

数据库基础知识

数据库是 20 世纪 60 年代末发展起来的一门技术，它的出现使数据处理进入了一个崭新的时代。随着计算机技术的发展，数据库现在已经融入众多的信息技术领域。目前，数据库系统的应用已十分广泛和普及。通过本章的学习，用户应了解数据库、数据库系统、数据库的组成和结构。

学习目标：

- 掌握数据库的基本概念
- 了解数据库系统的组成
- 了解数据库系统的发展过程
- 掌握数据模型的分类及关系运算

1.1 什么是数据库

数据库不是很难的学科，但有一定的门坎。就像文字处理、电子表格一样，数据库是众多计算机应用之一，可以说自计算机问世之际，数据库就被发明并应用。

日常生活中，数据比比皆是，但要成为有用的信息，必须经过数据库的提炼。使用数据库的目的就是使杂乱无章的数据成为按部就班、有秩序的记录，这也是数据库软件技术发展的最高原则。

1.1.1 由数据至数据库

通常会以数据库（database）泛指数据库相关应用，数据库一词也成为这个领域最简洁有力的代名词。

1. 数据

数据（data）是描述客观事物及其活动并存储在某一种媒体上能够识别的物理符号，是数据库的基本组成，凡日常所见现象、事物等都是数据。

例如，要描述一个公司的员工，每一员工的身份证号、姓名、联系电话等，都是数据。数据本身是无形的，若要给予一个定义，可谓之为"以一个或多个形容词描述的特定事物"。

一个人在日常生活中，可由不同角度，通过不同需求，而产生许多"数据"，数据与数据间可能有特定关系，亦可能各自独立，如图1-1所示。

数据是有"型"和"值"之分的。数据的"型"指的是数据的结构，即数据的内部构成和对外联系；数据的"值"就是真正的取值。以图1-1为例，人、朋友一、朋友二、同学一、同学二、拥有的书一、拥有的书二，是数据的"型"，其中"人"为数据名，朋友一、朋友二、同学一、同学二、拥有的书一和拥有的书二为属性。数据的表现形式就是：人（朋友一，朋友二，同学一，同学二，拥有的书一，拥有的书二），如果以符号化表述，（张三，李四，王五，赵六，C语言程序设计，C#程序设计基础）表示的就是一个具体的值。

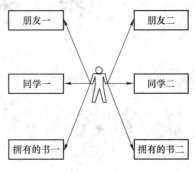

图1-1 日常生活可见的数据

从数据中获得的有意义的内容，称为信息。信息是以数据的形式表示的，即数据是信息的载体。另一方面，信息是对数据进行加工得到的结果，它可以影响人们的行为、决策或对客观事物的认知。

2．数据库

数据库（database）是按照数据结构来组织、存储和管理数据的仓库。它产生于50年前，随着信息技术和市场的发展，特别是20世纪90年代以后，数据管理不再仅仅是存储和管理数据，而转变成用户所需要的各种数据管理的方式。数据库有很多种类型，从最简单的存储有各种数据的表格到能够进行海量数据存储的大型数据库系统，且在各个方面得到了广泛的应用。

"数据库"一词有两个含义，一是多个数据的集合成为一个数据库，"库"字就是多数之意；二是泛指可管理数据的软件或应用程序，可能是市面可见的软件包，也可能是自行开发的数据库。

换言之，数据本身是没有生命力的无机体，而数据库中的数据则可在一定的规则下成为可再利用的"信息"。数据是尚未经过利用的原始记录，信息则是数据经过整理、分析后有更多意义的数据，如图1-2所示。所以，数据成为信息的第一步是将多个数据集中，成为"数据库"。

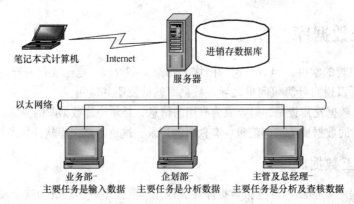

图1-2 数据库的结构

图1-2是模拟一家公司的进销存数据库，此类数据库的目的是处理每日进出货，包括销售及退货等。在组织结构中，若有多个部门，则每个部门负责的任务应有所不同，如业务部是一线部门，主要任务是进出货处理。

但若是主管或总经理，其任务就不是输入数据，而是分析数据，为未来发展把脉或决定方向，这就是有意义的数据。

J.Martin 给数据库下了一个比较完整的定义：数据库是存储在一起的相关数据的集合，这些数据是结构化的，无有害的或不必要的冗余，并为多种应用服务；数据的存储独立于使用它的程序；对数据库插入新数据，修改和检索原有数据均能按一种公用的和可控制的方式进行。当某个系统中存在结构上完全分开的若干数据库时，则该系统包含一个"数据库集合"。

1.1.2　数据库管理系统

档案管理员在查找某位员工的资料时，首先要通过目录检索找到员工的部分号和员工编号，然后在档案室中找到那一部分的书架，并在那个书架上按照员工编号的大小次序查找，这样很快就能找到所需要的员工资料。

数据库里的数据像档案馆里的档案一样，要让人能够很方便地找到才行。

如果所有的档案都不按规则，胡乱堆在一起，那么人事科借阅档案的人根本就没有办法找到所需要的资料。同样的道理，如果把很多数据胡乱地堆放在一起，让人无法查找，这种数据集合也不能称为"数据库"。

数据库的管理系统就是从档案的管理方法改进而来的。人们将越来越多的资料存入计算机，并通过一些编制好的计算机程序对这些资料进行管理，这些程序后来就被称为"数据库管理系统"，它们可以帮我们管理输入到计算机中的大量数据，就像档案管理员。

数据库管理系统（database management system，DBMS）是一种操纵和管理数据库的大型软件，是用于建立、使用和维护数据库。它对数据库进行统一的管理和控制，以保证数据库的安全性和完整性。用户通过 DBMS 访问数据库中的数据，数据库管理员也通过 DBMS 进行数据库的维护工作。它提供多种功能，可使多个应用程序和用户用不同的方法同时或在不同时刻去建立、修改和查询数据库。它使用户能方便地定义和操纵数据，维护数据的安全性和完整性，以及进行多用户下的并发控制和恢复数据库。

1. 数据库管理系统的功能

数据库管理系统是位于用户与操作系统之间的数据管理软件。一般而言，数据库管理系统必须具备如下功能：

（1）模式翻译：提供数据定义语言（DDL）。用它书写的数据库模式被翻译为内部表示。数据库的逻辑结构、完整性约束和物理储存结构保存在内部的数据字典中。数据库的各种数据操作（如查找、修改、插入和删除等）和数据库的维护管理都是以数据库模式为依据的。

（2）维持数据一致：数据库系统的最重要目标，一切设计重心都围绕于如何让数据保持"一致"。数据一致就是防止用户输入非法数据，如在订单中，交货日期必定大于或等于订单日期，不可能小于订单日期，若违反此原则，就是非法数据，这就是数据一致性。而在数据库系统中，有些非法数据可由数据库自动检查，有些则必须另行设计，而后者情况居多。

（3）交互式查询：有了一定数量的数据后，就可进行查询。数据库管理系统提供易使用的交互式查询语言，如 SQL。DBMS 负责执行查询命令，并将查询结果显示在屏幕上。

查询处理的目的是"设置条件，取得所需数据"，所以查询也是分析数据的第一步。例如在一个含所有订单的数据库中，可查看订单日期在 2002/12/17 以后的订单，数据库管理系统会以数据库"看得懂"的语言，提出要求，再接收返回结果，如图 1-3 所示。

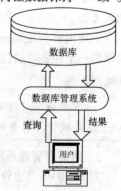

图 1-3　查询处理

数据库管理系统面对用户进行处理，接受用户的查询命令，数据库接到请求后，再将执行结果"告诉"用户。

> **说明**
>
> 在图 1-3 中，数据库、数据库管理系统及用户 3 部分，在实际环境中，可能在同一台计算机，也可能在 3 台计算机上，视情况而定。总之在书中，类似图表的方块，实际上不一定指一台计算机。

（4）使用权限：一个数据库管理系统可能会提供给多数用户进行操作，如进销存系统是各行各业必定使用的系统，但使用进销存系统的用户可以包括业务人员、部门主管及总经理等，这 3 种使用人员会有不同权限，如图 1-4 所示。

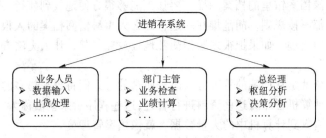

图 1-4　进销存系统的不同使用人员及任务

图 1-4 中列出了 3 种使用人员在进销存系统中的任务，由于任务不同，权限亦有分别，如业务人员是权限最低的用户，每一个业务人员只能处理与自身相关的数据，不可处理他人或其他部门的数据，甚至连查看都不行。反之总经理则是最高权限用户，可针对公司内任意数据进行处理，但实际上，此类用户通常不会编辑数据，只会以现有数据进行分析。

图 1-4 只是很简单的分类，目的只是说明在一个中型以上的数据库管理系统中，可能会有多个用户，而数据库管理系统就必须为不同类型的用户定义应有权限。

（5）数据库的维护：为数据库管理员提供软件支持，包括数据安全控制、数据完整性保障、数据库备份、数据库重组以及性能监控等维护工具。

（6）事务运行管理：提供事务运行管理及运行日志，事务运行的安全性监控和数据完整性检查，事务的并发控制及系统恢复等功能。事务是指将一连串的回存动作视为一个单位，其间若有任意动作失败，就恢复至此单位第一个动作之前的状态，就是所有动作必须执行无误，否则就不做。

上述内容不是每一个数据库管理系统必须有的功能，而是一般而言，数据库管理系统的设计大概包括上述各项功能。

> **说明**
>
> 注意数据库管理系统及数据库应用系统之间的差别，前者通常是指类似 Access、SQL Server、Oracle 等软件，后者则是在这些软件中开发的系统，是可以在实际环境应用的数据库。

2．数据库管理系统的组成

大多 DBMS 是由许多系统程序所组成的一个集合。每个程序都有各自的功能，一个或几个程序一起协调完成 DBMS 的一件或几件工作任务。各种 DBMS 的组成因系统而异，一般来说，它由以下几个部分组成：

（1）数据定义语言及其翻译处理程序：数据定义语言（data definition language，DDL）供用户定义数据库的模式、存储模式、外模式、各级模式间的映射、有关的约束条件等。

用 DDL 定义的外模式、模式和存储模式分别称为源外模式、源模式和源存储模式，各种模式翻译程序负责将它们翻译成相应的内部表示，即生成目标外模式、目标模式和目标存储模式。这些目标模式描述的是数据库的框架，而不是数据本身。这些描述存放在数据字典（亦称系统目录）中，作为 DBMS 存取和管理数据的基本依据。

（2）数据操纵语言及其翻译解释程序：数据操纵语言（data manipulation language，DML）用来实现对数据库的检索、插入、修改、删除等基本操作。

（3）数据运行控制程序：系统运行控制程序负责数据库运行过程中的控制与管理（包括系统初启程序、文件读/写与维护程序、存取路径管理程序、缓冲区管理程序、安全性控制程序、完整性检查程序、并发控制程序、事务管理程序、运行日志管理程序等）。

（4）实用程序：包括数据初始装入程序、数据转储程序、数据库恢复程序、性能监测程序、数据库再组织程序、数据转换程序、通信程序等。

1.1.3　数据库系统

数据库系统（database systems），是由数据库及其管理软件组成的系统。它是为适应数据处理的需要而发展起来的一种较为理想的数据处理的核心机构。它是一个实际可运行的存储、维护和应用系统提供数据的软件系统，是存储介质、处理对象和管理系统的集合体。

数据库统一般由 4 个部分组成：

（1）数据库（database，DB）是指长期存储在计算机内的，有组织，可共享的数据的集合。数据库中的数据按一定的数学模型组织、描述和存储，具有较小的冗余，较高的数据独立性和易扩展性，并可为各种用户共享。

（2）硬件是指构成计算机系统的各种物理设备，包括存储所需的外围设备。硬件的配置应满足整个数据库系统的需要。

（3）软件包括操作系统、数据库管理系统及应用程序。数据库管理系统（database management system，DBMS）是数据库系统的核心软件，是在操作系统的支持下工作，解决如何科学地组织和存储数据，如何高效获取和维护数据的系统软件。其主要功能包括数据定义功能、数据操纵功能、数据库的运行管理和数据库的建立与维护

（4）数据库管理员（database administrator，DBA）是一个负责管理和维护数据库服务器的人。数据库管理员负责全面管理和控制数据库系统，对数据库的设计、规划、协调需要负责，如图 1-5 所示。

图 1-5　数据库系统层次示意图

对数据库系统的基本要求是：①能够保证数据的独立性。数据和程序相互独立有利于加快软件开发速度，节省开发费用。②冗余数据少，数据共享程度高。③系统的用户接口简单，用户容易掌握，使用方便。④能够确保系统运行可靠，出现故障时能迅速排除；能够保护数据不受非受权者访问或破坏；能够防止错误数据的产生，一旦产生也能及时发现。⑤有重新组织数据的能力，能改变数据的存储结构或数据存储位置，以适应用户操作特性的变化，改善由于频繁插入、删除操作造成的数据组织零乱和时空性能变坏的状况。⑥具有可修改性和可扩充性。⑦能够充分描述

数据间的内在联系。

　　数据库系统没有出现之前，人们使用文件系统来管理数据。面向文件的系统存在着严重的局限性，随着信息需求的不断扩大，克服这些局限性就显得尤其重要。随着数据库管理系统的出现，现如今数据的存储及处理方式发生了极大地变化。图 1-6 所示的是采用数据库系统管理数据的方式。

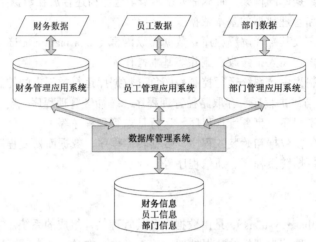

图 1-6　数据库系统管理数据的方式

1.2　为何使用数据库

　　数据库就是将杂乱无章的数据整理成可再利用的信息，这也是使用数据库的目的，而在设计及创建过程中，即依此标准进行。

1.2.1　使用数据库的优点

　　假设在一家商店中，没有库存压力，每日都需进货及销货，如何计算进出之间的各种数字？这就需要数据库。以上述商店为例，使用数据库可具备以下优点：

　　（1）有效的基本数据管理。基本数据指的是人、事、物等，人可以是员工、客户等；物就是产品；事则是因人及物的互动产生的数据。套用至数据库后，这些原本独立的数据，就可存在相互关联。

　　（2）立即掌握进货及销货情况。这是本例的重要目的，进销货之间，就是利润来源，以本例而言，所有设计均围绕此目的，再由此目的派生，可发展出更多应用，如应收账款、应付账款等。

　　（3）准确的决策分析。这是建立数据库的最大目的，最常见的应用是计算业绩排行榜、产品销售排行榜等，以供未来营运分析。

　　（4）数据共享。数据库是可大可小的系统，可以小至一台计算机，也可以在 Internet 上运作，所以数据共享也是数据库应用的一大目的，故各行各业，不论规模大小，都需要数据库。

　　若以图形表示以上所述，使用数据库的流程图如图 1-7 所示。该数据库的处理流程是由上而下，最后的决策分析是管理者需要的信息。多数的数据库设计与应用，都是为了决策分析。

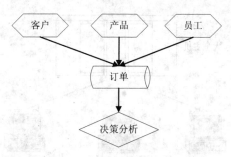

图 1–7 使用数据库的流程图

1.2.2 使用数据库的注意事项

使用数据库虽有诸多优点，但在建立及设计数据库时如果由于操作者的使用不当也会存在一些问题。所以在使用数据库的过程中有几点注意事项，也是初学者易犯错误或难以入手之处，综合如下：

（1）严谨的数据。数据必须是严谨的，严谨之意是有一定的规则，必须维持数据的一致性或正确性。这是理论上的名词，实际上，最简单的比喻就是同一字段的数据，必须是同一类型，如全为日期或数字等，一旦定义之后，除非万不得已，不可更改类型。

（2）有一定设计流程。这是数据库与 Word、Excel 等软件的最大差别，Word 及 Excel 均可快速制作文件，但数据库必须经过一定的设计流程，方可将数据转换为信息，而市面上的软件中，Access 算是设计流程最短的数据库。

（3）需有专业人员。通常数据库需由专业人员进行维护，尤其在系统庞大时，应考虑的重点就不只是数据库的功能而已，包括硬件稳定度、各种软件的横向搭配等，都是维持数据库运作的必要条件。想想看，如果每日均需营业的邮局或银行计算机死机，会有何后果？数据库无法作业时，全国分行或分局不可能停业，就必须有第二套系统接手，而凡此种种，都是大型数据库的应用。

1.3 数据库系统发展

数据库技术从诞生到现在，在不到半个世纪的时间里，形成了坚实的理论基础、成熟的商业产品和广泛的应用领域，吸引越来越多的研究者加入。数据库的诞生和发展给计算机信息管理带来了一场巨大的革命。近 30 年来，国内外已经开发建设了成千上万个数据库，它已成为企业、部门乃至个人日常工作、生产和生活的基础设施。同时，随着应用的扩展与深入，数据库的数量和规模越来越大，数据库的研究领域也已经大大地拓广和深化了。数据库领域获得了三次计算机图灵奖（C.W. Bachman,E.F.Codd, J.Gray），更加充分地说明了数据库是一个充满活力和创新精神的领域。就让我们沿着历史的轨迹，追溯一下数据库的发展历程。

1.3.1 集中式处理

集中式数据库系统由一个处理器、与它相关联的数据存储设备以及其他外围设备组成，它被物理地定义到单个位置。系统提供数据处理能力，用户可以在同样的站点上操作，也可以在地理位置隔开的其他站点上通过远程终端来操作。系统及其数据管理被某个或中心站点集中控制。集中式数据库系统如图 1-8 所示。

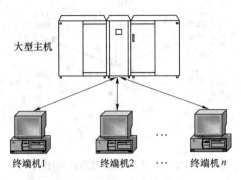

图 1-8 集中式处理

在图 1-8 的集中式处理结构中，所有工作均在大型主机中完成，终端机仅负责接收及显示数据，终端机本身没有任何处理功能，只能忠实地反映大型主机的处理结果。

1. 集中式数据库系统的优点

在集中式数据库中，大多数功能（如修改、备份、查询、控制访问等）都很容易实现。

数据库大小和它所在的计算机不需要担心数据库是否在中心位置。例如，小企业可以在个人计算机（PC）上设立一个集中式数据库，而大型企业可以由大型机来控制整个数据库。

2. 集中式数据库系统的缺点

当中心站点计算机或数据库系统不能运行时，在系统恢复之前所有用户都不能使用系统。从终端到中心站点的通信开销是很大的。

1.3.2 客户/服务器数据库系统

数据库系统的客户/服务器架构由客户端（client）和服务器端（server）逻辑组件构成。客户端一般是个人计算机或工作站，而服务器端是大型工作站、小型计算机系统或大型计算机系统。DBMS 的应用程序和工具运行在一个或多个客户平台，而 DBMS 软件驻留在服务器上。服务器计算机称为后台，客户计算机称为前台。服务器计算机和客户计算机连接成一个网络。应用程序和工具作为 DBMS 的客户，向其服务器发出请求。DBMS 依次处理这些请求并把结果返回到客户端。客户/服务器架构处理图形用户界面（GUI）并进行计算，以及执行终端用户感兴趣的其他应用程序。

客户/服务器数据库系统的处理方式，主要着眼于个人计算机功能日益强大，不再只是图 1-8 所示的终端机而已，故在网络环境中，可以担负更重要的角色，甚至大型主机也因价格昂贵，不再是处理数据库的唯一选择，只要是较一般个人计算机稳定的硬件，都可作为主机。客户/服务器架构如图 1-9 所示。

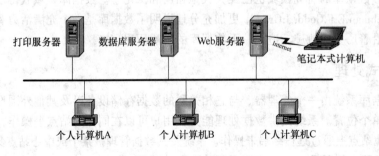

图 1-9 主从式结构

客户/服务器数据库架构由三个组件组成，分别是客户端应用程序、DBMS 服务器和通信网络接口。客户端应用程序可能是工具软件、用户写的应用程序或厂商写的应用程序，它们为数据访问发出 SQL 语句。DBMS 服务器存放相关软件，处理 SQL 语句并返回结果。通过通信网络接口，客户端应用程序连接到服务器，发送 SQL 语句，并在服务器处理完 SQL 语句之后接收结果、错误信息或错误返回码。在客户/服务器数据库架构里，DBMS 的主要服务是在服务器上完成的。

客户/服务器结构的特色是网络上每一台计算机均有其功能，不再是没有"生命"的终端机，每部计算机各司其职，各有不同任务。

可想而知，在客户/服务器结构中，每台计算机的环境可能都不相同，此时有别于集中式处理的中央集权，而是地方分权。

1. 客户/服务器数据库系统的优点

（1）客户/服务器系统用价格比较低廉的平台支持以前只能在大且昂贵的小型或大型计算机上运行的应用程序。

（2）客户端提供基于图标的菜单驱动的界面，这比在大且昂贵的小型或大型计算机上只能使用传统的命令行、哑终端界面更高级。

（3）客户/服务器环境让用户更容易进行产品化工作，并能更好地使用现有的数据。

（4）响应时间短，吞吐量大。

2. 客户/服务器数据库系统的缺点

（1）在客户/服务器环境中，工作量大或者编程代价高，特别是在初始阶段。

（2）缺乏对 DBMS、客户、操作系统以及网络环境进行诊断、性能监控、跟踪和安全控制的管理工具。

名词释义

服务器就是提供服务的计算机，也可称为"主机"。而服务器又因任务不同有不同的类型，如打印服务器专门作为打印之用，数据库服务器就表示内含数据库，环境内所有数据均存储于此。

1.3.3 分布式处理

一个分布式数据库在逻辑上是一个统一的整体，在物理上则是分别存储在不同的物理结点上。一个应用程序通过网络的连接可以访问分布在不同地理位置的数据库。它的分布性表现在数据库中的数据不是存储在同一场地，更确切地讲，不存储在同一计算机的存储设备上。这就是其与集中式数据库的区别。从用户的角度看，一个分布式数据库系统在逻辑上和集中式数据库系统一样，用户可以在任何一个场地执行全局应用。就好像那些数据是存储在同一台计算机上，由单个数据库管理系统（DBMS）管理一样，用户并没有什么感觉不一样。若以图形表示，分布式处理如图 1-10 所示。

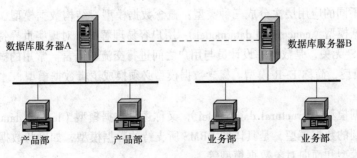

图 1-10 分布式处理

　　分布式数据库系统是在集中式数据库系统的基础上发展起来的，是计算机技术和网络技术结合的产物。分布式数据库系统适合于单位分散的部门，允许各个部门将其常用的数据存储在本地计算机上，实施就地存放本地使用，从而提高响应速度，降低通信费用。分布式数据库系统与集中式数据库系统相比具有可扩展性，通过增加适当的数据冗余，提高系统的可靠性。

1．分布式数据库的优点

（1）具有灵活的体系结构。

（2）适应分布式的管理和控制机构。

（3）经济性能优越。

（4）系统的可靠性高、可用性好。

（5）局部应用的响应速度快。

（6）可扩展性好，易于集成现有系统。

2．分布式数据库的缺点

（1）系统开销大，主要花在通信部分。

（2）复杂的存取结构，原来在集中式系统中有效存取数据的技术，在分布式系统中都不再适用。

（3）数据的安全性和保密性较难处理。

1.4　数据模型

　　数据是描述事物的符号记录。模型（model）是现实世界的抽象。数据模型（data model）是数据特征的抽象，是数据库管理的教学形式框架。数据库系统中用以提供信息表示和操作手段的形式构架。数据模型包括数据库数据的结构部分、数据库数据的操作部分和数据库数据的约束条件。

1.4.1　数据模型内容与分类

1．数据模型的内容

数据模型所描述的内容包括三部分：数据结构、数据操作、数据约束。

（1）数据结构：数据模型中的数据结构主要描述数据的类型、内容、性质以及数据间的联系等。数据结构是数据模型的基础，数据操作和约束都建立在数据结构上。不同的数据结构具有不同的操作和约束。

（2）数据操作：数据模型中的数据操作主要描述在相应的数据结构上的操作类型和操作方式。

（3）数据约束：数据模型中的数据约束主要描述数据结构内数据间的语法、词义联系、制约和依存关系，以及数据动态变化的规则，以保证数据的正确、有效和相容。

2．数据模型的分类

数据模型按不同的应用层次分成三种类型：概念数据模型、结构数据模型、物理数据模型。

（1）概念数据模型（conceptual data model）：用户容易理解的、对现实世界特征的数据抽象，它与具体的 DBMS 无关，是数据库设计员与用户之间进行交流的语言。常用的概念数据模型是实体联系（E-R）模型，简称 E-R 模型。概念数据模型必须换成逻辑数据模型，才能在 DBMS 中实现。

（2）结构数据模型（structural data model），又称逻辑数据模型（logical data model）：是用户从数据库中所看到的数据模型，是具体的 DBMS 所支持的数据模型，如网状数据模型、层次数据模型、关系数据模型和面向对象数据模型等。

（3）物理数据模型（physical data model）：是面向计算机物理表示的模型，描述了数据在储存介质上的组织结构,它不但与具体的 DBMS 有关,还与操作系统和硬件有关。每一种逻辑数据模型在实现时都有其对应的物理数据模型。DBMS 为了保证其独立性与可移植性,大部分物理数据模型的实现工作都由系统自动完成,而设计者只设计索引、聚集等特殊结构。

1.4.2 数据库模型

数据库领域采用的数据模型有层次模型、网状模型和关系模型,其中应用最广泛的是关系模型。

1. 层次模型

在现实世界中,许多实体集之间的联系就是一个自然的层次关系。例如,行政机构、家族关系等都是层次关系。此种方式颇为类似文件管理器的树状结构,各数据表所含记录的依存关系是逐层由上而下,且每条记录只能有一个父记录,如图 1-11 所示。

用树状结构表示实体之间联系的模型称为层次模型。层次模型是最早用于商品数据库管理系统的数据模型。其典型代表是于 1969 年问世、由 IBM 公司开发的数据库管理系统 IMS(information management system)。

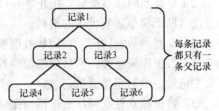

图 1-11 层次模型的数据模式

之后,层次数据库管理系统得到了迅速发展,同时它也影响了其他类型的数据库管理系统,特别是网状系统的出现和发展。今天,层次模型的数据库管理系统无论从技术上、方法上早已完善和成熟,并将随其支持方法的发展而发展。无论从哪个方面讲,层次模型都早已成为传统数据库管理系统三大数据模型之一。

在图 1-11 所示的层次模型中,每条数据库中的记录,至多只能有一条父记录,所以在此类数据库中,描述数据库的方式是直线式的上下关系,父子记录间的关系是绝对的一对一,没有例外,可以说它是死板,也可以说它严谨。

因此,层次模型的优点就体现在如下几点:

(1)存取方便且速度快。

(2)结构清晰,容易理解。

(3)数据修改和数据库扩展容易实现

(4)检索关键属性十分方便

此种方式的缺点是结构呆板,缺乏灵活性,会限制记录在数据库中的角色,只能依附在父记录之下,方可发挥其意义,同时也不适合于拓扑空间数据的组织。

层次模型是早期数据库的处理方式,对用户来说,在模型下,每一条记录看起来就像组织图,该结构是由一个"树根"(root)记录类型以及多个"子树"(subtree)所组成,故也可以说是由许多具有相同树状结构的数据所组成的集合。而较高层级与较低层级的相连,有如父子关系。

2. 网状模型

在现实世界中,许多事物之间的联系更多的是非层次结构的,用层次模型表示非树形结构是很不直接的,网状模型则可以克服这一弊端,可以清晰地表示这种非层次关系。网状模型的典型代表是 DBTG 系统(又称 CODASYL 系统),它是 20 世纪 70 年代数据库系统语言研究会(conference on data system language,CODASYL)下属的数据库任务组(DBTG)提出的一个系统方案。

满足下列两个条件的基本层次联系为网状模型:

(1)有一个以上的结点没有双亲结点。

(2)一个结点可以有多于一个的双亲结点。

网状数据模型是一种比层次模型更具普遍性的结构，它取消了层次模型的两个限制，允许多个结点没有双亲结点，允许结点可以有多个双亲结点，此外，它还允许两个结点之间有多种联系。因此网状模型可以更直接地描述现实世界，而层次结构实际上是网状结构的一个特例，如图1-12所示。

如图1-12所示，网状模型之意不是指局域网或Internet，而是记录在数据库内，其相互的关系是多方面的。

网状数据模型的优点如下：

（1）简单：与层次数据模型类似，网状数据模型也是简单和容易设计的。

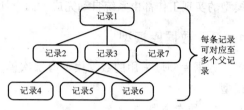

图1-12　网状模型的数据模式

（2）更容易的联系类型：在处理一对多（$1:m$）和多对多（$n:m$）联系时采用网状模型更容易，这有助于模拟现实世界的情形。

（3）良好的数据访问：在网状数据模型中，数据访问和灵活性是比较优异的。

（4）数据库完整性：网状模型强制数据完整性并且不允许存在没有主的成员。用户必须首先定义主记录，然后定义成员记录。

（5）数据独立性：网状数据模型提供了足够的数据独立性，它至少部分地将程序与复杂的物理存储细节隔离开。因此，数据特性的改变不要求应用程序也修改。

网状数据模型的缺点如下：

（1）系统复杂：同层次数据模型一样，网状数据模型也提供导航式的数据访问机制，一次访问一条记录中的数据。这种机制使得系统实现非常复杂。因此，DBA、数据库设计人员、程序员和终端用户都必须熟悉内部数据结构，以便访问数据并利用系统效率的优势。换句话说，要想对网状数据库模型进行合适的设计和使用也是有难度的。

（2）缺乏结构独立性：在网状数据库中进行变更也是一件困难的事情。如果变更了数据库的结构，在应用程序访问数据库之前所有的子模式定义也必须重新确认。换句话说，虽然网状模型实现了数据独立性，但它不提供结构独立性。

（3）用户不容易掌握和使用：网状数据模型没有设计成用户容易掌握和使用的系统，它是一个高技能的系统。

1.4.3　关系模型

1970年美国IBM公司San Jose研究室的研究员E.F.Codd首次提出了数据库系统的关系模型，开创了数据库的关系方法和关系数据理论的研究，为数据库技术奠定了理论基础。由于E.F.Codd的杰出工作，他于1981年获得ACM图灵奖。

20世纪80年代以来，计算机厂商新推出的数据库管理系统几乎都支持关系模型，非关系系统的产品也大都加上了关系接口。数据库领域当前的研究工作也都是以关系方法为基础。

关系模型之意是以二维形式的表格为基础，也就是本书后面要介绍到的数据表；二维的意思就是字段及记录的结合，形成数据表，而数据表与数据表之间，必须以关联赋予实际上的意义，也就是让多个数据表产生意义，便可形成完整的关系型数据库系统的基础结构，如图1-13所示。

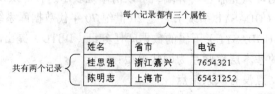

图1-13　关系模型基本结构

1．关系术语

（1）关系（relation）。关系模型中的一个关系就是一个二维表，每个关系有一个关系名。在关系模型中，实体与实体间的联系用关系来表示，如图 1-13 所示。

对关系的描述称为关系模式，一个关系模式对应一个关系的结构。描述一个关系模式时，先给出关系名，紧随其后是用圆括号括起来的特有属性。一般表示为：

关系名（属性 1，属性 2，…，属性 n）。

在 Access 中表示为：

表名（字段名 1，字段名 2，…，字段名 n）

以图 1-13 为例，关系模式可以描述为：员工（姓名，省市，电话）

（2）元组（tuples）。表中的一行（除属性名所在的行以外）即为一个元组。若要单独表示一个元组，常用逗号分开各个分量，并用圆括号括起来。以图 1-13 为例，该表中有两个元组，可以描述为（桂思强，浙江嘉兴，7654321）和（陈明志，上海市，65431252）。

（3）属性（attribute）。表中的一列即为一个属性，给每个属性起一个名字即为属性名。以图 1-13 为例，该表中有 3 个属性，分别为（姓名，省市，电话）。

（4）主关键字（key）

在表中可唯一标识其他每个记录的属性或属性组称为主关键字，或称为主键。一般一个表只有一个主关键字。主关键字不能为空值或者重复值。以图 1-13 为例，该表中的主键是姓名（姓名不能出现重复名）。

（5）外键（foreign key）。又称外关键字，如果一个表的字段不是本表的主关键字，而是另外一个表的主关键字或候选关键字，这个字段就成为外关键字。以另一个关系的外键作为主关键字的表称为主表，具有此外键的表称为主表的从表。

（6）域（domain）。属性的取值范围，如性别域是（男，女），百分制成绩域是 0～100。以图 1-13 为例，该表中省市的域必须为中华人民共和国所存在的合法省市和地区，如北京市、天津市、上海市等。

2．关系模型的特点

（1）数据结构简单。在关系模型中，数据模型是一些表格的框架，实体通过关系的属性表示，实体之间的联系通过这些表格中的公共属性表示。结构非常简单，即使非专业人员也能一目了然。

（2）查询与处理方便。在关系模型中，数据的操作较非关系模型方便，它的一次操作不只是一个元组，也可以是一个元组集合。

（3）数据独立性很高。在关系模型中，用户对数据的操作可以不涉及数据的物理存储位置，而只须给出数据所在的表、属性等有关数据自身的特性即可，具有较高的数据独立性。

3．由层次模型至关系模型

本节最后要说明数据模式的发展，为何由层次模型发展到关系模型？为何关系模型成为目前数据模型的主流？

首先必须了解的是层次模型及网状模型的数据模式，其数据库都不是数据表形式，一个数据库文件可能就只有一个图 1-13 所示的结构。一个数据库只有一个数据表，故一个数据库系统会是多个文件的集合，而文件之间的关系，可以是层次模型或网状模型，视数据库设计工具提供的功能而定，这是 20 世纪 60～70 年代的数据库。

但层次模型及网状模型的数据模式，以现今的角度而言，有无法克服的缺点，综合 3 种数据模式的优缺点如表 1-1 所示。

表 1–1　层次模型、网状模型及关系模型三种数据模型的优缺点

数据模型	占用内存空间	处理效率	设计弹性	程序设计复杂度	界面亲和力
层次模型	高	高	低	高	低
网状模型	中	中－高	低－中	高	低－适度
关系模型	低	低	高	低	高

表 1–1 列出 5 种评比项目，以低、中、高分别表示 3 种数据模式的各项指标。大体而言，在效率上以层次模式为最高，但在程序设计复杂度、界面亲和力、设计弹性等，层次模式都是评比最差者。

而目前成为主流的关系模型，是三种模型中处理效率是最低的一个，在其他方面则是三种模型中表现最佳者。关系模型之所以在处理效率方面会表现不佳有许多原因，一是图形界面；另一个是关系模型的结构，有时单一处理动作会涉及多个数据表。但这些情况在近年已因硬件配备的大幅更新及软件技术提升而有所改善。事实上，现在的数据库都是关系型，没有其他选择。

> **说 明**
>
> 在有些书籍中，数据模型除了本书说明的三种之外，还有文件模型。也就是在层次模型之前，没有数据库的时代，以纯文本文件的形式存在，谓之文件模型。

1.4.4　关系运算

对关系数据库进行操作时，就要对关系进行一定的关系运算。数据库中关系的基本运算有两类：一类是传统的集合运算（并、交、差等），另一类是专门的关系运算（选择、投影、连接等），有些操作需要几个基本运算的组合，要经过若干步骤才能完成。

1. 传统的集合运算

进行并、交、差的集合运算的两个关系必须具有相同的关系模式，其运算是从关系的水平方向（表中的行）来进行的。常用的关系运算符如表 1–2 所示。

表 1–2　关系运算符

运算符		含义	运算符		含义
集合运算符	∪	并	比较运算符	>	大于
	−	差		≥	大于或等于
	∩	交		<	小于
	×	笛卡儿积		≤	小于或等于
				=	等于
				<>	不等于

（1）并运算。设有两个关系 R 和 S，它们具有相同的结构。R 和 S 的并是由属于 R 和属于 S 的元组组成的集合，运算符为∪，记为 $T = R \cup S$。并操作的示意图如图 1–14 所示。

在实际运用中，关系并运算可实现插入新元组的操作，如图 1–15 所示。

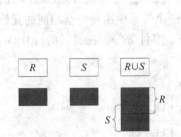

图 1-14 并操作的示意图

R		
A	B	C
A1	B1	C1
A1	B1	C2
A2	B2	C1

S		
A	B	C
A1	B1	C1
A1	B2	C1
A3	B3	C1

R∪S		
A	B	C
A1	B1	C1
A1	B1	C2
A2	B2	C1
A3	B3	C1

图 1-15 关系并运算

（2）交运算。关系 R 与关系 S 有相同的属性，并且对应属性有相同的域。R 和 S 的交是由既属于 R 又属于 S 的元组组成的集合，运算符为∩，记为 $T = R \cap S$。交操作的示意图如图 1-16 所示。

以图 1-17 所示为例，展示在实际运用中关系交运算的操作。

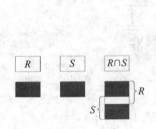

图 1-16 交操作的示意图

R		
A	B	C
A1	B1	C1
A1	B1	C2
A2	B2	C1

S		
A	B	C
A1	B1	C1
A2	B2	C1
A3	B3	C1

R∩S		
A	B	C
A1	B1	C1
A2	B2	C1

图 1-17 关系交运算

（3）差运算。关系 R 与关系 S 有相同的属性，并且对应属性有相同的域。关系 R 和 S 的差，将产生一个包含所有属于 R 但不属于 S 的元组新关系，记为 $R-S$。差操作的示意图如图 1-18 所示。

以图 1-19 所示为例，展示在实际运用中关系差运算的操作。

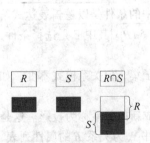

图 1-18 差操作的示意图

R		
A	B	C
A1	B1	C1
A1	B1	C2
A2	B2	C1

S		
A	B	C
A1	B1	C1
A2	B2	C1
A3	B3	C1

R-S		
A	B	C
A1	B1	C2

图 1-19 关系差运算

（4）笛卡儿积运算。关系 $R(u1,u2,\cdots,um)$ 和 $S(v1,v2,\cdots,Vn)$ 的笛卡儿积是一个 $m+n$ 元组的集合，可以形式化地定义为：

$R×S=\{(\text{ }u1,u2,\cdots,um,v1,v2,\cdots,vn)|\text{ all possible }(u1,u2,\cdots,um)\in U\text{ and}(v1,v2,\cdots,vn)\in V\}$

即 R 和 S 的笛卡儿积是一个 $m+n$ 元组集合，每一个元组的前 m 元都是 R 的成员，其后 n 元都是 S 的成员。对于理论上的关系代数，由于 R 中和 S 中都没有重复的元组，所以 $|R×S|=|R|×|S|$，即 Number$(R×S)$=Number$(R)×$Number(S)。但是在实际应用中，在一个关系中出现完全相同的元组是很正常的事情，因为一个关系不仅要记录实体，还要记录事务、事件等等。在实际的 RDBMS 里就需要通过命令去除掉一些重复的记录，如图 1-20 所示。

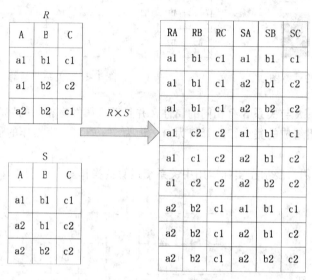

图 1-20　笛卡儿积操作示意图

2．专门的关系运算

专门的关系运算包括选择、投影、连接等。专门的关系运算符如表 1-3 所示。

表 1-3　专门的关系运算符

运　算　符	含　　义		运　算　符	含　　义	
专门的关系运算符	σ π ⋈ ÷	选择 投影 连接 除	逻辑运算符	∧ ∨ ¬	与 或 非

（1）选择。从关系中找出满足给定条件的那些元组称为选择。其中的条件是以逻辑表达式给出的，值为真的元组将被选取。这种运算是从水平方向抽取元组。记作 $\delta_F(R)$。其中 F 是选择条件，是一逻辑表达式。

选择运算结果往往比原有关系的元组个数少，它是原关系的一个子集，但关系模式不变，如图 1-21 所示。

（2）投影。从关系模式中挑选若干属性，并去掉了重复元组，组成新的关系称为投影。这是从列的角度进行的运算，相当于对关系进行垂直分解，记作 $\Pi_A(R)$。其中 A 为关系 R 的属性列表，各属性间用逗号分隔。

投影运算的结果往往比原有关系属性少，或改变原有关系的属性顺序，或改变原有关系的属性名称等，投影运算结果不仅消除了原关系中的某些列，还要去掉重复元组，如图 1-22 所示。

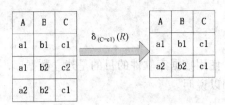

图 1-21 选择运算示意图

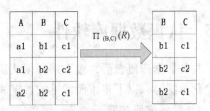

图 1-22 投影运算示意图

（3）连接。数学上，可以用笛卡儿积建立两个关系间的连接，但这样得到的关系数据冗余度大，在实际应用中一般两个相互关联的关系往往需要满足一定的条件，使所得的结果一目了然。这就需要用到连接运算。

连接运算中有三种最为常用的连接，它们是：

① 条件连接：从两个关系的笛卡儿积中选取属性间满足一定条件的元组。

② 等值连接：功能是从关系 R 和 S 的笛卡儿积中选取 A、B 属性值相等的那些元组。

③ 自然连接：自然连接是一种特殊的等值连接，它要求两个关系中进行比较的分量必须是相同的属性组，并且要在结果中将重复的属性去掉。

具体操作如图 1-23 所示。

R

A	B	C	D
a1	b1	c1	5
a2	b2	c2	7
a2	b2	c1	4
a1	b3	c3	9

S

C	E
c1	6
c2	8
c2	11

$R\bowtie S$
D=E

A	B	RC	D	SC	E
a2	b2	c2	7	c1	6
a1	b3	c3	9	c2	8
a1	b3	c3	9	c2	6

$R\bowtie S$
R.C=S.C

A	B	RC	D	SC	E
a1	b1	c1	5	c1	6
a1	b2	c1	4	c1	6
a2	b2	c2	7	c2	8
a2	b2	c2	7	c2	11

$R\bowtie S$

A	B	C	D	E
a1	b1	c1	5	6
a1	b2	c1	4	6
a2	b2	c2	7	8
a2	b2	c2	7	11

图 1-23 连接操作示意图

总之，在对关系数据库的查询中，利用关系的投影、选择和连接运算可以方便地分解和构造新的关系。

1.5   认识数据库软件

具备数据库概念后，接下来必须认识数据库软件。使用数据库软件的目的是建立数据库，将理论化为实际，以下将市面常见的数据库分为两大类加以说明。

1．数据库服务器

此类数据库有时又称"后端"，因为它是隐身于后的"服务器"，这类数据库服务器常见的有 SQL Server、Oracle、Sybase、MySQL 等。一般而言，数据库服务器拥有以下功能：

（1）强大的数据库引擎。数据库服务器的首要强项功能就是拥有强大的数据库引擎，可应付同一时间大量要求的作业，且可保存至少百万条以上的记录，不会因记录笔数增加，而影响访问效率。

（2）高度数据安全。对企业而言，数据库服务器的重要性不言可喻，它不但是企业或使用单位得以运作的关键，有时更是高度敏感的数据的载体。

数据安全包括敏感数据的不可外泄及容错，前者是在 Internet 环境中的课题，数据库服务器必须有效防止以不正当手段获取数据的恶意行为。容错指的是当数据有误时，数据库引擎必须不导致"死锁"，可能的情况如图 1-24 所示。

图 1-24   可能的死锁

图 1-21 的状态是两个用户通过网络同时处理记录，用户 A 锁定第一条及读取第二条，用户 B 则刚好相反，读取第一条及锁定第二条，由于二者的要求正好是对方锁定的记录，数据库引擎必须针对此种情况有效处理，在适当时机解除锁定，得以继续作业，也就是避免死锁。

（3）备份及还原。服务器的重点是它必须每天面对多数用户的要求，处理记录，数据内容每天都有变化。定时备份是提升数据安全性的另一个有效方法，还原则是将备份后的数据库复原。

（4）数据转换。一个使用单位或企业体用户的数据库可能不止一种，如可能同时使用 SQL Server 及 Access，为了在不同数据库间存取数据，数据转换就成为必备的功能，好的数据转换甚至可写成程序，定期执行。

2．桌面数据库软件

另一种是桌面数据库软件，目前最具代表性的是 Access，其特点是取得及学习容易，适合建立小型数据库，其特色如下：

（1）强大的窗体及报表制作能力。窗体就是屏幕上的窗口及对话框，报表是打印在纸上的结果，桌面数据库软件通常都具备制作窗体及报表的能力，Access 又是其中的佼佼者，它是制作窗体及报表最有效率的桌面数据库软件。

（2）强化数据库的自动化设计。桌面数据库软件的特色是可使用鼠标完成设计，但除此之外，还提供强化数据库的工具，在 Access 中就是模块及宏。所以在 Access 中的设计方法有两种，入门时使用鼠标，有一定程度的了解后，再使用宏及模块。

（3）易学易用的操作界面。桌面数据库软件通常不依赖太多的理论，用户不需要学习太多即可上手，故其操作界面必须易学易用。Access 当然是最具此特性的数据库软件，各种辅助工具，如向导、帮助等，在 Access 中随处可见。

3．服务器与桌面数据库的比较

以上列出两大数据库软件类型的特色，最后补充服务器及桌面数据库的比较，二者的功能是相对的，服务器的强项正好是桌面数据库软件的弱点，以 SQL Server 及 Access 为例，其比较如表 1-4 所示。

表 1-4　SQL Server 与 Access 比较

比较内容	SQL Server	Access
数据库引擎	佳	可
可否作为服务器	佳	可
备份及还原	佳	无
制作窗体及报表	无	佳
强化数据库的工具	佳	佳
操作界面	可	佳
数据安全	佳	可
异动处理	佳	可
保全及权限	佳	佳

Access 也有数据库引擎，也可作为服务器，放在主机中（如 Web 服务器），但作为服务器的表现不如 SQL Server。再如制作窗体及报表，SQL Server 即无此能力，因为 SQL Server 的重点在于后端的管理。故除了窗体及报表、备份及还原外，其他都是 SQL Server 及 Access 都有的功能，但多数是一强一弱，因为二者的角色不同，服务器及桌面数据库的擅长有异。

习　　题

一、选择题

1．在表 1-5 中，共有（　　　）条记录。

（A）3　　　　　　　（B）4　　　　　　　（C）5　　　　　　　（D）6

表 1-5　客户数据表

客户识别码	客户名称	统一编号
A0001	太平	98765432
A0002	力成企业	
A0003	德一公司	
A0004	竹山实业	12345678
A0009	窗口信息	

2．在表 1-5 中，共有（　　　）个字段。

（A）3　　　　　　　（B）4　　　　　　　（C）5　　　　　　　（D）6

3．以下有关数据库服务器的叙述，正确的是（　　　）。

（A）内含窗体及报表的数据库　　　　　（B）网络中提供数据库服务的计算机

（C）可以是单机或网络作业的数据库　　（D）以上皆非

4．数据库系统的核心是（　　　）。

（A）数据模型　　　　　　　　　　　　（B）数据库管理系统

（C）数据库　　　　　　　　　　　　（D）数据管理员

5. 关系数据库系统能够实现的 3 种基本关系运算是（　　　）。

（A）索引、排序、查询　　　　　　　（B）建库、输入、输出

（C）选择、投影、连接　　　　　　　（D）显示、统计、复制

6. 目前成为数据库主流的数据模型是（　　　）。

（A）层次模型　　　　（B）网络模型　　　　（C）关系模型

7. 下列何种数据模式是以数据表为基础结构（　　　）。

（A）层次模型　　　　（B）网络模型　　　　（C）关系模型

8. 下列（　　　）不是关系型数据模型的优点。

（A）处理效率最高　　　　　　　　　（B）占用内存空间最少

（C）有较佳设计弹性　　　　　　　　（D）界面亲和力最佳

9. 从关系中找出满足给定条件的元组的操作称为（　　　）。

（A）选择　　　　（B）投影　　　　（C）连接　　　　（D）自然连接

10. 在关系数据库中，能够唯一地标识一个记录的属性或属性的组合，称为（　　　）。

（A）关键字　　　　（B）属性　　　　（C）关系　　　　（D）域

二、问答题

1. 数据库中的数据模型有哪几类？它们的主要特征是什么？

2. 什么是数据库管理系统？它有哪些主要功能？

3. 简述数据库发展的三个阶段。

第2章

认识Access 2010关系数据库

Microsoft Access 数据库管理系统是 Microsoft Office 套件的重要组成部分，先后出现了 Access 97、Access 2000、Access 2002、Access 2003、Access 2007 和 Access 2010。Access 适用于小型商务活动，用于存储和管理商务活动所需要的数据。Access 不仅是一个数据库，它还具有强大的数据管理功能，可以方便地利用各种数据源，生成窗体（表单）、查询、报表和应用程序等。通过本章的学习，用户可对 Access 2010 有一个大致的了解。

学习目标：

- 了解 Access 数据库管理系统
- 熟悉 Access 2010 的启动与退出
- 熟悉 Access 2010 的基本操作
- 掌握 Access 2010 六大数据库对象

2.1 Access 数据库简介

Access 是一个基于关系数据库模型建立的数据库管理系统软件，是美国 Microsoft 公司推出的办公自动化软件。Access 功能强大，简单易学，它具备完整的数据库功能，并支持 SQL。由于 Access 自带丰富的客户端界面和使用向导，使用户很容易建立和修改数据库结构。

然而，Access 属于桌面型数据库系统，它不能提供基于客户/服务器（Client/Server）方式的多用户并发访问能力，所以比较适合单机个人用户或小型的工作组，对于访问量不大的小型网站，可以采用 Access 作为 Web 服务器端的数据库。

2.1.1 Access 的发展

Access 是 Office 办公套件中一个极为重要的组成部分。刚开始时 Microsoft 公司是将 Access 单独作为一个产品进行销售的，后来发现如果将 Access 捆绑在 Office 中一起发售，将带来更加可观的利润，于是第一次将 Access 捆绑到 Office 97 中，成为 Office 套件中的一个重要成员。现在它已经成为 Office 办公套件中不可缺少的部件。自从 1992 年开始销售以来，Access 已经卖出了超过 6 000 万份，现在它已经成为世界上最流行的桌面数据库管理系统。

1992 年 11 月 Microsoft 公司发行了 Windows 关系数据库系统 Access 1.0 版本。从此，Access 不断改进和再设计，自 1995 年起，Access 成为办公软件 Office 95 的一部分。多年来，Microsoft

先后推出过的 Access 版本有 2.0、7.0/95、8.0/97、9.0/2000、10.0/2002，直到今天的 Access 2003、2007、2010 版。

中文版 Access 2010 具有和 Office 2010 中的 Word 2010、Excel 2010、PowerPoint 2010 等组件类似的操作界面和使用环境，具有直接连接 Internet 和 Intranet 的功能。Microsoft 公司通过大量地改进，将 Access 的新版本功能变得更加强大，操作更加便捷。不管是处理公司的客户订单数据，管理自己的个人通讯录，还是记录和处理大量科研数据，人们都可以利用它来解决大量数据的管理工作。

Access 2010 是一个面向对象的、采用事件驱动的新型关系数据库。它提供了表生成器、查询生成器、宏生成器、报表设计器等许多可视化的操作工具，以及数据库向导、表向导、查询向导、窗体向导、报表向导等多种向导，可以帮助用户很方便地构建一个功能完善的数据库系统。Access 还为开发者提供了 Visual Basic for Application 编程功能，使高级用户可以开发功能更加完善的数据库系统。

此外，Access 2010 还提供了丰富的内置函数，它最主要优点是不用携带向上兼容的软件。无论是有经验的数据库设计人员还是刚刚接触数据库管理系统的新手，都会发现 Access 所提供的各种工具既非常实用又非常方便，同时还具有高效的数据处理功能。

2.1.2　Access 的特点

虽然 Access 出现的时间较晚，却在很多方面得到广泛使用，例如，小型企业、大公司的部门，以及喜爱编程的开发人员还专门利用它来制作处理数据的桌面系统。Access 还常被用来开发简单的 Web 应用程序，这些应用程序都利用 ASP 技术在 Internet Information Services 上运行。与其他数据库管理系统相比，Access 具有很多特色。

1.　优点

（1）存储方式单一。一个数据库文件包含表、查询、窗体、报表、页、宏和模块等对象，这些对象都存放在后缀为.accdb 的数据库文件中，便于用户的操作和管理。

（2）面向对象。Access 是一个面向对象的开发工具，利用面向对象的方式将数据库系统中的各种功能对象化，将数据库管理的各种功能分装在各类对象中。它将一个应用系统当做由一系列对象组成的，再对每个对象定义一组方法和属性。这种通过对象的方法、属性完成数据库的操作和管理的方式，极大地简化了用户的开发工作。同时，这种基于面向对象的开发方式，使得开发应用程序更为简便。

（3）界面友好、易操作。Access 具有图形化的用户界面，提供了多种方便使用的操作向导。用户想要生成对象并应用，只要使用鼠标进行拖放即可，非常直观方便。系统还提供了表生成器、查询生成器、报表设计器以及数据库向导、表向导、查询向导、窗体向导、报表向导等工具，使得操作简便，容易使用和掌握。

Access 嵌入的 VBA 编程语言是一种可视化的软件开发工具，编写程序时只需把一些常用的文本框、列表框等控件拖放到窗体上，即可形成良好的用户界面。

（4）集成环境，处理多种数据信息。Access 基于 Windows 操作系统下的集成开发环境，该环境集成了各种向导和生成器工具，极大地提高了开发人员的工作效率。Access 同时提供了与其他数据库管理软件包的良好接口，能识别 dBASE、FoxPro 等数据库生成的数据库文件。

（5）兼容多种数据格式文件。Access 支持 ODBC（Open Data Base Connectivity，开放数据库互连），利用 Access 强大的 DDE（动态数据交换）和 OLE（对象的联接和嵌入）特性，可以在一个数据表中直接导入由 Office 软件包的其他软件编辑形成的数据表、文本文件、图形等多种内容，而且自身的数据库内容也可以方便地在这些软件中操作。

（6）具有网页发布功能。Access 2000 及以上版本都有数据访问页功能，可以将程序应用于网络，并与网络上的动态数据相连接。利用数据库访问页对象生成 HTML 文件，轻松构建 Internet/Intranet 应用。

2．缺点

（1）数据库过大，一般百兆以上（纯数据，不包括窗体、报表等客户端对象）性能会变差。

（2）虽然理论上支持 255 个并发用户，但实际上如果以只读方式访问，大概 100 个用户，而如果是并发编辑，则 10～20 个用户。

（3）不能编译成可执行文件（.exe），必须要安装 Access 运行环境才能使用。

2.2 Access 2010 启动与退出

Access 作为 Microsoft Office 的套件之一，其界面风格与 Word、Excel、PowerPoint 基本相同。窗口是其工作环境的核心，以便用户对数据库进行更有效的管理。下面将一步一步来学习 Access 2010，在开始之前，必须先在计算机中安装 Access 2010。

2.2.1 Access 2010 的安装

在操作系统安装完成后，就可以安装 Access 数据库了。安装步骤如下：

（1）在窗口中找到 setup.exe，双击该图标，运行安装程序。安装程序会弹出图 2-1 所示的选择所需安装方式的界面。

（2）此时单击【立即安装】按钮，系统会把整个 Office 2010 软件包安装在默认的安装路径 C:\Program Files\Microsoft Office。如果想选择自己的安装路径和功能，则单击【自定义】按钮，会出现图 2-2 所示的对话框。

图 2-1　选择所需安装方式

图 2-2　自定义安装选项及路径

（3）在【安装选项】选项卡中选择有需要的功能进行安装，暂时不需要的功能可以稍后再安装，如图 2-3 所示。在【文件位置】选项卡中可以通过单击【浏览】按钮，选择合适的安装路径，如图 2-4 所示。在【用户信息】选项卡中可以填写使用该软件的用户信息。

图 2-3 【安装选项】选项卡

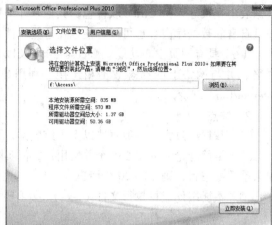

图 2-4 【文件位置】选项卡

（4）单击【立即安装】按钮，系统开始进行安装，如图 2-5 所示。

（5）当安装完成之后，系统会弹出安装成功界面，如图 2-6 所示。

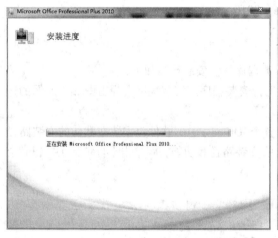

图 2-5 安装进度

图 2-6 安装成功界面

（6）单击【关闭】按钮，完成安装。

2.2.2 启动 Access 2010

启动 Access 2010 的方法和启动其他软件的方法一样，这里介绍三种启动方法。

（1）通过菜单命令启动：

① 打开【开始】菜单，选择【所有程序】子菜单中的【Microsoft Office】文件夹，出现图 2-7 所示的界面。

图 2-7 从【开始】菜单中
启动 Access 2010

② 选择【Microsoft Access 2010】选项，即可看到 Access 2010 的启动界面，进入【Microsoft Office Backstage】工作视图，如图 2-8 所示。用户可以从该视图获取有关当前数据库的信息、创建新数据库、打开现有数据库或者查看来自 Office.com 的特色内容。

图 2-8 工作视图界面

（2）通过快捷方式启动：如果计算机桌面上创建了快捷方式，可以更简单、快捷地启动 Access。如图 2-9 所示，直接双击桌面上的 Access 快捷方式图标，即可打开图 2-8 所示的界面。

（3）通过数据库文件启动：如果计算机中已有数据库，则双击现有的 Access 文件，即可以打开该数据库自动启动 Access 2010。

图 2-9 Access 2010 的快捷方式

2.2.3 退出 Access 2010

若用户完成了数据库的操作，需要关闭数据库，以释放应用程序所占用的空间，同时也避免其他操作对数据造成损坏，此时可以退出 Access。退出 Access 操作非常简单，通常有以下几种方法：

（1）单击 Access 主窗口标题栏右端的【关闭】按钮，如图 2-10 所示。

（2）单击屏幕左上角的【文件】选项卡，在打开的 Backstage 视图列表中选择【退出】命令，如图 2-11 所示。

图 2-10 单击【关闭】按钮

图 2-11 选择【退出】命令

（3）按【Alt+F4】组合键，直接退出 Access。

（4）双击 Access 主窗体标题栏左上角的控制菜单图标 ，在弹出的菜单中选择【关闭】命令。

> **说 明**
>
> 　如果对数据库进行操作之后，尚未保存就直接退出，系统会弹出提示对话框，提示用户是否保存工作表。

2.3　Access 2010 界面

　　启动 Access 2010 后，可以看出 Access 2010 与 Access 其他版本相比，提供了许多新的功能，界面也发生了相当大的变化，界面颜色更加柔和，同时使用全新的模板，可以帮助用户提高工作效率。

2.3.1　Access 2010 的全新用户界面

　　与以前的版本相比，尤其是与 Access 2007 之前的版本相比，Access 2010 的用户界面发生了重大变化。Access 2007 中引入了两个主要的用户界面组件：功能区和导航窗格。而在 Access 2010 中，不仅对功能区进行了多处更改，还新引入了第三个用户界面组件 Microsoft Office Backstage 视图，如图 2-12 所示。

　　新界面使用称为【功能区】的标准区域来替代 Access 早期版本中的多层菜单和工具栏。【功能区】以选项卡的形式，将各种相关的功能组合在一起，可以更快地查找到相关的命令。例如，如果要把数据库导出成 Excel 文件，则可以在【外部数据】选项卡上找到【导出】功能。

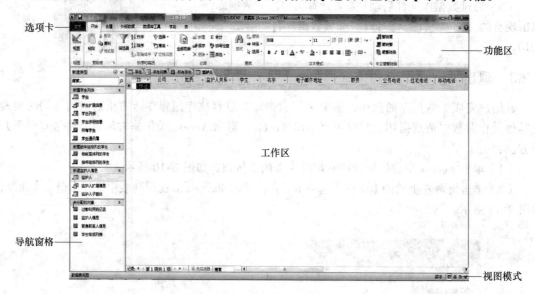

图 2-12　Access 2010 的主界面

2.3.2　功能区

1．认识功能区

　　功能区是替代 Access 2007 之前的版本中存在的菜单和工具栏的主要功能。它主要由多个选项卡组成，这些选项卡上有多个按钮组。

功能区的主要优势之一是将相关常用命令分组列出的主选项卡、只在使用时才出现的上下文选项卡，以及快速访问工具栏（可以自定义的小工具栏，可将用户常用的命令放入其中），这样只需在一个位置查找命令，而不用四处查找。

打开数据库时，功能区显示在 Access 主窗口的顶部，它在此处显示了活动选项卡中的命令，如图 2-12 所示。

功能区由一系列包含命令的选项卡组成。在 Access 2010 中，主要的选项卡包括【文件】【开始】【创建】【外部数据】和【数据库工具】，每个选项卡都包含多组相关命令。

在功能区中可以使用键盘快捷方式。早期版本 Access 中的所有键盘快捷方式仍可继续使用。"键盘访问系统"取代了早期版本 Access 的菜单加速键。此系统使用包含单个字母或字母组合的小型指示器，这些指示器在按【Alt】键时显示在功能区中。这些指示器显示用什么键盘快捷方式激活下方的控件。

（1）【开始】选项卡。在【功能区】中单击【开始】选项卡，显示图 2-13 所示的一些常用命令。

图 2-13 【开始】选项卡

利用【开始】选项卡中的工具，可以完成的主要功能如下：
- 选择不同的视图。
- 从剪贴板复制和粘贴。
- 设置当前的字体特性。
- 设置当前的字体对齐方式。
- 对备注字段应用文本格式。
- 使用记录（刷新、新建、保存、删除、汇总、拼写检查及更多）。
- 对记录进行排序和筛选。
- 查找记录。

（2）【创建】选项卡。在【功能区】中单击【创建】选项卡，显示图 2-14 所示的一些常用工具，通过该选项卡可以创建数据表、窗体等。

图 2-14 【创建】选项卡

利用【创建】选项卡中的工具，可以完成的主要功能如下：
- 插入新的空白表。
- 使用表模板创建新表。
- 在 SharePoint 网站上创建列表，在链接至新创建的列表的当前数据库中创建表。

- 在设计视图中创建新的空白表。
- 基于活动表或查询创建新窗体。
- 创建新的数据透视表或图表。
- 基于活动表或查询创建新报表。
- 创建新的查询、宏、模块或类模块。

（3）【外部数据】选项卡。在【功能区】中单击【外部数据】选项卡，显示图 2-15 所示的一些常用工具，这些工具可以帮助用户进行导入和导出外部相关数据文件的操作。

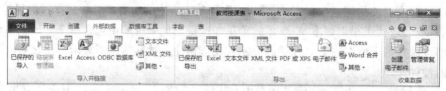

图 2-15　【外部数据】选项卡

利用【外部数据】选项卡中的工具，可以完成的主要功能如下：
- 导入或链接到外部数据。
- 导出数据。
- 通过电子邮件收集和更新数据。
- 创建保存的导入和保存的导出。
- 运行链接表管理器。

（4）【数据库工具】选项卡。在【功能区】中单击【数据库工具】选项卡，显示图 2-16 所示的一些常用工具，这些工具可以帮助用户进行编写宏、显示和隐藏相关对象、分析数据、移动数据等操作。

图 2-16　【数据库工具】选项卡

利用【数据库工具】选项卡中的工具，可以完成的主要功能如下：
- 将部分或全部数据库移至新的或现有 SharePoint 网站。
- 启动 Visual Basic 编辑器或运行宏。
- 创建和查看表关系。
- 显示/隐藏对象相关性。
- 运行数据库文档或分析性能。
- 将数据移至 Microsoft SQL Server 或 Access（仅限于表）数据库。
- 管理 Access 加载项。
- 创建或编辑 Visual Basic for Applications（VBA）模块。

2．隐藏功能区

在编辑数据库的过程中，有时可能需要将更多的空间留为工作区。因此，可将功能区折叠，以便只保留一个包含命令选项卡的条形。若要隐藏功能区，可双击活动的选项卡，或者单击快速访问工具栏右侧的下拉箭头，在弹出的下拉菜单中选择【功能区最小化】命令。若要显示功能区，可再次双击活动的选项卡。显示和隐藏功能区的快捷键为【Ctrl+F1】。

2.3.3 上下文选项卡

除标准选项卡之外，Access 2010 还有上下文选项卡。根据当前进行操作的对象以及正在执行的操作不同，标准选项卡旁边可能会出现一个或多个上下文选项卡。

选择上下文选项卡的步骤如下：

（1）单击上下文选项卡或按【Alt】键，将显示相关的上下文命令的快捷键。

（2）按在上下文选项卡上的或离上下文选项卡最近的访问键中所显示的键即可，如图 2-17 所示。

图 2-17 上下文选项卡

如图 2-17 所示，在设计视图中打开一个报表，则显示一个名为【报表布局工具】的上下文选项卡。单击【报表布局工具】选项卡时，功能区将显示仅当对象处于设计视图中时才能使用的命令。按【Alt】键时，显示当前所有的命令的快捷键。

2.3.4 快速访问工具栏

1．认识快速访问工具栏

快速访问工具栏是与功能区相邻的工具栏，通过快速访问工具栏，只需一次单击即可访问命令。默认命令集包括【保存】、【撤销】和【恢复】，也可以自定义快速访问工具栏，将常用的其他命令包含在内，如图 2-18 所示。

2．调整快速访问工具栏的位置及大小

可以修改该工具栏的位置，以及将其从默认的小尺寸更改为大尺寸。小尺寸工具栏显示在功能区上方。切换为大尺寸后，该工具栏将显示在功能区的下方，并展开到全宽。操作步骤如下：

（1）单击工具栏最右侧的下拉箭头，弹出图 2-19 所示的下拉菜单。

图 2-18 快速访问工具栏   图 2-19 工具栏下拉菜单

（2）选择【在功能区下方显示】命令，显示效果如图 2-20 所示。

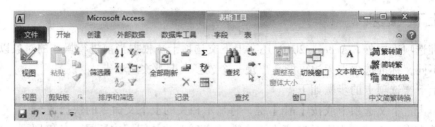

图 2-20 大尺寸的快速访问工具栏

3．自定义快速访问工具栏

1）增加快速访问工具栏中的命令

如果想要增加快速访问工具栏中的命令，则可以按照以下步骤完成：

（1）单击工具栏最右侧的下拉箭头，如图 2-19 所示。

（2）在【自定义快速访问工具栏】下选择要添加的命令即可。如图 2-21 所示，可将【电子邮件】、【打印预览】和【打开】命令添加到快速访问工具栏中。

图 2-21 添加命令到快速访问工具栏

快速访问工具栏的下拉菜单中列出的是一些常用的命令，如果所需要的命令未列出，还可以通过如下步骤添加：

（1）单击工具栏最右侧的下拉箭头，如图 2-19 所示。

（2）在【自定义快速访问工具栏】下选择【其他命令】命令，显示图 2-22 所示的对话框。

图 2-22 【Access 选项】对话框

（3）在【Access 选项】对话框中选择要添加的一个或多个命令，然后单击【确定】按钮。同时，单击右侧的【上移】按钮或者【下移】按钮，可更改快速访问工具栏中命令的先后顺序。

图 2-23 所示为添加【查找】和【SQL 视图】命令之后的快速访问工具栏。

图 2-23　自定义快速访问工具栏

2）删除快速访问工具栏中的命令

如果需要在快速访问工具栏中删除某一个命令，可以通过以下步骤完成：

（1）单击工具栏最右侧的下拉箭头，如图 2-19 所示。

（2）单击命令行前方出现的"√"号提示，可将其从快速访问工具栏中删除。

除上述方法外，还可以通过【Access 选项】对话框进行设置，操作步骤如下：

（1）单击工具栏最右侧的下拉箭头，如图 2-19 所示。

（2）在【自定义快速访问工具栏】下选择【其他命令】命令，显示图 2-22 所示的对话框。

（3）在右侧的列表框中选中该命令，然后单击【删除】按钮，或者在列表框中双击该命令。完成后单击【确定】按钮即可。

2.3.5　Backstage 视图

Backstage 视图位于功能区上的【文件】选项卡，是 Access 2010 中的新功能，并包含很多出现在 Access 早期版本的【文件】菜单中的命令。Backstage 视图还包含适用于整个数据库文件的其他命令。在打开 Access 但未打开数据库时（例如，从 Windows【开始】菜单中打开 Access），可以看到 Backstage 视图，如图 2-8 所示。

在 Backstage 视图中，可以创建新数据库、打开现有数据库、通过 SharePoint Server 将数据库发布到 Web，以及执行很多文件和数据库维护任务。

说明

Backstage 视图中的命令通常适用于整个数据库，而不是数据库中的对象。

2.3.6　导航窗格

导航窗格可帮助用户组织归类数据库对象，也是打开或更改数据库对象设计的主要方式。导航窗格取代了 Access 2007 之前的 Access 版本中的数据库窗口。

导航窗格按类别和组进行组织，可以从多种组织选项中进行选择，还可以在导航窗格中创建自定义组织方案。默认情况下，新数据库使用【对象类型】类别，该类别包含对应于各种数据库对象的组。【对象类型】类别组织数据库对象的方式，与早期版本中的默认【数据库窗口】相似。

使用时，可以最小化导航窗格，也可以将其隐藏，但是不可以在导航窗格前面打开数据库对象来将其遮挡。

1．认识导航窗格

在打开数据库或创建新数据库时，数据库对象的名称将显示在导航窗格中，如图 2-24 所示。数据库对象包括表、窗体、报表、页、宏和模块。

图 2-24　学生管理数据库的导航窗格

说 明

　　导航窗格在Web浏览器中不可用。若要将导航窗格与Web数据库一起使用，必须先使用Access打开该数据库。

2．打开数据库对象

若要打开数据库对象，如表、窗体或报表，有以下几种方法：

（1）在导航窗格中双击对象。

（2）在导航窗格中选择对象，然后按【Enter】键。

（3）在导航窗格中右击对象，然后选择【打开】命令。

 说 明

　　可以在【导航选项】对话框中设置一个选项，以便单击即可打开对象。

3．自定义类别与组

导航窗格将数据库对象划分为多个类别，各个类别中又包含多个组。在导航窗格中单击【所有 Access 对象】下拉按钮，在弹出的下拉菜单中可选择浏览类别和筛选条件，如图 2-25 所示。

其中某些类别是可以预定义的，同时也可以创建自定义组。图 2-25 中自定义了【新建类型】类别，同时创建了【未分配的对象】组。具体的创建方法参见"3.3.2 自定义类别和组"。

4．显示和隐藏导航窗格

导航窗格默认在打开数据库时出现，通过设置程序选项可以阻止导航窗格出现。

1）显示或隐藏导航窗格

单击导航窗格右上角的按钮 « 或按【F11】键。

2）在默认情况下禁止显示导航窗格

（1）单击【文件】选项卡，选择【选项】命令，弹出【Access 选项】对话框。

（2）在左侧窗格中选择【当前数据库】选项。

（3）在【导航】选项组中取消选中【显示导航窗格】复选框，然后单击【确定】按钮，如图 2-26 所示。

图 2-25　浏览类别和筛选条件　　　　　　图 2-26　禁止显示导航窗格

2.3.7　选项卡式文档

启动 Access 2010 后，可以用选项卡式文档代替重叠窗口来显示数据库对象。为便于日常的交互使用，用户可能更愿意采用选项卡式文档界面，如图 2-27 所示。

图 2-27　显示为选项卡式文档模式

通过设置 Access 选项可以启用或禁用选项卡式文档，不过如果要更改选项卡式文档设置，则必须关闭然后重新打开数据库，新设置才能生效。具体步骤如下：

（1）单击【文件】选项卡，选择【选项】命令，弹出【Access 选项】对话框。

（2）在左侧窗格中选择【当前数据库】选项。

（3）在【应用程序选项】选项组中的【文档窗口选项】下选中【选项卡式文档】单选按钮，如图 2-28 所示。

（4）可以选中或取消选中【显示文档选项卡】复选框。选中该复选框，显示文档选项卡，否则文档选项卡将关闭。

（5）单击【确定】按钮。

图 2-28　文档窗口选项

 说　明

【显示文档选项卡】设置是针对单个数据库的。有多个数据库时，必须为每个数据库单独设置此选项。

2.3.8 状态栏

与 Access 早期版本一样，Access 2010 中也会在窗口底部显示状态栏。在 Access 2010 中，与在其他 Office 2010 程序中看到的状态栏相同，也具有两项标准功能：视图/窗口切换和缩放。

Access 2010 提供了 5 种显示模式，分别为【窗体视图】、【数据表视图】、【数据透视表视图】、【数据透视图视图】和【设计视图】模式。用户可以使用状态栏上的可用控件，在可用视图之间快速切换，如图 2-29 所示。

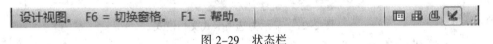

图 2-29　状态栏

如果要查看可缩放的对象，则可以使用状态栏上的滑块，调整缩放比例，以放大或缩小显示对象，如图 2-30 所示。

图 2-30　具有缩放功能的状态栏

同样，可以显示或隐藏状态栏，具体步骤如下：

（1）单击【文件】选项卡，选择【选项】命令，将弹出【Access 选项】对话框。

（2）在左侧窗格中，选择【当前数据库】选项。

（3）在【应用程序选项】选项组中，选中或取消选中"显示状态栏"复选框，如图 2-31 所示。选中该复选框，状态栏为显示状态，否则状态栏将隐藏。

（4）单击【确定】按钮。

图 2-31　显示状态栏

2.3.9　浮动工具栏

在 Access 2007 之前的 Access 版本中，设置文本格式通常需要使用菜单或显示【格式】工具栏。使用 Access 2010 时，可以使用浮动工具栏（见图 2-32）更加轻松地设置文本格式。选择要设置格式的文本后，浮动工具栏会自动出现在所选文本的上方。如果将鼠标指针靠近浮动工具栏，则浮动工具栏会渐渐淡入，而且可以用它来设置加粗、倾斜、字号、颜色等。如果将指针移开浮动工具栏，则该工具栏会慢慢淡出。如果不想使用浮动工具栏将文本格式应用于选择的内容，只需将指针移开一段距离，浮动工具栏即会消失。

图 2-32　浮动工具栏

2.3.10　获取帮助

在设计数据库的过程中，如有疑问，可以按【F1】键或单击功能区右侧的问号图标来获取帮助。或者在 Backstage 视图中找到【帮助】命令，具体步骤如下：

（1）单击【文件】选项卡，选择【帮助】命令。

（2）帮助资源的列表将在 Backstage 视图中出现，如图 2-33 所示。

图 2-33　帮助资源列表

2.4　Access 数据库对象

Access 2010 可以在一个数据库文件中管理所有的用户信息，向数据库中添加、修改、删除数据，还可以以不同的方式组织和查看数据，或者通过报表等方式与其他人共享数据。所有的操作都是通过 Access 数据库对象完成的。

Access 数据库窗口中共有 6 种对象，包括数据表、查询、窗体、报表、宏及模块。一个数据库就是由这 6 种对象组成的，不同的对象有不同的任务。

图 2-34 所示为 6 种对象，这 6 种对象可再分为三大类，数据表及查询为最底层，其次为窗体及报表，最后是宏及模块。说明如下：

（1）数据来源：数据表及查询是数据库中的数据来源，故置于最底层。

（2）以窗体及报表为中心：图 2-34 中的所有箭头皆指向窗体及报表，因为窗体及报表是数据库的设计重点，也是操作时的控制中心。

（3）宏及模块：宏及模块是强化数据库的工具。

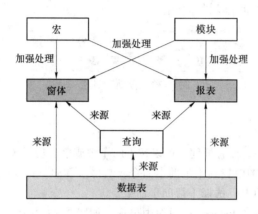

图 2-34 Access 数据库的 6 种对象

2.4.1 数据表

表是数据库中用来存储数据的对象，是整个数据库系统的基础。Access 允许一个数据库中包含多个表，用户可以在不同的表中存储不同类型的数据。通过在表之间建立关系，可以将不同表中的数据联系起来，以供用户使用。

表在生活和工作中也是相当重要的，它最大的特点就是能够按照主题分类，使各信息一目了然，如图 2-35 所示。

学生信息表

学号	姓名	性别	专业	单击以添加
0101001	王明	男	计算机	
0102005	张森	男	电子	
0202003	李浩	女	电子	
0303001	赵红	女	通信	
0303002	王天天	女	通信	
0304006	李乐	男	计算机	
*				

图 2-35 学生信息表

虽然表中存储的内容各不相同，但是它们却有共同的结构。表中的每一行称为一条记录，记录用来存储各条信息，每一条记录包含一个或多个字段，字段对应表中的列。表的第一行为标题行，标题行的每个标题称为字段。以图 2-35 所示的学生信息表为例，该表中有 4 个字段，分别为学号、姓名、性别和专业；该表中包含有 6 条不同的学生基本信息。

2.4.2 查询

严格来说，查询必须建立在数据表及关系之上，一个数据库必须有多个数据表及关系，但可以没有查询。实际上，查询通常不会“无目的”地存在，而是会配合窗体及报表，作为这两者的来源。

如果要查看的数据分布在多个表中，通过组合查询就可以在一张表中查看这些数据。同时还可以对这些数据按某一列或某几列进行筛选。

数据库中查询的设计通常是在【查询设计器】中完成的，如图 2-36 所示。

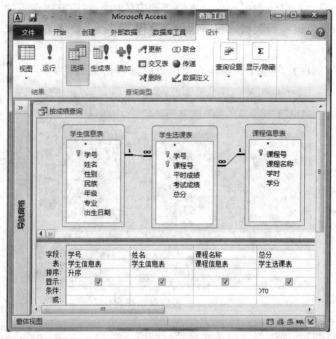

图 2-36　查询设计器

查询有两种基本类型：选择查询和操作查询。

选择查询仅仅检索数据以供使用，可以在屏幕上显示查询结果，将结果打印出来或将其赋值到剪贴板中，也可以将查询结果用做窗体或报表的记录源。图 2-37 所示便是运行图 2-36 所示查询条件之后得出的查询结果。

查询1

姓名	课程名称	成绩
王明	C++程序设计	78
王明	操作系统	62
张森	电子技术	75
李浩	C++程序设计	94
李浩	操作系统	65
李浩	信号处理原理	80
赵红	C++程序设计	78
李乐	电子技术	65
李乐	C++程序设计	45
*		

图 2-37　查询结果

操作查询可以对数据执行一项任务，如创建新表，在现有表中添加、更新或删除数据。

说明

查询的目的是以设置条件的方式，从一或多个数据表中取出符合条件的记录。以数据库原理来看，查询就是 view，也可译为“景观”，意思是以不同角度来查看记录。

2.4.3 窗体

窗体是 Access 数据库对象中最具灵活性的一个对象，其数据源可以是表或查询。在窗体中可以显示数据表中的数据，可以将数据库中的表链接到窗体中，利用窗体作为输入记录的界面。通过在窗体中插入按钮，可以控制数据库程序的执行过程，可以说窗体是数据库与用户进行交互操作的最好界面。

通过图 2-38 所示的课程信息维护窗体，可以进行课程信息的维护。

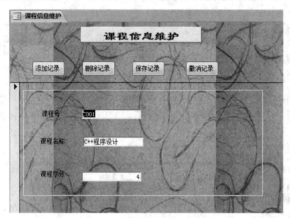

图 2-38　课程信息维护窗体

使用窗体还可以控制其他用户与数据库数据之间的交互方式。例如，可以创建一个只显示特定字段且只允许查询却不能编辑数据的窗体，这样有助于保护数据并确保输入数据的正确性。

图 2-39 所示窗体的目的不是输入记录，而是下一步动作的准备，在此窗体输入的两个日期是打印报表的条件，而不会回存至数据表。

窗体是 Access 数据库中变化最多的对象，以上仅略述两种不同任务的窗体。总之，窗体的目的是引导操作，而引导的设计则可以有相当多的变化。

图 2-39　对话框形式的窗体

2.4.4 报表

利用报表对象可以将数据库中需要的数据提取出来进行分析、整理和计算，并将数据以格式化的方式发送到打印机。用户可以在一个表或查询的基础上创建一个报表，也可以在多个表或查询的基础上创建报表。利用报表不仅可以创建计算字段，还可以对记录进行分组以便计算出各组数据的汇总等。在报表中，可以控制显示的字段、每个对象的大小和显示方式，还可以按照所需的方式来显示相应的内容。图 2-40 所示的学生信息报表可以打印学生的成绩单。

报表可以在任何时候运行，而且将始终反映数据库中的当前数据。报表除了可以打印之外，还可以导出到其他程序或者以电子邮件的形式发送。

报表的另外一个常见的应用就是邮寄标签，利用市场购买回来的标签，将数据库里的名单打印出来，标签上通常打印着收件人的姓名、地址、公司或单位，然后将标签贴在信封上，以便于邮寄。标签大小也可以自定义。

图 2-41 所示为 6 张标签，各标签之间的虚线实际上是不存在的，在此为了帮助了解，也可以视它为打印机上各标签的边界。

图 2-40 学生信息报表   图 2-41 预览邮寄标签

2.4.5 宏

Access 的宏对象是 Access 数据库对象中的一个基本对象。宏的意思是指一个或多个操作的集合，其中每个操作实现特定的功能，如打开某个窗体或打印某个报表。宏可以使某些普通的、需要多个指令连续执行的任务能够通过一条指令自动地完成。

通过宏，可以实现的功能有以下几项：

- 打开/关闭数据表、窗体，打印报表和执行查询。
- 弹出提示信息框，显示警告。
- 实现数据的输入和输出。
- 在数据库启动时执行操作等。
- 筛选查找数据记录。

2.4.6 模块

在 Access 系统中，借助宏对象可以完成事件的响应处理，如打开和关闭窗体、报表等。但宏的使用也有一定的局限性，一是宏只能处理一些简单的操作，对于复杂条件和循环等结构则无能为力；二是宏对数据库对象的处理，如表对象或查询对象的处理能力很弱。

"模块"是将 VBA 声明和过程作为一个单元进行保存的集合体。通过模块的组织和 VBA 代码设计，可以大大提高 Access 数据库应用的处理处理能力，解决复杂问题。

模块是 Access 系统中的一个重要对象，它以 VBA（Visual Basic for Application）函数过程（Function）或子过程（Sub）为单元的集合方式存储。在 Access 中，模块分为类模块和标准模块两种类型。

1. 类模块

窗体模块和报表模块都属于类模块，它们从属于各自的窗体或报表。窗体模块和报表模块通常都含有事件过程，而过程的运行用于响应窗体或报表上的事件。使用事件过程可以控制窗体或报表的行为以及它们对用户操作的响应。

窗体模块和报表模块中的过程可以调用标准模块中已经定义好的过程。

窗体模块和报表模块具有局限性，其作用范围局限在所属窗体或报表内部，而生命周期则是伴随着窗体或报表的打开而开始、关闭而结束。

2. 标准模块

标准模块一般用于存放供其他 Access 数据库对象使用的公共过程。在系统中可以通过创建新的模块对象而进入机代码设计环境。

标准模块通常安排一些公共变量或过程供类模块中的过程调用。在各个标准模块内部也可以定义私有变量和私有过程仅供本模块内部使用。

标准模块中的公共变量和公共过程具有全局特性，其作用范围在整个应用程序里，生命周期是伴随着应用程序的运行而开始、关闭而结束。

习　题

一、选择题

1. Access 的数据库类型是（　　　）。
　（A）网状数据库　　　　　　　　（B）层次数据库
　（C）关系数据库　　　　　　　　（D）面向对象数据库

2. 下列（　　　）不是任务窗格的功能。
　（A）打开旧文件　　　　　　　　（B）建立空白数据库
　（C）删除数据库　　　　　　　　（D）以向导建立数据库

3. Access 在同一时间，可打开（　　　）个数据库。
　（A）1　　　　　（B）2　　　　　（C）3　　　　　（D）4

4. 下列（　　　）不是 Access 数据库的对象类型。
　（A）数据表　　　（B）向导　　　（C）窗体　　　　（D）报表

5. 在数据库的 6 种对象中，用于存储数据的数据库对象是（　　　），用于和用户进行交互的数据库对象是（　　　）。
　（A）数据表　　　（B）查询　　　（C）窗体　　　　（D）报表

6. 若要同时显示多个对象，应置于（　　　）。
　（A）组　　　　　（B）数据库窗口　（C）向导　　　（D）以上皆非

7. 每一对象均可（　　　）。
　（A）打开　　　　（B）设计　　　（C）新建　　　　（D）以上皆是

8. 数据表及查询是 Access 数据库的（　　　）。
　（A）数据来源　　（B）控制中心　　（C）强化工具　　（D）用于浏览器

9. 打开 Access 数据库时，应打开（　　　）文件。
　（A）mda　　　　（B）accdb　　　（C）mde　　　　（D）DBF

10. 关系数据库系统所管理的关系是（　　　）。
　（A）一个数据库文件　　　　　　（B）若干数据库文件
　（C）一个二维表格　　　　　　　（D）若干二维表格

二、问答题

1. 试画出 Access 数据库的 6 种对象的关系图，并说明。
2. 归纳各界面选项的功能和使用方法。

第③章

创建数据库

在 Access 数据库管理系统中,数据库是一个容器,存储数据库应用系统中的其他数据库对象。为了今后更加合理的操作和使用数据库，本章将详细介绍数据库的创建步骤、创建方法、打开及关闭数据库、同时自定义类别和组以及备份还原数据库等基本操作。

学习目标：

● 了解 Access 数据库管理系统
● 熟悉 Access 2010 的界面
● 熟悉创建数据库及数据库的基本操作
● 理解数据库的备份、转换等维护操作
● 掌握数据库对象

3.1 建立及打开数据库

当人们做一件事情的时候，一般都会先考虑一下，然后再去做。在建立一个新数据库的时候，也要想一想这个数据库是用来干什么的，它要存储哪些数据信息，这些数据之间又有什么关系？一方面要知道哪些数据是必须的，是绝对不能缺少的，不然就达不到建立数据库获取信息的目的；另一方面也要知道哪些数据是不必要，放在数据库中只会增加数据库的容量，却并不起任何作用，所以要将这些冗余的数据剔除。这样建立起来的数据库才既能满足人们检索数据的需要，又能节省数据的存储空间。

数据库就是存放各个对象的容器，执行数据仓库的功能。因此在创建数据库系统之前，应最先做的就是创建一个数据库。

在 Access 中创建数据库有两种方法：一种是使用模板创建数据库；另外一种是建立一个空数据库，然后再添加表、窗体等。

3.1.1 使用模板创建数据库

当我们参观某一知名企业的时候，经常会看到一队人跟着一个带头人转来转去,这个带头人就是企业的讲解员。有了他的引导和讲解，那些初次来参观的朋友就不会迷路，还能了解到与该企业息息相关的很多传说和故事。所以对于参观者来说，一个好的讲解员是很重要的。其实"数据库向导"就是 Access 为了方便地建立数据库而设计的向导类型的程序,它可以大大提高工作效率。

通过这个向导，我们只要回答几个问题就可以轻松地获得一个数据库。

Access 的最大特点是向导特别多，应该是目前应用软件中最多的一个，在开始接触 Access 时，不妨多利用向导的辅助，让操作更顺畅。以下示范如何使用数据库向导建立数据库。

 说明

　　Access 向导是 Access 中辅助设计的工具，其特点是会问用户一或数个问题，依需要回答之后，即可完成设计。

Access 2010 提供了种类繁多的模板，使用数据库模板，用户只需要进行一些简单操作，就可以创建一个包含表、查询等数据库对象的数据库系统。使用数据库模板建立数据库的操作步骤如下：

（1）启动 Access 2010 应用程序，打开图 3-1 所示的启动界面。

选择【样本模板】选项

图 3-1　Access 2010 启动界面

（2）单击【样本模板】选项，因为不同类型的数据库有不同的数据库模板。从列出所有自带模板中选择所需要的，这里我们选择【学生】选项，如图 3-2 所示。

　　【样本模板】选项卡里有很多图标，这些图标代表不同的数据库模板，图标下面都有一行文字，这些文字表明了数据库模板的类型。就好像一个旅行社可以开设几条旅游线路，每个线路都要配备不同的导游一样。我们要找一个适合自己要做的工作的模板。

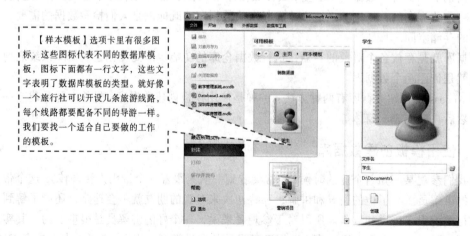

图 3-2　选择数据库模板

（3）单击图 3-2 中屏幕右下方文件夹图标，弹出【文件新建数据库】对话框，通过浏览找到要创建数据库的位置，如图 3-3 所示。并在【文件名】文本框中输入所需名称为【教学管理系统】（默认为在图 3-2 选取的数据库种类再加上数字）输入完成后单击"确定"按钮返回至图 3-2 所示窗口再单击【创建】按钮。如果不指明特定位置，Access 将在【文件名】文本框中显示的默认位置创建数据库。

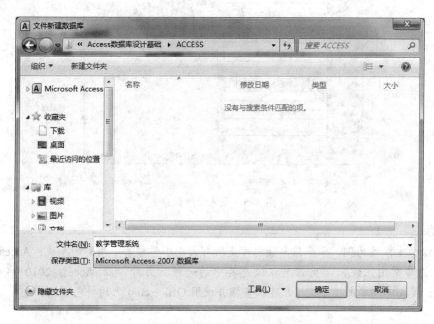

图 3-3　输入新数据库名称

（4）数据库向导将建立新的数据库内容，这时就不必做任何处理，刚才选择的模板自动会应用到数据库中，如图 3-4 所示。

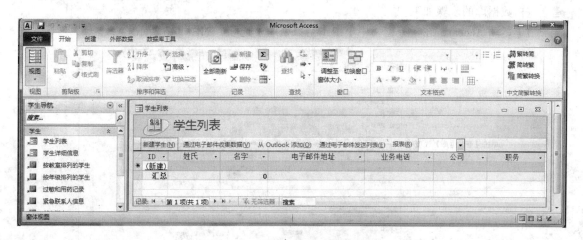

图 3-4　使用模板创建的新数据库

（5）单击【新建】链接，弹出图 3-5 所示的对话框，即可输入学生的个人信息。

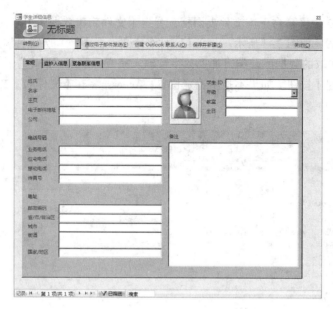

图 3-5 录入学生信息

 说 明

本例以学生系统为例，学生信息数据库是所有大中小学校都会用到的系统。Access 的数据库向导有许多常用系统，学生信息仅仅是其中的一种。另外，在 Access 2010 启动界面的 Office.com 模板中，单击搜索模板，可以查找并使用 Office.com 上的特色模板。

3.1.2　建立空白数据库

建立空白数据库是除了数据库向导以外，最常使用的功能。先建立一个空数据库，以后根据需要向空数据库中添加表、查询、窗口等，这样能够灵活地创建更加符合实际需要的数据库系统。建立空白数据库的步骤如下。

（1）启动 Access，在任务窗格中单击【空数据库】选项，如图 3-6 所示。

图 3-6 新建空白数据库

（2）如果以默认路径存储数据库，可以在图 3-6 中输入数据库名称（如 Datebase1）即可。如果需要修改新建数据库的存储位置，可以单击图 3-6 中屏幕右下方文件夹图标，弹出【文件新建数据库】对话框，选择数据库的保存路径，并在【文件名】文本框中输入所需名称，单击【确定】按钮即可。

（3）单击【创建】按钮并创建一个空白数据库，同时在数据库中创建一个默认的数据表，如图 3-7 所示。

图 3-7 创建的空白数据库

3.1.3 打开数据库

在创建了数据库后，以后用到数据库时就需要打开已创建的数据库，这是数据库操作中最基本、最简单的操作。打开数据库也可以有多种操作方式，以下说明常用的两种。

1. 由任务窗格打开

Access 中自动记忆了最近打开过的数据库，对于最近使用过的，可以通过任务窗格打开。

启动 Access 2010，单击屏幕左上角的【文件】选项卡，最近曾经使用过的数据库，都会显示在任务窗格中，任务窗格默认只会显示 4 个最近使用的数据库。单击需要打开的数据库名称（如 Datebase1.accdb）即可，如图 3-8 所示。

图 3-8 在任务窗格显示曾使用的数据库

如果任务窗格显示的最近使用的4个数据库文件都不是所需要的文件，就可以选择【最近所用的文件】命令，接着在右侧窗格中直接单击要打开的数据库名称即可，如图3-9所示。

如果想要隐藏任务窗格中最近使用的数据库，只需要不勾选此项即可

只要修改此项的数据，则可以改变显示任务窗格中最近使用的数据库的数量

图3-9   打开所有最近使用过的文件

2. 由【文件】选项卡打开

除了使用任务窗格外，也可使用【文件】→【打开】命令或单击【打开】按钮，弹出【打开】对话框，如图3-10所示。

图3-10   【打开】对话框

Access数据库文件的扩展名是accdb，故【打开】对话框默认会显示扩展名为accdb的文件。首先找到将打开的数据库，也就是指定路径，依次指定磁盘驱动器、路径及文件、最后再单击【打开】按钮。

寻找文件的方法也有很多种，包括可使用【工具】菜单，此处可输入条件，以便搜索文件，左侧窗格的【下载】、【桌面】、【最近访问的位置】、【库】、【计算机】等，则可快速切换至指定位置。

在单击【打开】按钮时，需要注意区分以下 4 种方式：

（1）若要在多用户环境下打开共享的数据库，使您和其他用户都能读写数据库，请单击【打开】按钮。

（2）若要为只读打开数据库，使您能查看但不能编辑，请单击【打开】按钮旁边的箭头，再选择【以只读方式打开】命令。

（3）若要独占打开数据库，请单击【打开】按钮旁边的箭头，再选择【以独占方式打开】命令。

（4）如果要以只读访问方式打开数据库，并且防止其他用户打开，可单击【打开】按钮旁的箭头，并选择【以独占只读方式打开】命令。

 说 明

同一时间内，Access 只可打开一个数据库，无法同时打开多个数据库。

3.1.4　保存数据库

创建数据库并在数据库中添加了相应的表、窗口之后，就需要将数据库保存，以免出现错误导致不可挽回的损失。保存数据库有两种方法，分别如下：

方法 1：单击屏幕左上角的【文件】标签，然后选择【保存】命令，即可保存输入的信息，如图 3-11 所示。或者直接选择屏幕左上角的 📄 选项。

方法 2：

（1）如果需要更改数据库的保持位置和文件名，则可以单击屏幕左上角的【文件】标签，然后选择【数据库另存为】命令，如图 3-12 所示。

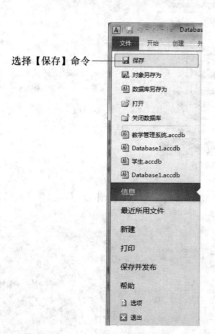

图 3-11　保存数据库

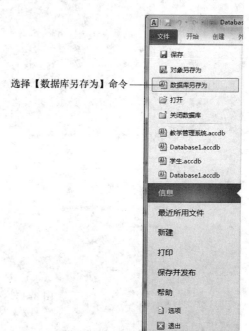

图 3-12　另存为数据库

（2）弹出提示对话框，询问用户是否希望 Microsoft Access 关闭所有打开的对象，并单击【是】按钮，如图 3-13 所示。

（3）弹出【另存为】对话框，依次选择文件的存储位置，修改文件名为 MyStudent，然后单击【保存】按钮，如图 3-14 所示。

图 3-13　关闭所有打开对象　　　　　　　　图 3-14　【另存为】对话框

3.1.5　关闭数据库

当对数据库操作完成之后，需要及时地关闭数据库，以免数据库文件遭其他人恶意篡改。

方法 1：直接单击屏幕右上角的▨按钮，即可关闭数据库，系统会自动保存数据库中的所有文件。

方法 2：单击屏幕左上角的【文件】标签，然后选择【关闭数据库】命令即可，如图 3-15 所示。

图 3-15　关闭数据库

3.2　转换数据库文件类型

默认情况下，Access 2010 和 Access 2007 以 .accdb 文件格式创建数据库，该文件格式通常称为 Access 2007 文件格式，此格式支持较新的功能。用户可以将使用 Microsoft Office Access

2003、Access 2002、Access 2000 或 Access 97 创建的数据库转换为 .accdb 文件格式。转换数据库文件类型步骤如下：

（1）在【文件】选项卡上选择【打开】命令。在弹出的【打开】对话框中，选择要转换的 Access 2000 或 Access 2002－2003 数据库（.mdb）并将其打开。

 说　明

　　如果出现"数据库增强功能"对话框，则表明数据库使用的文件格式早于 Access 2000。在"数据库增强功能"对话框中单击"是"按钮即可。

（2）在【文件】选项卡上选择【保存并发布】命令，然后在【数据库文件类型】选项组中选择【Access 数据库】按钮，如图 3-16 所示。

图 3-16　选择数据库文件类型

（3）单击【另存为】按钮，在弹出的【另存为】对话框的【文件名】文本框中输入文件名 LowStudent，然后单击【保存】按钮。Access 会自动创建数据库的副本，并打开该副本，同时 Access 会自动关闭原始数据库。

 说　明

　　如果在单击【另存为】按钮时任何数据库对象处于打开状态，Access 会提示用户在创建副本之前关闭它们。单击【是】按钮以使 Access 关闭对象，或者单击【否】以取消整个过程。如果需要，Access 还将提示用户保存任何更改。

3.3　导航窗格

　　在 Access 2010 中，数据库对象显示在导航窗格中，此项功能是在 Access 2007 中引入的。不再提供早期版本的"数据库"窗口。

　　用户可以在导航窗格中自定义对象的类别和组，还可以隐藏对象和组，甚至隐藏整个导航窗格。Access 2010 提供多个类别，可供用户即时使用，还可以创建自定义的类别和组。

3.3.1　初次认识导航窗格

导航窗格是一个中央位置,可以通过导航窗格轻松查看和访问所有的数据库对象。当在 Access 2010 中打开数据库时，默认情况下，导航窗格显示在工作区的左侧，如图 3-17 所示。

导航窗格主要有菜单、百叶窗开/关按钮、搜索栏、组和数据库对象等部件组成，如图 3-18 所示。

图 3-17　默认导航窗格

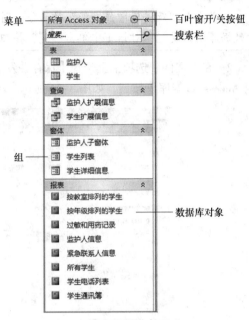

图 3-18　导航窗格的组成

下面简单介绍导航窗格中各个部件的作用。

1. 调整整个导航窗格

更改导航窗格的宽度：将鼠标指针置于导航窗格的右边缘，然后在指针变为双面箭头时，拖动边缘以增加或减小宽度。

打开和关闭导航窗格：单击【百叶窗开/关】按钮，或按【F11】键打开和关闭导航窗格。

2. 使用数据库对象

可以通过双击导航窗格中的任一对象来使用该对象。如果右击某个对象，则弹出快捷菜单，可以通过该菜单进行各种操作，如在【布局视图】中打开对象。

3. 类别和组

数据库中的对象可以组织成类别和组。使用类别可以在导航窗格中排列对象，使用组可以筛选已归类的对象。例如，在图 3-18 中，【所有 Access 对象】就是一个类别，而【表】、【查询】、【窗体】和【报表】属于组。

当用户选择一个类别时，项目会排列到该类别包含的组中。例如，如果选择【表和相关视图】类别，则每个表的项目会排列到一个组中，每个组包含使用该表的所有对象（查询、窗体、报表等）的快捷方式。如果一个对象使用多个表，则它将显示在所有相关组中。

4. 搜索栏

通过输入对象名称，可以快速查找到对象。当用户在【搜索】文本框中输入文本时，Access 将在类别中搜索包含符合搜索条件的对象或对象快捷方式的所有组。不包含匹配项的所有组都将折叠起来。

3.3.2 自定义类别和组

创建新的数据库时，默认情况下，显示的类别为【表和相关视图】，显示的组为【所有表】。每个数据库还具有一个名为【自定义】的类别，可以使用此类别创建对象的自定义视图。自定义类别和组的步骤如下：

（1）启动 Access 2010 数据库，打开【STUDENT】数据库。

（2）若要创建新的类别，请右击位于导航窗格顶部的菜单，然后选择【导航选项】命令。弹出图 3-19 所示的【导航选项】对话框。

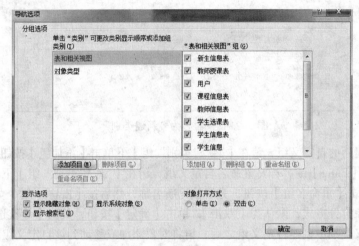

图 3-19 【导航选项】对话框

（3）在【类别】列表下面单击【添加项目】按钮，新的类别将在【类别】对话框中出现，并命名为【自定义类别 1】，如图 3-20 所示。

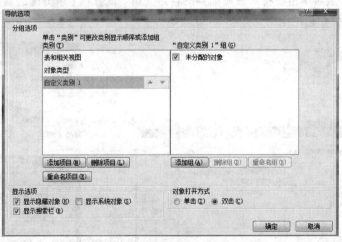

图 3-20 添加自定义类别

 说 明

　　Access 会自动在每个新类别下创建"自定义类别 1"和"未分配的对象"组。未分配给组的对象将自动放置在"未分配的对象"组中。

（4）在【类别】列表下选择【自定义类别 1】选项，然后单击【重命名项目】按钮，为类别输入新名称【新建类别】，然后按【Enter】键，如图3-21所示。

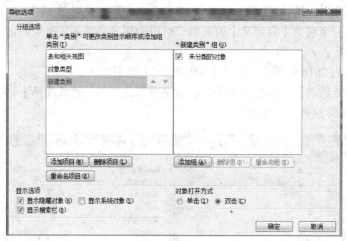

图3-21 重命名为"新建类别"

（5）若要创建新的自定义组，请在【"新建类别"组】下单击【添加组】按钮，默认为【自定义组 1】，然后按【Enter】键。若要重命名自定义组，请在【"新建类别"组】下选择【自定义组 1】选项，然后单击【重命名组】按钮，为组输入新名称，然后按【Enter】键，如图3-22所示。

（6）选择对象打开方式，默认为【双击】，单击【确定】按钮，关闭【导航选项】对话框。

（7）在自定义类别中创建自定义组之后，请将对象添加或移动到该自定义组中。可以通过各种方式向自定义组添加对象，例如，拖动对象以创建快捷方式、复制并粘贴对象。

若要将数据库中的对象添加或移动到自定义组中，请单击导航窗格顶部的下拉箭头，然后单击创建的【新建类别】组。在【未分配的对象】下右击要移动的对象，在弹出的快捷菜单上选择【添加到组】命令，然后单击要将对象添加到的自定义组。或者在【未分配的对象】下单击要添加对象并拖动该对象到相应的组中，如图3-23所示。

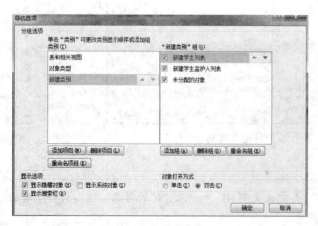

图3-22 添加并重命名自定义组

图3-23 创建完成的自定义组

3.4 备份与还原数据库

数据库系统在运行中可能发生故障，轻则导致事务异常中断，影响数据库中数据的正确性，重则破坏数据库，使数据库中的数据部分或全部丢失。

数据库备份与还原的目的就是为了保证在各种故障发生后，数据库中的数据都能从错误状态恢复到某种逻辑一致的状态。

3.4.1 备份数据库

对数据库进行备份，是最常用的安全措施。若要确定执行备份的频率，需要考虑数据库的更新频率。

（1）如果数据库是存档数据库，或者只用于参考而很少更改，则可以在每次数据发生更改时执行备份。

（2）数据库是活动数据库，并且数据会经常变动，则需要定期备份数据库。

（3）如果数据库中不包含数据，而是使用链接表，则在每次更改数据库设计时备份数据库。备份数据库的方法很简单，Access 首先会保存并关闭在【设计视图】中打开的所有对象，接着压缩并修复数据库，然后使用可以指定的名称和位置保存数据库文件的副本。

备份数据库的步骤如下：

（1）启动 Access 2010 数据库，打开【STUDENT】数据库。

（2）单击【文件】标签，并在打开的 Backstage 视图中选择【保存并发布】命令，然后在【高级】选项组中选择【备份数据库】选项，如图 3-24 所示。

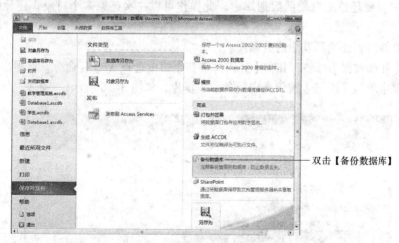

图 3-24 选择备份数据库命令

（3）单击【另存为】按钮，或者双击【备份数据库】选项，在弹出的【另存为】对话框中的【文件名】文本框中显示了默认的文件名称为数据库名+备份日期（STUDENT_2011_11_03），查看数据库备份的名称，可以根据需要更改该路径和名称，如图 3-25 所示。

（4）单击【保存】按钮，即可完成对数据库的备份。

备份通常称为数据库文件的"已知良好副本"，这是一个数据完整性和安全性设计均值得信任的副本。如果不具有备份副本，会出现数据丢失以及数据库设计受到不利更改或损坏的不可挽回的风险。

图 3-25 选择备份数据库存放位置

3.4.2 还原数据库

一旦数据库出现问题，可以用数据库的"已知良好副本"从整体上替换受到损坏、存在数据问题或丢失的数据库文件。

> **说明**
>
> 如果其他数据库或程序中有链接指向要还原的数据库中的对象，则必须将数据库还原到正确的位置。否则，指向这些数据库对象的链接将失效，必须重新创建。

如果只需要还原数据库的一部分，例如要还原某个数据库对象，可将该对象从备份中导入到包含（或丢失）要还原的对象的数据库中。此操作可以一次还原多个对象。还原数据库的步骤如下：

（1）打开要将对象还原到其中的数据库。

（2）单击【外部数据】标签，并在【导入并链接】组中选择 Access 命令。在弹出的【获取外部数据】对话框中单击【浏览】按钮来定位备份数据库，如图 3-26 所示。

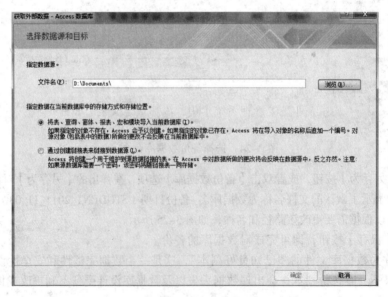

图 3-26 获取外部数据

（3）在【获取外部数据—Access 数据库】对话框中选中【将表、查询、窗体、报表、宏和模块导入当前数据库】单选按钮，然后单击【确定】按钮。

（4）在【导入对象】对话框中单击与要还原的对象类型相对应的选项卡。例如，如果要还原窗体，则单击【窗体】选项卡，单击该对象以将其选中，如图 3-27 所示。

（5）在选择完对象并设置好选项后，单击【确定】按钮，还原这些对象。

图 3-27　"导入对象"对话框

习　　题

一、选择题

1. 新建一个空数据库的组合键是(　　)。

　A.【Ctrl+S】　　　　　B.【Ctrl+N】　　　　　C.【Ctrl+O】　　　　　D.【Ctrl+A】

2. 保存一个编辑后的文件可以使用的组合键是(　　)。

　A.【Ctrl+S】　　　　　B.【Ctrl+N】　　　　　C.【Ctrl+O】　　　　　D.【Ctrl+A】

3. 用 Access 2010 创建的默认数据库文件，其扩展名为(　　)。

　A. .adp　　　　　　　B. .dbp　　　　　　　C. .frm　　　　　　　D. .accdb

二、操作题

1. 创建一个空白的数据库，将其命名为【图书公司企业员工管理系统】。

2. 在创建【图书公司企业员工管理系统】中，添加自定义类"职务"和"部门"，并在"职务"类别中添加"经理"、"班长"、"普通职员"，在"部门"类别中添加"生产部"、"人事部"、"销售部"。

3. 创建备份数据库。

4. 将【图书公司企业员工管理系统】转换为一个低版本的数据库文件，可供其他人使用。

第4章

建立数据表

数据表是 Access 数据库的基础，就像房子的地基，一切应用都发源于此，所以建立数据库后，下一步便是建立数据表。本章将学习多种建立数据表的方法，建立数据表的主要步骤就是定义一或多个字段，字段是数据表的重要组成。

每一字段都由名称、类型及属性等组成，可使用向导、导入外部文件等方式，快速产生数据表，也可自行定义。同时必须了解使用的数据库软件，提供哪些可用的字段类型。

学习目标：

● 掌握创建数据表的方法
● 了解导入数据表
● 掌握数据类型的种类
● 掌握字段属性的概念及使用方法

4.1　数据表的概念

4.1.1　认识数据表

数据表（或称表）是数据库中一个非常重要的对象，是其他对象的基础。没有数据表，关键字、主键、索引等也就无从谈起。

数据表是数据库最重要的组成部分之一。数据库只是一个框架，数据表才是其实质内容。根据信息的分类情况，一个数据库中可能包含若干个数据表。如"教学管理系统"数据库包含分别围绕特定主题的 6 个数据表："教师"表、"课程"表、"成绩"表、"学生"表、"班级"表和"授课"表，用来管理教学过程中学生、教师、课程等信息。这些各自独立的数据表通过建立关系被连接起来，成为可以交叉查阅、一目了然的数据库。

设计一个结构、关系良好的数据表在系统开发中是相当重要的，那么怎样才是一个好的数据库表的结构设计呢？

（1）建表原则。为减少数据输入错误，并能使数据库高效工作，表设计应按照一定原则对信息进行分类，同时为确保表结构设计的合理性，通常还要对表进行规范化设计，以消除表中存在的冗余，保证一个表只围绕一个主题，并使表容易维护。

（2）每个表应该只包含关于一个主题的信息。当每个表只包含关于一个主题的信息时，就可以独立于其他主题来维护该主题的信息。例如，应将教师基本信息保存在"教师"表中。如果将这些基本信息保存在"授课"表中，则在删除某教师的授课信息，就会将其基本信息一同删除。

（3）表中不应包含重复信息。每条信息只保存在一个表中，需要时只在一处进行更新，效率更高。例如，每个学生的姓名、性别等信息，只在"学生"表中保存，而"成绩"中不再保存这些信息。

数据表的主要功能是存储数据，存储的数据主要应用于以下几个方面：

（1）作为窗体和报表的数据源。

（2）作为网页的数据源，将数据动态显示在网页中。

（3）建立功能强大的查询。

Access 中，所有的数据表都包含结构和数据两部分。所谓创建表结构，主要就是定义表的字段，如图 4-1 所示。

图 4-1 【学生信息表】表

4.1.2 Access 表的基本概念

1．表的命名

每一个表都有一个表名，在图 4-1 中，该表命名为【学生信息表】。表名可以包含最多 64 个字符，可以是字母、汉字、数字、空格和特殊字符的任意组合。Access 规定，同一个数据库中不能有两个重名的表存在。同时，在 Access 中，表名是不区分大小写的，如表 abc 和表 ABC 表示的是同一表。

2．表的组成

（1）列。一个数据表是由多列组成的，每一列称为一个字段。字段名命名规则和表的命名规则相同，每列存放数据的数据类型称为字段的数据类型，且每列存放数据的数据类型必须相同。在图 4-1 中，该表有 4 列，分别为学号、姓名、专业、性别。

（2）行。一个数据表由多行组成，每一行都包含完全相同的列。在 Access 中，表的每一行称为一条记录，每条记录包含完全相同的字段。表的记录可以增加、修改和删除。在图 4-1 中，该表有 6 条记录，表示 6 个不同的学生信息。

4.2 创建数据表

Access 数据库提供了多种创建数据表对象的方法，用户可以根据自己的实际需要进行选择。建立数据表的常用方法有 4 种，分别如下：

（1）和 Excel 表一样，在空白表中直接输入数据来创建数据表。

（2）使用 Access 内置的表模板来创建数据表。

（3）用设计视图创建数据表。

（4）导入来自其他数据库中的数据，或者来自其他程序的各种文件格式的数据。

4.2.1 数据表视图创建数据表

在 Access 中已经预先为用户准备了一个空表的模板，称为数据表视图。该模板中已经设计好了各种字段属性，可以直接使用。

具体操作步骤如下：

（1）双击第 3 章建立的【教学管理信息系统】数据库。

（2）在功能区【创建】选项卡中的【表格】组中选择【表】命令，将在数据库中插入一个表名为【表 1】的新表，同时将在数据表视图中打开此表，如图 4-2 所示。

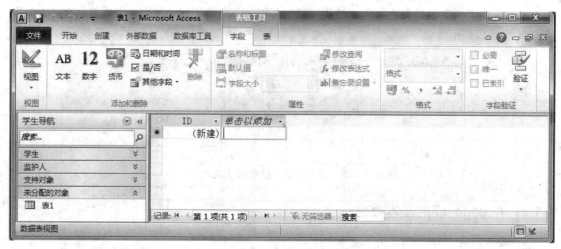

图 4-2　创建的空白数据表

（3）单击【表格工具】下【字段】选项卡，在【添加和删除】组中单击【其他字段】右侧的下拉按钮，弹出要建立的字段类型，如图 4-3 所示。

图 4-3　选择各字段类型

此下拉菜单列出所有的字段类型供选择，如果只是选择一些常用的字段，如文本、日期等，还可以单击【单击以添加】单元格右侧的下拉按钮，在弹出的下拉菜单中选择需要的字段名称，如图 4-4 所示。

图 4-4　选择常用的字段类型

（4）选择【文本】字段类型，此时【单击以添加】单元格内出现闪烁的光标，输入【学号】，然后按【Enter】键，如图 4-5 所示。

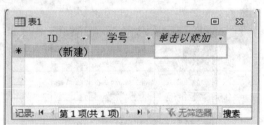

图 4-5　输入字段名【学号】

（5）按照第（3）步和第（4）步的方法，依次输入字段名【姓名】、【性别】、【民族】、【专业】、【联系电话】。最后选择字段类型为【日期和时间】，输入字段名为【出生日期】，如图 4-6 所示。

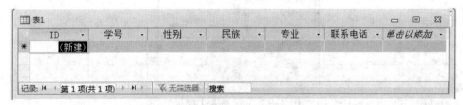

图 4-6　输入数据表所有的其他字段名

（6）使用【Ctrl+S】组合键对建立的表格进行保存，此时弹出【另外为】对话框，要求用户对表重新命名，此时输入【学生信息表】，如图 4-7 所示。

或者单击数据表右上角的【关闭】按钮，弹出图 4-8 所示的提示框，询问用户是否保存对表的修改。

图 4-7　修改表名　　　　　　　　　　　图 4-8　提示对话框

单击【是】按钮，将弹出图4-7所示的对话框，在【表名称】文本框中输入【学生信息表】。
（7）单击【确定】按钮，完成数据表的建立。

 说 明

　　ID 字段为自动编号字段，主要用于用户输入其他字段的时，Access 会按顺序自动填充该列
数据，每添加一条新记录，这个字段值就加 1。

4.2.2　使用表模板创建数据表

　　在 Access 中内置了多种主题表的模板，对于初学者来说简单易学。在这些模板中内置了一些常
见的示例表，这些表中都包含了足够多的字段名，用户可以更加需要在数据表中添加和删除字段。
　　具体操作步骤如下：
　　（1）启动 Access 2010，打开【教学管理信息系统】数据库。
　　（2）在功能区【创建】选项卡上选择【应用程序部件】命令，在弹出的菜单中选择【联系人】
命令，如图4-9所示。

图 4-9　【联系人】模板

 说 明

　　选择此模板创建表，可以同时创建相应的窗体和报表。

　　（3）打开图4-10所示的对话框，要求用户建立表和表之间的关系。在这里面先选择不存在
关系，以后再去修改。

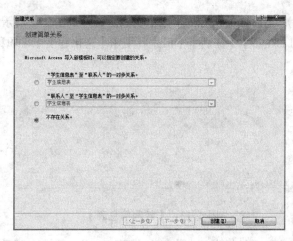

图 4-10　创建关系

　说　明

数据库中所有的表都是存在相互关联的，有 1 对多、多对 1、1 对 1、多对多的关系。

（4）单击【创建】按钮，就创建了一个【联系人】的数据表。此时单击左侧导航栏中的【联系人】表，即建立了一个数据表，如图 4-11 所示。

图 4-11　【联系人】表

（5）在数据表中右击【公司】一列，在弹出的快捷菜单中选择【删除字段】命令，如图 4-12 所示。

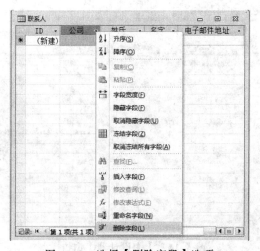

图 4-12　选择【删除字段】选项

（6）重复步骤（5），把后面的所有的字段依次删除，形成图 4-2 所示的空数据表。

（7）然后依次添加【姓名】、【性别】、【出生日期】、【文化程度】、【职称】、【联系电话】等字段，如图 4-13 所示。

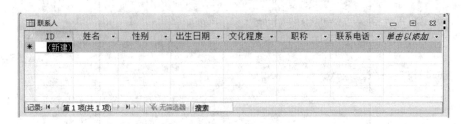

图 4-13　【教师信息表】

（8）在自定义快速访问工具栏中单击【保存】按钮，弹出图 4-7 所示的【另存为】对话框，在【表名称】文本框中输入【教学信息表】，然后单击【确定】按钮即可。

 说　明

利用模版创建数据表有一定的局限性，在默认情况下，字段名、属性都已经设置完成，但是设置的不够详细，需要用户按照实际的需要重新修改每一列的信息。

4.2.3　使用表设计器创建数据表

可以看到，在表模板中提供的模板类型是非常有限的，而且运用模板创建的数据表也不一定完全符合用户的要求。在更多的情况下，必须自己创建一个新表。这都需要用到【表设计器】。用户需要在【表设计器】中完成表的创建和修改。

表设计器是一种可视化工具，通过人机交互来引导用户完成对表的定义。在实际应用中，大多数用户都是采用它来创建数据表。

具体步骤如下：

（1）启动 Access 2010，打开【教学管理信息系统】数据库。

（2）在功能区【创建】选项卡上选择【表设计器】命令，打开如图 4-14 所示的表设计窗口。

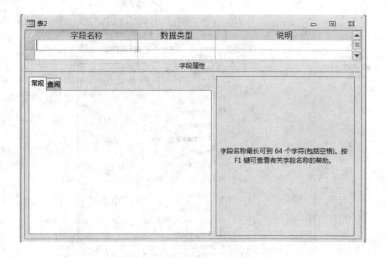

图 4-14　【表设计器】窗口

在【表设计器】中默认有 3 列，其中【字段名称】表示创建的数据表中每一列的名称；【数据类型】表示相应列的数据类型；【说明】是用户解释字段的一些信息。

（3）在【字段名称】单元格中依次输入【课程号】、【课程名称】、【学时】、【学分】，此时需要注意【数据类型】一列默认为文本类型，如图 4-15 所示。

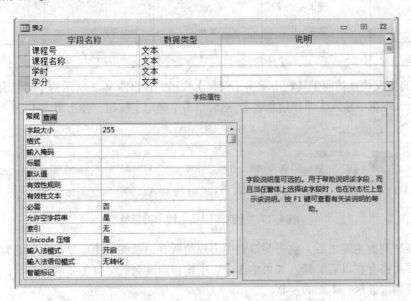

图 4-15　设置字段名称

（4）修改每个字段的数据类型。在【数据类型】下拉列表框中选择该字段的数据类型，分别为文本、文本、数字和数字，如图 4-16 所示。在 Access 中提供了 11 种常用的数据类型。

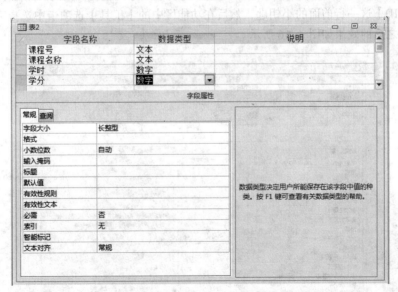

图 4-16　设置数据类型

（5）如图 4-16 所示，在窗口下方的【字段属性】选项区域中可以设置字段的详细属性。具体参见表 4-1 所示。

表 4-1　数据表的字段信息

字段名称	数据类型	字段大小	格式	小数位数
课程号	文本	5		
课程名称	文本	20		
学时	数字	整型	常规数字	0
学分	数字	整型	常规数字	0

（6）在自定义快速访问工具栏中单击【保存】按钮，弹出图 4-7 所示的【另存为】对话框，在【表名称】文本框中输入【课程信息表】，然后单击【确定】按钮。弹出图 4-17 所示的对话框。

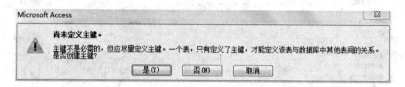

图 4-17　【尚未定义主键】对话框

定义了某一列为主键之后，就表明该列中出现的所有记录都不能重复，也不能为空。主键的具体用法和作用将会在以后解释。如果单击【否】按钮则跳到第（11）步继续执行，以后再进行设置主键，否则继续执行下面的步骤。

（7）单击【是】按钮，系统会自动添加一个【ID】字段名称，数据类型为【自动编号】，并且在这行的最前面出现了一个小钥匙的图标，表示【ID】这一列为主键，如图 4-18 所示。

（8）如果不做其他的修改可以再次保存，结束表的创建。

（9）如果用户不采用【ID】为主键，而想选取【课程号】为主键，则需要删除【ID】这一行。只需要单击【ID】这一行前面的小钥匙，然后在功能区中的【工具】选项卡中选择【删除行】命令即可。删除之后的效果如图 4-16 所示。

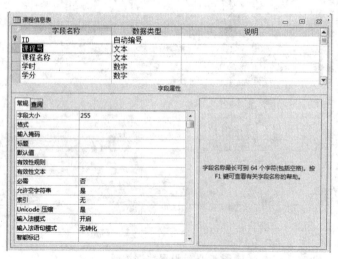

图 4-18　默认的主键

（10）单击【课程号】单元格，在功能区中的【工具】选项卡中选择【主键】命令，则这一行的最前面出现了主键标记，表示【课程号】这一字段为主键，如图 4-19 所示。

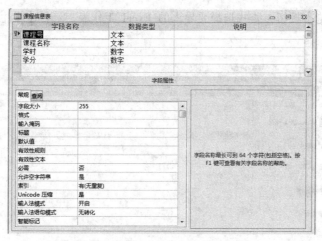

图 4-19　设置【课程号】为主键

（11）如果不做其他的修改可以再次保存，结束表的创建。

4.3　使用其他文件建立数据表

如果已经在其他文件如：文本文件（TXT）、Excel 文件（XLS）、XML 文件、其他 Access 数据库等已输入好数据，也可以直接导入至 Access，成为数据表。

 说　明

导入的数据必须第 1 行是字段名称，第 2 行以后是数据，这样的工作表 Access 才"看得懂"，才能正确导入。以下仅以导入字段名称为例做讲解，导入数据大家可以做为练习。

4.3.1　导入 Excel 文件

这里以导入 Excel 文件为例进行说明，具体步骤如下：

（1）启动 Access 2010，打开【教学管理信息系统】数据库。

（2）在功能区【外部数据】选项卡上选择【Excel】命令，弹出图 4-20 所示的对话框。

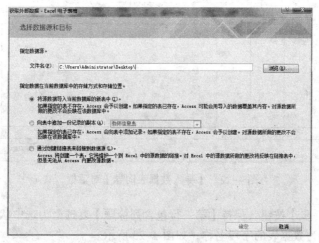

图 4-20　【获取外部数据–Excel 电子表格】对话框

（3）单击【浏览】按钮，查找选择要导入的 Excel 工作表，选择【学生选课表.xls】文件，如图 4-21 所示。

图 4-21 导入的 Excel 工作表

（4）单击【打开】按钮，此时返回【获取外部数据-Excel 电子表格】对话框。指定数据导入之后的存储方式和存储位置，系统有 3 种方式供选择，这里选中【将源数据导入当前数据库的新表中】单选按钮。单击【确定】按钮，弹出【导入数据表向导】窗口，如图 4-22 所示。

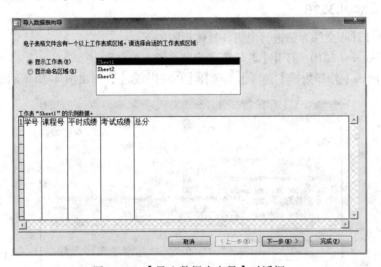

图 4-22 【导入数据表向导】对话框

（5）单击【下一步】按钮，保持【第一行包含列标题】复选框为选中状态，表明要将 Excel 电子表格的第一行作为数据表的字段名称，如图 4-23 所示。

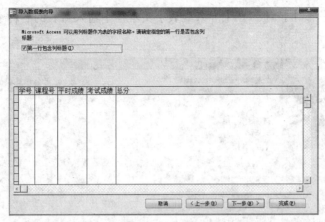

图 4-23 导入列标题

（6）单击【下一步】按钮，分别设置各字段的名称，数据类型等选项，如图 4-24 所示。

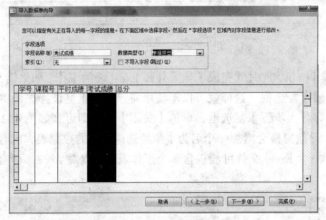

图 4-24 设置字段

（7）单击【下一步】按钮，设置主键。系统提供了 3 种方法，【让 Access 添加主键】则会添加一列【ID】字段，数据类型为【自动编号】类型；【我自己选择主键】，可以在表中选择所需要的列作为主键；【不要主键】，表示目前暂时不设置主键，需要时再进行设置。这里选中【不要主键】单选按钮，如图 4-25 所示。

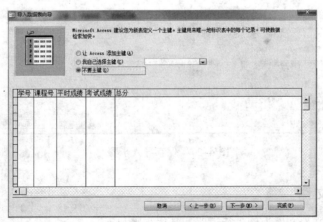

图 4-25 设置主键

（8）单击【下一步】按钮，在【导入到表】文本框中输入新表的名称【学生选课表】，如图 4-26 所示。

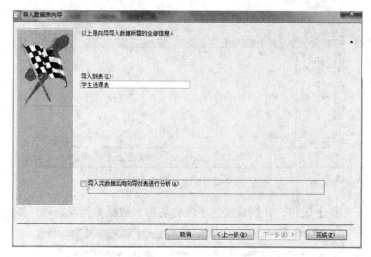

图 4-26　设置表名

（9）单击【完成】按钮，这时就完成了导入外部 Excel 表的工作。如果需要保存导入的步骤，则选中【保存导入步骤】复选框，这样就可以不使用向导即可重复该操作，单击【保存导入】按钮，否则不选中【保存导入步骤】复选框，单击【关闭】按钮即可，如图 4-27 所示。

（10）完成之后，导航窗格会增加一个名为【学生选课表】的数据表，内容是来自【学生选课表.xls】的数据。由于一个 Excel 文件可能包含多个工作表，所以对 Access 而言，每个工作表都可视为一个数据表。

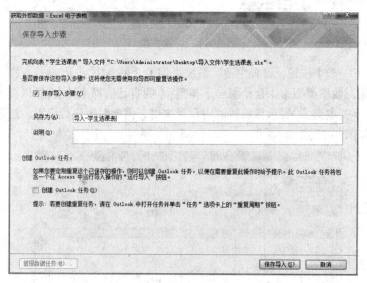

图 4-27　保存导入步骤

4.3.2　导入文本文件

这里以导入文本文件文件为例进行说明，具体步骤如下：

（1）启动 Access 2010，打开【教学管理信息系统】数据库。

（2）在功能区【外部数据】选项卡上选择【文本文件】命令，弹出图 4-28 所示的对话框。

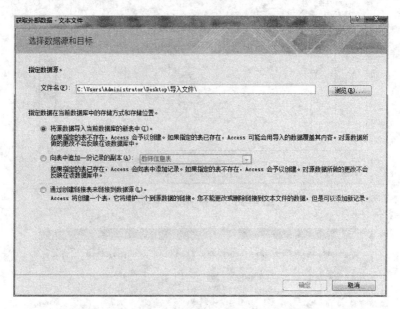

图 4-28　【获取外部数据-文本文件】对话框

（3）单击【浏览】按钮，查找选择要导入的文本工作表，选择【教师授课表.txt】文件。

（4）单击【确定】按钮，出现导入文本向导对话框。首先需选取分隔单位，如本例选中【带分隔符】单选按钮，如图 4-29 所示。

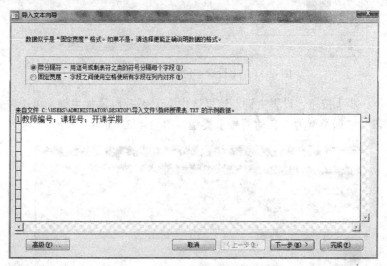

图 4-29　【导入文本向导】对话框

（5）单击【下一步】按钮，弹出图 4-30 所示选择分隔符和字段名称的对话框。选中【分号】为字段分隔字符，同时选中【第一行包含字段名称】复选框，使得文本文件的第一行作为数据表的字段名称。

（6）单击【下一步】按钮，弹出图 4-31 所示【设置字段选项】对话框。逐一指定各栏的字段名称及数据类型，操作方式是先选取某一栏，在【字段名】输入栏名及在【数据类型】指定类型。

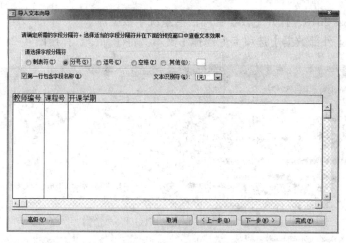

图 4-30 选择字段分隔符

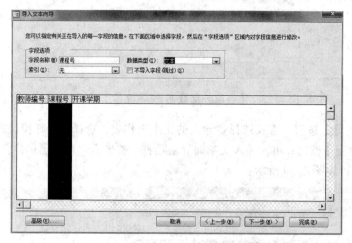

图 4-31 【设置字段选项】对话框

(7)单击【下一步】按钮,设置主键。这里选中【让 Access 添加主键】单选按钮,系统会添加一列【ID】字段,数据类型为【自动编号】类型,如图 4-32 所示。

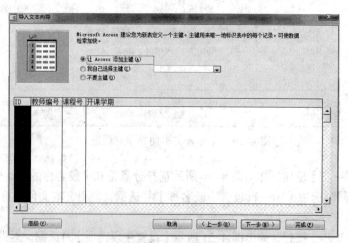

图 4-32 设置主键

（8）单击【下一步】按钮，在【导入到表】文本框中输入新表的名称【教师授课表】，再单击【完成】按钮，完成导入表的操作。

（9）完成之后，导航窗格会增加一个名为【教师授课表】的数据表，内容是来自【教师授课表.txt】的数据。

由于数据库必须明确定义字段，所以导入的文本文件需统一分隔单位，如图 4-29 中在两个分号之间的所有数据，即为一个字段。所以文本文件的分隔单位必须统一，才可以分隔符单位，做正确分割；如果未统一，则导入后的数据有可能会不如预期。

除了使用分隔符之外，也可以使用"固定宽度字段"，若在图 4-29 中选中【固定宽度字段】单选按钮，弹出的对话框如图 4-33 所示。

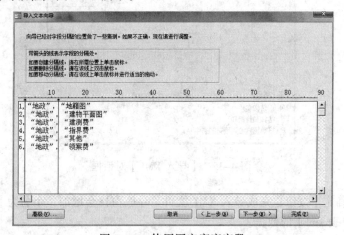

图 4-33　使用固定宽度字段

在使用固定宽度时，必须以鼠标指定分割位置，也可以拖动的方式改变位置。但此种方式的限制是：文本文件的各列数据（记录）长度必须统一。

4.3.3　导入 XML 文件

这里以导入 XML 文件为例进行说明，具体步骤如下：

（1）启动 Access 2010，打开【教学管理信息系统】数据库。

（2）在功能区【外部数据】选项卡上选择【XML 文件】命令，弹出图 4-34 所示的对话框。

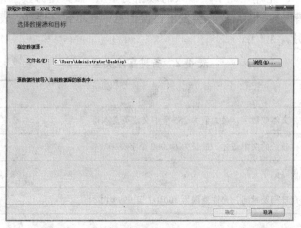

图 4-34　【获取外部数据–XML 文件】对话框

（3）单击【浏览】按钮，查找选择要导入的 XML 文件，选择【用户表.xml】文件。

（4）单击【确定】按钮，弹出【导入 XML】对话框，如图 4-35 所示。在【导入选项】中有 3 项可供选择，分别为【仅结构】、【结构和数据】和【将数据追加到现有的表中】。系统默认将导入 XML 的结构和表，在这里仅仅导入 XML 的结构，因此选中【仅结构】单选按钮。

图 4-35   【导入 XML】对话框

（5）单击【确定】按钮，完成导入 XML 文件。导航窗格会增加一个名为【用户】的数据表，内容是来自【用户表.xml】的数据。

4.4   数据类型

数据表的设计重点就是定义数据表所需的字段，每个字段又可以有不同的"内容"，不同类型字段也会有不同的内容，这些内容就是字段的工作方式。以下将说明字段类型及字段大小等重要的设计。

4.4.1   可用的字段类型

定义类型的目的是"允许在此字段输入的数据类型"，如类型为数字，就不可以在此字段内输入文本。如果输入错误数据，Access 会发出错误信息，且不允许保存。表 4-2 是 Access 提供的多种常用字段类型说明。

表 4-2   各种字段类型

字段类型	说　　明	范　　例
文本	可保存文本或数字，最大值为 255 个中文或英文本符	公司名称、姓名、地址
备注	可保存较长的文本叙述，最长为 64,000 个字符	经历、说明、简历
数字	只可保存数字	数量、售价
日期/时间	可保存日期及时间，允许范围为 100/1/1 至 9999/12/31	出生日期、到职日

续表

字段类型	说 明	范 例
货币	可保存数字，会自动加上千位分隔符及$符号	单价、总价
自动编号	内容为数字的流水编号，新增记录时，Access 会自动在此栏输入内容为数字的编号	编号
是/否	其值为是或否的字段，可使用鼠标打勾	男女、送货否
OLE 对象	内容为非文本、非数字、非日期的内容，也就是来自其他软件制作的文件或文件	照片
超链接	内容可以是文件路径、网页的名称等，单击后即可打开	首页、电子邮件
附件	图片、图像、二进制文件、Office 文件 这是用于存储数字图像和任意类型的二进制文件的首选数据类型	上传照片、文件

（1）文本数据类型：用于文字或文字和数字的组合，允许最大 255 个字符或数字，Access 默认的大小是 50 个字符，而且系统只保存输入到字段中的字符，而不保存文本字段中未用位置上的空字符。设置【字段大小】属性可以控制输入的最大字符长度。文本类型的数字（如手机号码、邮编等）是不能用于计算的。

（2）备注数据类型：用来保存长度较长的文本及数字，可以解决文本数据类型无法解决的问题，它允许字段能够存储长达 64 000 个字符的内容。但 Access 不能对备注字段进行排序或索引，却可以对文本字段进行排序和索引。在备注字段中虽然可以搜索文本，但却不如在有索引的文本字段中搜索得快。

（3）数字数据类型。可以用来存储进行算术计算的数字数据，用户还可以设置【字段大小】属性定义一个特定的数字类型，任何指定为数字数据类型的字型可以设置成"字节"、"整数"、"长整数"、"单精度数"、"双精度数"、"同步复制 ID"、"小数" 5 种类型。在 Access 中通常默认为"双精度数"。任何指定为数字数据类型的字段可以设置成表 4-3 所示值的范围。

表 4-3 数字字段设置

字段大小设置	范 围	小 数 位	存储大小
字节	0 至 255	无	1 字节
整型	-32768 至 32767	无	2 字节
长整型	-2147483648 至 2147483647	无	4 字节
双精度	-1.797×10308 至 1.797×10308	15	8 字节
单精度	-3.4×1038 至 3.4×1038	7	4 字节
同步复制 ID	N/A	N/A	16 字节
小数	1～28 精度	15	8 字节

（4）日期/时间数据类型：这种类型是用来存储日期、时间或日期时间一起的，每个日期/时间字段需要 8 字节来存储空间。根据日期/时间数据类型存储的数据显示格式不同，日期/时间数据类型字段又分为常规日期、长日期、中长日期、短日期、长时间、中长时间、短时间等类型。

（5）货币数据类型：数字数据类型的特殊类型，等价于具有双精度属性的数字字段类型。向货币字段输入数据时，不必输入人民币符号和千位符，Access 会自动显示人民币符号和千分符，并添加两位小数到货币字段。当小数部分多于两位时，Access 会对数据进行四舍五入。精确度为小数点左方 15 位数及右方 4 位数。

（6）自动编号数据类型：此类型较为特殊，每次向表格添加新记录时，Access 会自动插入唯一顺序或者随机编号，即在自动编号字段中指定某一数值。自动编号一旦被指定，就会永久地与记录连接。如果删除了表格中含有自动编号字段的一个记录后，Access 并不会为表格自动编号字段重新编号。当添加某一记录时，Access 不再使用已被删除的自动编号字段的数值，而是重新按递增的规律重新赋值。用户不能给自动编号数据类型字段输入数据。

> **说明**
>
> 自动编号的数据类型是长整型。如果自动编号从 1 开始，一旦到 2147483647 会自动跳转到 −2147483648，然后继续增加，一直到 0。如果再次到达了 1，如果你在设计表的时候定义了自动编号字段的"索引"属性为"有(无重复)"，则系统会提示错误。如果没有设置，则自动编号继续从 1 开始增加。

（7）是/否数据类型：是针对于某一字段中只包含两个不同的可选值而设立的字段，通过是/否数据类型的格式特性，用户可以对是/否字段进行选择。Access 常用于此字段表示逻辑判断结果，其中用任何非 0 值表示真，用 0 表示假。

（8）OLE 对象数据类型：指字段允许单独地"链接"或"嵌入"OLE 对象。添加数据到 OLE 对象字段时，可以链接或嵌入 Access 表中的 OLE 对象是指在其他使用 OLE 协议程序创建的对象，如 Word 文档、Excel 电子表格、图像、声音或其他二进制数据。OLE 对象字段最大可为 1 GB，其大小主要受磁盘空间限制。

（9）超链接数据类型：这个字段主要是用来保存超链接的，包含作为超链接地址的文本或以文本形式存储的字符与数字的组合。当单击一个超链接时，Web 浏览器或 Access 将根据超链接地址到达指定的目标。超链接最多可包含三部分：一是在字段或控件中显示的文本；二是到文件或页面的路径；三是在文件或页面中的地址。在这个字段或控件中插入超链接地址最简单的方法就是在【插入】选项卡中单击【超级链接】命令。

（10）附件数据类型：对于 Office Access .accdb 文件来说是一种新的类型。可以将图像、电子表格文件、文档、图表以及其他类型的受支持文件附加到数据库记录中，就像在电子邮件中附加文件那样，还可以查看和编辑附加的文件，具体取决于数据库设计者如何设置附件字段。附件字段提供了比 OLE 对象字段更高的灵活性，并且能够更有效地使用存储空间，因为它们不创建原始文件的位图图像。

对于某些文件类型，Access 会在用户添加附件时对其进行压缩。如位图、Windows 图元文件、可交换文件格式文件（.exif 文件）、图标、标记图像文件格式文件等。

（11）查询向导：创建允许用户使用组合框选择来自其他表中的某一列或几列字段的值。查询向导的数据来源有两种，一种是来自另外一个表，另一种是来自固定的几个常数。

4.4.2　更改类型的注意事项

建立字段之后，必须立即定义字段类型，而字段类型是否可在事后更改呢？可以，而且更改的操作很简单，直接打开字段类型列表，再指定新类型即可。

一般而言，字段类型一经定义完成，除非万不得已，最好不要更改。因为数据表及字段是数据库的重要基础建设，更改类型会造成数据库系统在后续设计时的许多麻烦。

如图 4-36 所示，"出生日期"字段类型原本为日期/时间数据类型，格式为长日期格式，内容为日期，如 "1998 年 8 月 8 日"，但如果将此字段改为文本类型，就会变成文本类型如 "1998/8/8"。

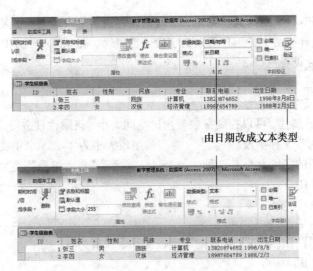

由日期改成文本类型

图 4-36　更改类型之前与之后

同时更改为日期类型前后，文本位置也有所不同！所以，有关日期的需求，必须定义为日期类型，文本类型除了在转换时会有问题外，文本类型的日期也无法在查询中执行计算。

总之，更改类型是万不得已的做法，最好在建立系统之初，就设想周全。若非要修改字段类型，就必须了解更改类型后的可能后果。表 4-4 列出了更改类型时可能会有的情况。

表 4-4　更改类型的可能情况

更改字段类型	允许更改	可能有的结果
文本改数字	√	若含有文本，则删除含有文本的字段内数据
数字改文本	√	
文本改日期	√	必须该栏数据符合日期，若不符日期格式，即予以删除
日期改文本	√	
数字改日期	√	1 代表 1899/12/31，2 代表 1900/1/1，依此类推
日期改数字	√	同上

表 4-4 仅列出文本、数字、日期等 3 种常用类型，一般而言，转换为文本类型时，都不会有错误，因为文本类型允许任何字符，其允许范围最大。如果反过来，将文本转换为数字，就有可能造成数据遗失，因为数字类型不允许 0～9 以外的符号或字符，转换时若发生错误，Access 会显示警告信息。此外，日期及数字也可以相互转换，Access 系统内部是以数字代表由 1899/12/31 开始的每一天。

更改类型的原则是由大改小时，必须注意可能造成数据流失；反之，由小改大时，就不会有这个问题。

4.5 字段属性

表中每个字段都有一系列的属性描述，字段的属性表示字段所具有的特性，不同的字段类型有不同的属性。在设计视图中，用户可以为字段设置属性，在 Access 2010 中有【常规属性】和【查询属性】两种属性设置窗口。

4.5.1 字段大小设置

通过【字段大小】属性，可以控制字段使用的空间大小。该属性只适用于数据类型为"文本"、"数字"和"自动编号" 3 种字段。"文本"类型的字段大小为 1~255 个中文或英文字符，系统默认 255。"数字"类型的字段大小有 7 种，如表 4-3 所示。"自动编号"类型的字段有两种，分别为长整型和同步复制 ID。

【例4.1】

将【学生信息表】中【民族】字段的【字段大小】设置为 6。

具体操作步骤如下：

（1）启动 Access 2010，打开【教学管理信息系统】数据库。

（2）单击【所有 Access 对象】下的【表】对象，在表列表中选择【学生信息表】，右击，弹出快捷菜单，如图 4-37 所示。

（3）选择【设计视图】命令，以视图方式打开，如图 4-38 所示。

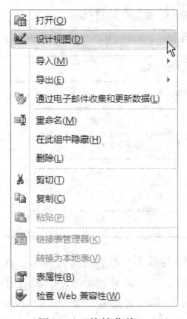

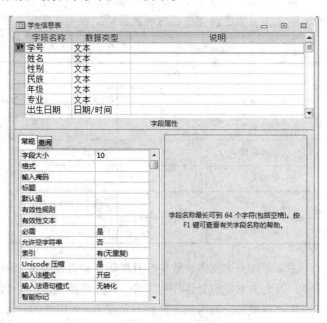

图 4-37　快捷菜单　　　　　图 4-38　打开【学生信息表】的设计视图

（4）单击【民族】字段行中的任意一列，出现关于该字段的【字段属性】区，在【字段大小】文本框中将原来的 255 改成 6，然后单击标题栏左上角的保存图标，或者按【Ctrl+S】组合键进行保存。

4.5.2 字段格式设置

【格式】属性用来决定数据的打印方式和屏幕显示方式。不同数据类型的字段，其格式选择有所不同。Access 允许为字段选择一种格式，【数字/货币】、【日期/时间】和【是/否】字段都可以使用数据格式。选择数据格式可以确保数据表示方式的一致性。设置【格式】属性时，用户可直接从【格式】组合框中快速方便地选择一种，也可以输入特殊格式字符，为所有的数据类型创建自定义显示格式。

1.【数字/货币】格式

Access 提供了多种数字/货币格式以供选择，如图 4-39 所示。其中也可以自定义数字/货币格式，如表 4-4 所示。

格式			
小数位数	常规数字	3456.789	
输入掩码	货币	¥3,456.79	
标题	欧元	€3,456.79	
默认值	固定	3456.79	
有效性规则	标准	3,456.79	
有效性文本	百分比	123.00%	
必需	科学记数	3.46E+03	
索引	无		
智能标记			
文本对齐	常规		

图 4-39 数字/货币格式

表 4-4 数字/货币自定义格式

格式字符	作　用
.（句点）	小数分隔符。分隔符可在 Windows 的区域设置中设置
,（逗号）	千位分隔符
0	数字占位符。显示一个数字或 0
#	数字占位符。显示一个数字或不显示任何内容
$	显示文字字符 "$"
%	百分号。将值乘以 100 并追加一个百分号
E- 或 e-	在负指数前添加减号 (-)、在正指数前不添加任何符号的科学计数表示法。此符号必须与其他符号结合使用，如 0.00E-00 或 0.00E00
E+ or e+	在负指数前添加减号(-)、在正指数前添加加号 (+) 的科学计数法。此符号必须与其他符号结合使用，如 0.00E+00

2.【是/否】格式

是/否型格式有 3 种形式可供选择，如表 4-5 所示。

表 4-5 是 否 格 式

格式字符	说明
真/假	非 0 为 True，0 为 False
是/否	非 0 为是，0 为否
开/关	非 0 为开，0 为关

【例4.2】

将【学生信息表】中【性别】字段的【格式】设置为【是/否】，标题设置为【男】。

具体操作步骤如下：

（1）启动 Access 2010，打开【教学管理信息系统】数据库。

（2）单击【所有 Access 对象】下的【表】对象，在表列表中选择【学生信息表】，右击，弹出快捷菜单，如图 4-37 所示。

（3）选择【设计视图】命令，以视图方式打开，如图 4-38 所示。

（4）单击【性别】字段行中的任意一列，出现关于该字段的【字段属性】区，在【格式】组合框中选择【是/否】选项，在【标题】文本框中输入【男】，然后单击标题栏左上角的保存图标，或者按【Ctrl+S】组合键进行保存，如图 4-40 所示。

图 4-40　设置【性别】字段

3.【日期/时间】格式

Access 提供了许多可应用于日期和时间数据的预定义格式。如果其中的任何格式都无法满足用户的需要，则可以指定自定义格式。

表 4-6 列出并描述了可应用于日期和时间数据的预定义格式。请记住，Windows 区域设置可以控制预定义格式的部分或全部，预定义格式只影响数据的可视外观，而不影响用户输入值的方式以及 Access 存储值的方式。

表 4-6　预定义日期/时间格式

格　式	说　明	示　例
常规日期	（默认格式）将日期值显示为数字，将时间值显示为后跟 AM 或 PM 的小时、分钟和秒钟。对于这两种类型的值，Access 均使用在 Windows 区域设置中指定的日期和时间分隔符。如果值中没有时间部分，Access 将只显示日期。如果值中没有日期部分，Access 将只显示时间	08/29/2006 10:10:42 AM
长日期	只将日期值显示为在 Windows 区域设置指定的长日期格式	2006 年 8 月 29 日，星期一
中日期	将日期显示为 dd/mmm/yy，但是，请使用在 Windows 区域设置指定的日期分隔符	29/Aug/06 29-Aug-06
短日期	将日期值显示为在 Windows 区域设置指定的短日期格式	8/29/2006 8-29-2006

续表

格 式	说 明	示 例
长时间	显示后跟 AM 或 PM 的小时、分钟和秒钟。Access 使用在 Windows 区域设置中的"时间"设置指定的分隔符。	10:10:42 AM
中时间	显示后跟 AM 或 PM 的小时和分钟。Access 使用在 Windows 区域设置中的"时间"设置指定的分隔符。	10:10 AM
短时间	只显示小时和分钟。Access使用在 Windows 区域设置中的"时间"设置指定的分隔符。	10:10

【例4.3】

将【学生信息表】中【出生日期】字段的【格式】设置为【长日期】。

具体操作步骤如下：

（1）启动 Access 2010，打开【教学管理信息系统】数据库。

（2）单击【所有 Access 对象】下的【表】对象，在表列表中选择【学生信息表】，右击，弹出快捷菜单，如图 4-37 所示。

（3）选择【设计视图】命令，以视图方式打开，如图 4-38 所示。

（4）单击【出生日期】字段行中的任意一列，出现关于该字段的【字段属性】区，在【格式】组合框中选择【长日期】选项，然后单击标题栏左上角的保存图标，或者按【Ctrl+S】组合键进行保存。

如果上表中介绍的【日期/时间】字段的预定义格式无法满足用户的需要，则可以改用自定义格式。如果用户没有指定预定义格式或自定义格式，Access 会应用【常规日期】格式 – yyyy-mm-dd hh:mm:ss AM/PM。

【日期/时间】字段的自定义格式可能包含两部分：一部分用于日期，另一部分用于时间。可以用分号分隔这两部分。例如，可以重新创建"常规日期"和"长时间"格式，如 m/dd/yyyy;h:nn:ss。表 4-7 列出了可用来定义自定义格式的占位符和分隔符。

表 4-7　自定义日期/时间格式

字 符	说 明
日期分隔符	控制 Access 在何处放置日期、月份和年份的分隔符。系统使用在 Windows 区域设置中定义的分隔符。有关这些设置的信息，请参阅下一部分：Windows 区域设置如何影响日期和时间
c	显示常规日期格式
d 或 dd	将月份中的日期显示为一位或两位数字。使用单个占位符表示一位数字；使用两个占位符表示两位数字
ddd	将一周中的一天缩写为三个字母。例如，星期一将显示为 Mon
dddd	拼写出所有的星期名称
ddddd	显示短日期格式
dddddd	显示长日期格式
w	显示一周中的一天的编号。例如，星期一将显示为2
m 或 mm	将月份显示为一位或两位数字
mmm	将月份的名称缩写为三个字母。例如，十月将显示为Oct
mmmm	拼写出所有的月份名称
q	显示当前日历季度的编号(1～4)。例如，您在五月份雇用了一名工作人员，Access 会将季度值显示为 2

字　符	说　明
Y	显示一年中的某一天(1~366)
yy	显示年份中的最后两个数字。 注释：建议您输入和显示给定年份的全部四位
yyyy	显示介于0100~9999的年份中的所有数字
时间分隔符	控制 Access 在何处放置小时、分钟和秒钟的分隔符。系统使用在 Windows 区域设置中定义的分隔符。有关这些设置的信息，请参阅下一部分：Windows 区域设置如何影响日期和时间
h 或 hh	将小时显示为一位或两位数字
n 或 nn	将分钟显示为一位或两位数字
s 或 ss	将秒钟显示为一位或两位数字
tttt	显示长时间格式
AM/PM	显示具有尾随 AM 或 PM 的 12 小时制时间值。Access 根据计算机中的系统时钟来设置该值
A/P 或 a/p	显示具有尾随 A、P、a 或 p 的 12 小时制时间值。Access 根据计算机中的系统时钟来设置该值
AMPM	显示 12 小时制时间值，但是使用在 Windows 区域设置中指定的上午和下午指示符。有关这些设置的信息，请参阅下一部分：Windows 区域设置如何影响日期和时间
空格 +-$ ()	根据需要在格式字符串中的任何位置使用空格、某些数学符号（+ 和 −）和财务符号（$、¥ 和 £）。如果您想使用其他常见的数学符号，如斜杠（\ 或 /）和星号 (*)，则必须用双引号括起它们，但是可以将它们放在任何位置
"文本"	用双引号括起希望用户看到的任何文本
\	强制 Access 显示紧随其后的字符，这与用双引号引起一个字符具有相同的效果
*	使用星号时，紧随其后的字符将变成填充字符，即用来填充空格的字符。Access 通常会以左对齐方式显示文本，并用空格填充该值右侧的任何区域。可以在格式字符串中的任何位置添加填充字符，而且当您这样做时，Access 会用指定的字符填充任何空格
[color]	向格式中某个部分的所有值应用颜色。必须用括号括起颜色的名称并使用下列名称之一：黑色、蓝色、蓝绿色、绿色、洋红、红色、黄色和白色。

4.5.3　字段默认值设置

　　使用"默认值"属性可以指定在添加新记录时自动输入的值。例如，大部分学生的民族都为汉族，则可以为【学生信息表】表的【民族】字段设置一个默认值【汉族】。添加新记录时可以接受该默认值，也可以键入新值覆盖它。设置默认值的目的就是为了减少数据的输入量。

【例4.4】

　　将【学生信息表】中【民族】字段的默认值设置为【汉族】。
　　具体操作步骤如下：
　　（1）启动 Access 2010，打开【教学管理信息系统】数据库。
　　（2）单击【所有 Access 对象】下的【表】对象，在表列表中选择【学生信息表】，右击，弹出快捷菜单，如图 4-37 所示。
　　（3）选择【设计视图】命令，以视图方式打开，如图 4-38 所示。

（4）单击【民族】字段行中的任意一列，出现关于该字段的【字段属性】区，在默认值文本框中选择【汉族】选项，然后单击标题栏左上角的保存图标，或者按【Ctrl+S】组合键进行保存，如图 4-41 所示。

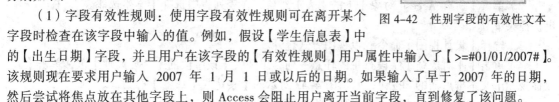

图 4-41 设置【民族】字段

4.5.4 有效性规则和有效性文本设置

有效性规则是对输入数据的约束，比如在有效性规则中输入"男" or"女"那么输入的数据只能为男或女，而有效性文本是指在输入文本不为男或女时出现的错误指示，如图 4-42 所示。

在 Access 中，用户可以创建两种基本类型的有效性规则，分别如下：

（1）字段有效性规则：使用字段有效性规则可在离开某个字段时检查在该字段中输入的值。例如，假设【学生信息表】中的【出生日期】字段，并且用户在该字段的【有效性规则】用户属性中输入了【>=#01/01/2007#】。该规则现在要求用户输入 2007 年 1 月 1 日或以后的日期。如果输入了早于 2007 年的日期，然后尝试将焦点放在其他字段上，则 Access 会阻止用户离开当前字段，直到修复了该问题。

（2）记录（或表）的有效性规则：使用记录有效性规则可以控制何时可以保存记录（表中的行）。与字段有效性规则不同，记录有效性规则引用同一个表中的其他字段。在需要对照一个字段中的值检查另一个字段中的值时，应当创建记录有效性规则。例如，假设某公司要求用户在 30 天内发货，如果用户未能在该时间内发货，则必须向客户退还部分货款。用户可以定义诸如 [要求日期]<=[订购日期]+30 这样的有效性规则，来确保不会有人输入离订购日期太久的发货日期。向【有效性规则】文本框输入一个表达式，即可定义一个字段的简单检查。即当用户在该字段输入数据后，Access 自动检查是否符合有效性规则。如果不符合，将给出提示，提示内容来自于有效性文本输入。设置有效性规则的方法是：单击【有效性规则】文本框后面的 按钮，打开【表达式生成器】对话框，如图 4-43 所示。

生成器上方是一个表达式框，下方是用于创建表达式的元素。将这些元素粘贴到表达式框中可形成表达式，也可直接输入表达式。

生成器下部三个列表框的功能如下：

（1）表达式元素：包含几个文件夹，列出表、查询、窗体及报表等数据库对象，以及内置和用户定义的函数、常量、运算符和常用表达式。

（2）表达式类别：列出左边框中选定文件夹内指定的元素或指定元素的类别。例如，如果在【表达式元素】列表框的单击【操作符】，该列表框内便会列出 Access 所有操作符的类别。

（3）表达式值：列出【表达式元素】和【表达式类别】列表框中选定元素的值。例如，打开【表达式元素】列表框中的【操作符】文件夹，选定【表达式类别】列表框中的【比较】选项，则右框会列出所有的比较运算符，如图 4-44 所示。

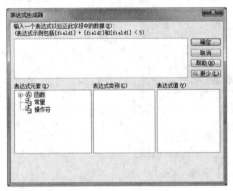 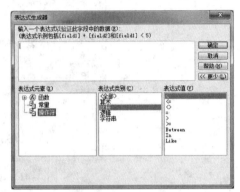

图 4-43　表达式生成器　　　　　　　图 4-44　比较运算符

【例4.5】

将【学生选课表】中【平时成绩】字段的有效性规则设置为【大于等于 0 并且小于等于 100】，有效性文本设置为【输入成绩不合法，请重新输入】。

具体操作步骤如下：

（1）启动 Access 2010，打开【教学管理信息系统】数据库。

（2）单击【所有 Access 对象】下的【表】对象，在表列表中选择【学生选课表】，右击，弹出快捷菜单。

（3）选择【设计视图】命令，以视图方式打开。

（4）单击【平时成绩】字段行中的任意一列，出现关于该字段的【字段属性】区，单击【有效性规则】文本框后面的▦按钮，弹出图 4-43 所示的【表达式生成器】对话框。

（5）打开【表达式元素】列表框的【操作符】文件夹，选定【表达式类别】列表框中的【比较】选项，则【表达式值】列表框会列出所有的比较运算符。双击其中的 Between 表达式，在表达式 1 中填入 0，在表达式 2 中填入 100，如图 4-45 所示。

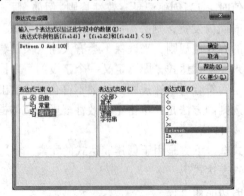

图 4-45　使用 Between 表达式

（6）单击【确定】按钮，关闭【表达式生成器】对话框。单击【有效性文本】文本框，输入【输入成绩不合法，请重新输入】。单击标题栏左上角的保存图标，或者按【Ctrl+S】组合键进行保存，如图 4-46 所示。

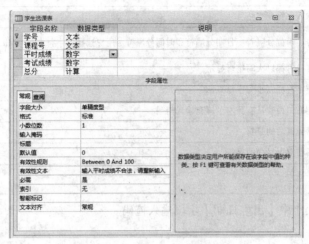

图 4-46　设置【平时成绩】字段

4.5.5　输入掩码设置

输入掩码是用于设置字段（在表和查询中）、文本框以及组合框中的数据格式，并可对允许输入的数值类型进行控制，输入掩码可以由用来分隔输入空格的原义字符（如空格、点、点画线和括号）组成。输入掩码属性设置则由文本字符和特殊字符组成，特殊字符将决定输入的数值类型。输入掩码主要用于文本型和日期/时间型字段，但也可以用于数字型或货币型字段。

输入掩码由一个必需部分和两个可选部分组成，每个部分用分号分隔,如"9999/99/99;0;？"，每个部分的用途如下：

第一部分是必需的。它包括掩码字符或字符串（字符系列）和字面数据（如括号、句点和连字符）。

第二部分是可选的，是指嵌入式掩码字符和它们在字段中的存储方式。如果第二部分设置为 0，表示保存输入值的原义字符；如果设置为 1 或空白，则表示只保存输入的非空格字符。

第三部分也是可选的，指明用作占位符的单个字符或空格。默认情况下，Access 使用下画线（_）。如果希望使用其他字符，请在掩码的第三部分中输入。

表 4-8 列出了输入掩码的占位符和字面字符，并说明了它如何控制数据输入。

表 4-8　输入掩码的字符

字　符	说　明
0	用户必须输入一个数字（0~9）
9	用户可以输入一个数字（0~9）
#	用户可以输入一个数字、空格、加号或减号。如果跳过，Access会输入一个空格
L	用户必须输入一个字母
?	用户可以输入一个字母
A	用户必须输入一个字母或数字
a	用户可以输入一个字母或数字

续表

字　符	说　明
&	用户必须输入一个字符或空格
C	用户可以输入字符或空格
。，：；- /	小数分隔符、千位分隔符、日期分隔符和时间分隔符。用户选择的字符取决于Microsoft Windows区域设置
>	其后的所有字符都以大写字母显示
<	其后的所有字符都以小写字母显示
!	导致从左到右（而非从右到左）填充输入掩码
\	逐字显示紧随其后的字符
""	逐字显示括在双引号中的字符

【例4.6】

设置【学生信息表】中【出生日期】字段输入掩码。

具体操作步骤如下：

（1）启动 Access 2010，打开【教学管理信息系统】数据库。

（2）单击【所有 Access 对象】下的【表】对象，在表列表中选择【学生信息表】，右击，弹出快捷菜单。

（3）选择【设计视图】命令，以视图方式打开。

（4）单击【出生日期】字段行中的任意一列，出现关于该字段的【字段属性】区，单击【输入掩码】文本框后面的⊡按钮，弹出图 4-47 所示的【输入掩码向导】对话框。

（5）选择【长日期（中文）】选项，单击【下一步】按钮。修改默认的输入掩码格式为【0000年 00 月 00 日】，表示在输入年月日的时候，必须以完整的格式输入，如年份必须输入 4 位，月份和日期必须输入 2 位。占位符仍然以 "_" 隔开，如图 4-48 所示。

图 4-47　【输入掩码向导】对话框

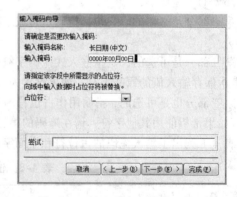

图 4-48　输入自定义的输入掩码

（6）单击【下一步】按钮，出现结束界面，然后单击【完成】按钮。修改【输入掩码】的第二部分设置为 0，表示保存输入值的原义字符。保存所做的修改，如图 4-49 所示。

（7）单击标题栏左上角的保存图标，或者按【Ctrl+S】组合键进行保存。

 说　明

【输入掩码】属性是定义数据的输入方式，而【格式】属性是定义数据的显示方式。

图 4-49　输入【出生日期】的【输入掩码】

4.5.6　必填字段设置

使用【必填字段】属性可以指定字段中是否必须有值。如果此属性设置为【是】，则当在记录中输入数据时，必须在该字段中输入数值，而且该数值不能为空（Null）。如果设置为【否】，该字段可以为空。

【例4.7】

设置【学生信息表】中【姓名】字段为必输入项。

具体操作步骤如下所示：

（1）启动 Access 2010，打开【教学管理信息系统】数据库。

（2）单击【所有 Access 对象】下的【表】对象，在表列表中选择【学生信息表】，右击，弹出快捷菜单。

（3）选择【设计视图】命令，以视图方式打开。

（4）单击【姓名】字段行中的任意一列，出现关于该字段的【字段属性】区，单击【必须】文本框后面的下拉按钮，选择【是】选项，如图 4-50 所示。

（5）单击标题栏左上角的保存图标，或者按【Ctrl+S】组合键进行保存。

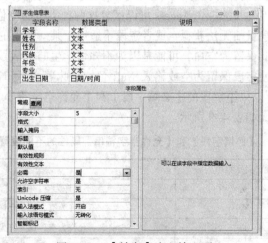

图 4-50　【姓名】为必输入项

4.5.7　允许空字符串设置

【允许空字符串】属性是用户对于文本、备注数据类型的字段是否允许空字符串输入。空字符串是长度为零的特殊字符串。

【例4.8】

设置【学生信息表】中【姓名】字段为不能输入空字符。

具体操作步骤如下：

（1）启动 Access 2010，打开【教学管理信息系统】数据库。

（2）单击【所有 Access 对象】下的【表】对象，在表列表中选择【学生信息表】，右击，弹出快捷菜单。

（3）选择【设计视图】选项，以视图方式打开。

（4）单击【姓名】字段行中的任意一列，出现关于该字段的【字段属性】区，单击【允许空字符串】文本框后面的下拉按钮，选择【否】选项，如图 4-51 所示。

图 4-51　【姓名】为不能输入空字符串

（5）单击标题栏左上角的保存图标，或者按【Ctrl+S】组合键进行保存。

对于空字符串和 Null 值，Microsoft Access 可以区分这两种类型的空值。因为在某些情况下，字段为空，可能是因为信息目前无法获得，或者字段不适用于某一特定的记录。例如，表中有一个【联系电话】字段，将其保留为空白，可能是因为不知道学生的电话号码，或者该学生没有电话号码。在这种情况下，使字段保留为空或输入 Null 值，意味着"不知道"。双引号内为空字符串则意味着"知道没有值"。采用字段的【必填字段】和【允许空字符串】属性的不同设置组合，可以控制空白字段的处理，如表 4-9 所示。

表4-9　【必填字段】和【允许空字符串】属性的不同设置组合

必填字段	允许空字符串	结　　果
是	是	不允许为空，但允许为空字符串
是	否	不允许为空，也不允许为空字符串
否	是	允许为空，也允许为空字符串
否	否	允许为空，但不允许为空字符串

4.6　主键

关系数据库系统（如 Microsoft Access）的强大功能来自于其可以使用查询、窗体和报表快速地查找并组合存储在各个不同表中的信息。为了做到这一点，每个表都应该包含一个或一组这样的字段：这些字段是表中所存储的每一条记录的唯一标识，该信息即称做表的主键。指定了表的主键之后，Access 将阻止在主键字段中输入重复值或 Null 值。

4.6.1　"自动编号"主键

当向表中添加每一条记录时，可将【自动编号】字段设置为自动输入连续数字的编号。将自动编号字段指定为表的主键是创建主键的最简单的方法。如果在保存新建的表之前未设置主键，则 Microsoft Access 会询问是否要创建主键。如果回答为【是】，Microsoft Access 将创建【自动编号】主键。具体过程可以参见 4.2.1　数据表视图创建数据表。

4.6.2　单字段主键

如果字段中包含的都是唯一的值，如课程号或教师编号，则可以将该字段指定为主键。只要某字段包含数据，且不包含重复值或 Null 值，就可以为该字段指定主键。

【例4.9】
———

设置【教师信息表】中【教师编号】字段为主键。

具体操作步骤如下：

（1）启动 Access 2010，打开【教学管理信息系统】数据库。

（2）单击【所有 Access 对象】下的【表】对象，在表列表中选择【教师信息表】，右击，弹出快捷菜单。

（3）选择【设计视图】命令，以视图方式打开。

（4）单击【ID】字段行中的任意一列，在【设计】选项卡的【工具】组中选择【删除行】命令。系统会弹出图 4-52 所示的对话框，单击【是】按钮，再次打开对话框，询问用户是否删除该主键字段，如图 4-53 所示，单击【是】按钮。

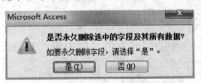

图 4-52　是否永久删除该字段

图 4-53　是否删除 ID 字段的主键

（5）单击【教师编号】字段行中的任意一列，在【设计】选项卡的【工具】组中选择【主键】命令，此时【教师编号】一行的最左边出现一个钥匙的图标，表明已经设置成功，如图 4-54 所示。

（6）单击标题栏左上角的保存图标，或者按【Ctrl+S】组合键进行保存。

4.6.3　多字段主键

在不能保证任何单字段包含唯一值时，可以将两个或更多的字段指定为主键。这种情况最常出现在用于多对多关系中关联另外两个表的表。例如，【学生选课表】与【学生信息表】及【课程信息表】之间都有关系，因此它的主键包含两个字段：【学号】和【课程号】。这样就能保证在【学生选课表】中，任何一个学生有多门课程的成绩，但是这些课程都是不重复的。

图 4-54 设置【教师编号】为主键

【例4.10】

设置【学生选课表】中【学号】和【课程号】字段为组合主键。

具体操作步骤如下：

（1）启动 Access 2010，打开【教学管理信息系统】数据库。

（2）单击【所有 Access 对象】下的【表】对象，在表列表中选择【学生选课表】，右击，弹出快捷菜单。

（3）选择【设计视图】命令，以视图方式打开。

（4）先选择【学号】字段，按住【Ctrl】键，再选择【课程号】字段，在【设计】选项卡的【工具】组中选择【主键】命令，此时【学号】和【课程号】两行的最左边各出现一个钥匙的图标，表明已经设置成功，如图 4-55 所示。

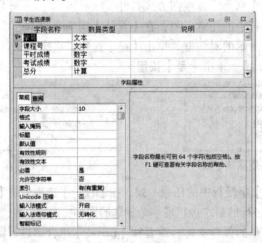

图 4-55 设置【学号】和【课程号】为主键

（5）单击标题栏左上角的保存图标，或者按【Ctrl+S】组合键进行保存。

在多字段主键中，字段的顺序可能会非常重要。多字段主键中字段的次序按照它们在表【设计】视图中的顺序排列，可以在【索引】窗口中更改主键字段的顺序。因此创建多字段主键时比较重要的字段放在前面，不重要的放在后面。

习 题

一、选择题

1. 电话、传真号码等数据，适用的字段类型为（ ）。

（A）文本 （B）数字 （C）日期 （D）备注

2. 身份证号适用的字段类型为（ ）。

（A）文本 （B）超链接 （C）日期 （D）备注

3. 书籍封面适用的字段类型为（ ）。

（A）备注 （B）OLE 对象 （C）文本 （D）自动编号

4. 下列（ ）文件无法导入至 Access 数据库。

（A）XLS （B）DOC （C）TXT （D）DBF

5. 以下（ ）字段大小允许的数字范围最大。

（A）长整数 （B）单精度数 （C）双精度数 （D）小数点

6. 文本类型的字段最多可容纳（ ）个中文字。

（A）255 （B）256 （C）128 （D）127

7. 将字段类型由数字转换为文本时，可能会发生（ ）情况。

（A）字段若含有文本，则删除该栏数据

（B）字段若含有文本，则只删除文本

（C）不会有任何问题

（D）若含有文本，则删除该栏全部笔数的所有数据

8. 若要导入 Excel 文件，则可以导入的数据为（ ）。

（A）数据透视表 （B）工作表

（C）单一保存格 （D）以上皆是

9. 以下（ ）是一个字段的组成。

（A）名称 （B）类型 （C）属性 （D）以上皆是

10. 以下有关更改类型的叙述，正确的是（ ）。

（A）不论是否输入记录，皆可正确更改类型

（B）由大转小时，可能会造成数据遗失

（C）由小转大时，可能会造成数据遗失

（D）以上皆非

二、填空题

A.文本 B.备注 C.数字 D.日期/时间 E.货币 F.是/否 G.OLE 对象 H.超级链接 I.索引 J.主键 K.查阅字段

【目的】：建立好友联络方式的数据表，在数据表设计窗口中，建立多个字段。

请将以上答案编号填到下列问题的空格中。

（1）编号：类型为自动编号。

（2）姓名：类型为_____。

（3）联络电话：类型为_____。

（4）出生日期：类型为＿＿＿＿＿＿＿＿。

（5）照片：类型为＿＿＿＿＿＿＿＿。

（6）Email：类型为＿＿＿＿＿＿＿＿。

三、操作题

1. 建立新文件，名称为 Em_Data.accdb，进行以下处理。

（1）导入 employee.xls 文件，成为"雇员"数据表。

（2）"人员编号"字段为主键。

（3）导入时，不导入"职称"及"人数"两个字段。

2. 使用数据表设计窗口建立新数据表，名称为"客户"，字段如下：

字段名称	类　型	说　明
客户编号	自动编号	主键
客户名称	文本	
统一编号	文本	
联络电话	文本	
传真	文本	
备注	备注	
首页	超链接	

3. 按如下表格中的要求重新修改教学管理系统数据库中的各张表格。

（1）学生信息表

字段名称	数据类型	字段大小	默认值	必需	允许空字符串	输入掩码
姓名	文本	5		是	否	
民族	文本	6	汉族	是	否	
专业	文本	10		是	否	
联系电话	文本	11		否	是	00000000000;0;_
出生日期	长日期			是		0000\年00\月00\日;0;_

（2）学生选课表

字段名称	数据类型	字段大小	格式	小数位数	必需	允许空字符串	默认值	有效性规则	有效性文本
学号	文本	10			是	否			
课程号	文本	6			是	否			
平时成绩	数字	单精度型	标准	1	是		0	Between 0 And 100	输入平时成绩不合法，请重新输入
考试成绩	数字	单精度型	标准	1	是		0	Between 0 And 100	输入考试成绩不合法，请重新输入
总分	数字	单精度型	标准	1	是		0	Between 0 And 100	输入成绩不合法，请重新输入

（3）教师信息表

字段名称	数据类型	字段大小	必需	允许空字符串	默认值	输入掩码	有效性规则	有效性文本
教师编号	文本	5	是	否				
姓名	文本	5	是	否				
性别	文本	1	是	否	男		In ("男","女")	性别只能选择"男"或者"女"
出生日期	日期/时间	长日期	是			0000/99/99;0;_		
文化程度	文本	8	是	否	本科			
职称	文本	8	是	否	助教			
联系电话	文本	11	否	是		00000000000;0;_		

（4）教师授课表

字段名称	数据类型	字段大小	必需	允许空字符串	输入掩码
教师编号	文本	5	是	否	
课程号	文本	6	是	否	
开课学期	文本	20	是	否	0000\-0000"学年度第"0"学期";0;_

（5）课程信息表

字段名称	数据类型	字段大小	格式	小数位数	必需	允许空字符串
课程号	文本	6			是	否
课程名称	文本	20			是	否
学时	数字	整型	常规数字	0	是	
学分	数字	整型	常规数字	0	是	

第2篇 建立关系型数据库

第5章

在数据表输入记录

了解如何建立数据表后，接下来就可输入记录。但请注意，数据表除保存记录之处，但不是最佳的输入记录位置，因为数据表的功能太多，故以数据表输入虽易于上手，却不很方便。

在初学阶段，可以使用数据表输入记录，以便快速上手。

学习目标：

- 掌握数据表输入记录
- 掌握数据表版面的设置
- 掌握对数据表数据的排序和筛选
- 掌握创建查阅向导

5.1 输入记录

记录是数据库的保存内容，也是数据库的基本处理单位。在 Access 数据库中，输入记录的第一个位置是数据表，打开后的数据表称为【数据工作表】，此窗口的唯一作用是输入及编辑记录。

5.1.1 编辑及保存记录

1. 输入正确的记录并保存

输入记录的基本操作就是将数据一一输入至各个字段内，同时必须符合各字段定义的类型。

【例5.1】

在【学生信息表】中输入正确数据。

具体操作步骤如下：

（1）打开教学管理系统.accdb 文件。

（2）在【学生信息表】上双击，或选取该表后再单击【打开】按钮。

（3）打开后插入点应在【ID】内，可是此列为自动编号，不允许输入数据，按住【Tab】键，将插入点移至【姓名】。

（4）开始输入数据，按住【Tab】键可将插入点移至右方字段。

（5）输入完第 1 条记录后，再按住【Tab】键，将插入点移至第 2 条记录，持续输入数据，如图 5-1 所示。

（6）输入完成后，选择功能区中【开始】选项卡上的【记录】组中的【保存】命令。

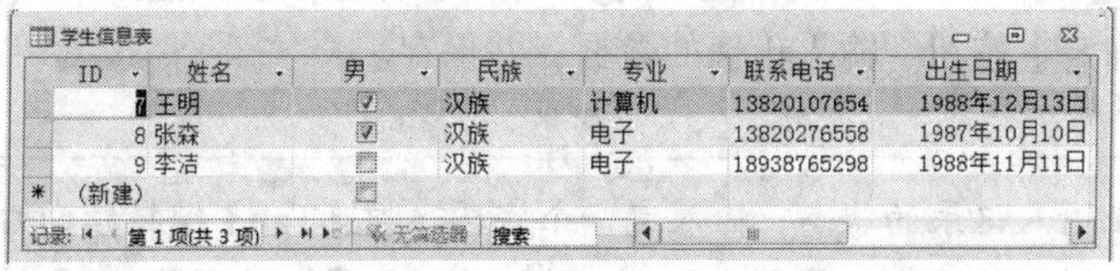

ID	姓名	男	民族	专业	联系电话	出生日期
7	王明	☑	汉族	计算机	13820107654	1988年12月13日
8	张森	☑	汉族	电子	13820276558	1987年10月10日
9	李洁	☐	汉族	电子	18938765298	1988年11月11日
（新建）		☐				

记录：第 1 项（共 3 项） 无筛选器 搜索

图 5-1　输入记录

2．输入错误的数据并保存

由于第 4 章已经对【学生信息表】中各个字段做了相应的格式设置，因此在输入错误数据并保存的时候，会弹出错误提示对话框。

【例5.2】

在【学生信息表】中输入错误数据并尝试保存。

具体操作步骤如下：

（1）打开教学管理系统.accdb 文件。

（2）在【学生信息表】上双击，或选取该表后再单击【打开】按钮。

（3）打开后将插入点跳过【姓名】一列，直接填入【性别】，然后进行保存操作，由于【姓名】一列要求为必输入项，因此系统无法正确保存，弹出图 5-2 所示的错误提示对话框。

（4）单击【确定】按钮，光标回到【姓名】这个单元格中，这时输入一个空字符串再次保存，系统同样会弹出图 5-3 所示错误提示对话框。

图 5-2　【姓名】一列不能为空

图 5-3　【姓名】一列不能为空字符串

（5）单击【确定】按钮，依次输入合法的姓名【赵红】、性别为【女】、民族为【回族】，进行保存，由于专业为必输入项，系统同样会弹出图 5-4 所示错误提示对话框。

（6）单击【确定】按钮，输入专业为【通信】，按住【Tab】键可将插入点移至【出生日期】一列，由于对该列做了输入掩码的设置，因此会形成图 5-5 所示的效果。

图 5-4　【专业】一列不能为空

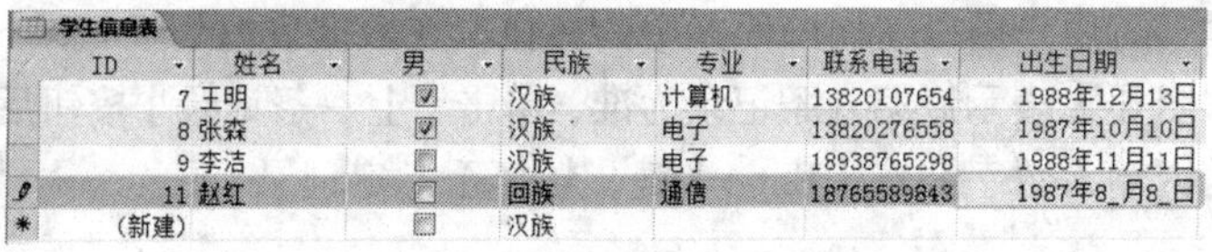

ID	姓名	男	民族	专业	联系电话	出生日期
7	王明	☑	汉族	计算机	13820107654	1988年12月13日
8	张森	☑	汉族	电子	13820276558	1987年10月10日
9	李洁	☐	汉族	电子	18938765298	1988年11月11日
11	赵红	☐	回族	通信	18765589843	1987年8_月8_日
（新建）		☐	汉族			

图 5-5　输入掩码的出生日期

（7）单击【保存】按钮，系统会弹出图 5-6 所示错误提示对话框，要求按照输入掩码的规则月份和日期必须输入两位。

图 5-6　【出生日期】一列不符合输入掩码设置

（8）单击【确定】按钮，输入正确的数据，并保存。

说 明

　图 5-1 为正在输入记录的状态，输入完一个字段，按【Tab】键持续向右移动插入点，若已是最后一个字段，则下移至新记录内，表示可继续输入记录。除了【Tab】键，用户也可以使用【Enter】键。

3．如何判断编辑及保存记录

输入记录后，可以使用两种方法来保存记录：

（1）使用【开始】→【记录】→【保存】命令。

（2）移至另一条记录（如从第 1 条移至第 2 条），Access 会自动保存第 1 条记录，用户可以由选取器判断记录是否已保存，如图 5-7 所示。

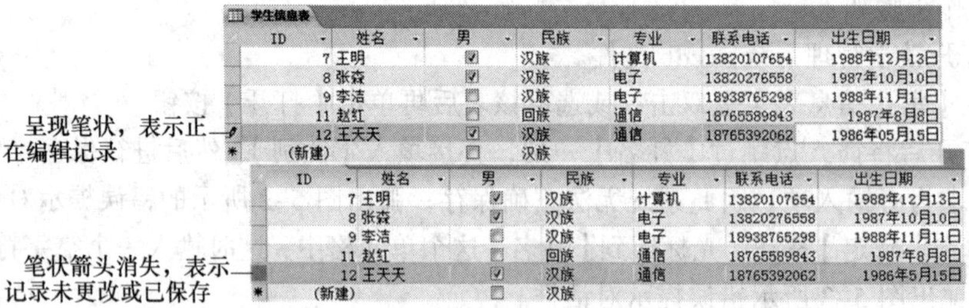

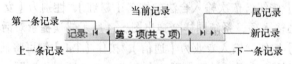

图 5-7　由选取器判断是否已保存记录

图 5-7 两张图的选取器显示不同的状态，若为 🖉，表示该记录已在编辑状态，且尚未保存；否则，表示目前没有记录在编辑中，不需要保存。

4．切换记录

数据工作表左下角会显示数个切换记录的按钮，如图 5-8 所示。

图 5-8　切换记录的多个按钮

用户可以使用图 5-8 中的按钮，在数据表内切换记录，切换依据皆是目前光标所在记录，如图 5-8 表示以第 3 条记录为准，单击【上一条记录】按钮后会回至第 2 条。还可以在【当前记录】内输入数字并按【Enter】键，切换至指定记录。

5.1.2　删除记录

当数据表中的内容有多余的或不需要的数据记录，就需要将它删除。

【例5.3】

在【学生信息表】中删除退学的学生信息。

具体操作步骤如下：

（1）打开教学管理系统.accdb 文件。

（2）在【学生信息表】上双击，或选取该表后再选择【打开】命令。

（3）将鼠标移至欲删除的记录左方选取器内，当鼠标指针显示为 时，按住左键不放，向下或向上拖动，选取两条记录，如图 5-9 所示。

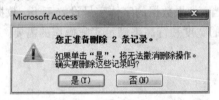

图 5-9　选取两笔记录

提 示

用户可以删除上下相连的多条记录，却无法同时选取不相连的记录。

（4）按【Delete】键，或使用【开始】→【记录】→【删除记录】命令。

（5）若确定要删除记录，请单击"是"按钮，如图 5-10 所示。

图 5-10　确认是否删除

提 示

请注意！记录删除后即无法回复，因 Access 不提供删除标记及再复原的功能。

如果发现记录中有错误的数据，可在数据表视图下直接修改数据，可选中错误的数据直接输入新数据，也可以先删除错误的数据再输入新数据。

5.1.3　复制记录

在已经建立的数据表中复制一条来自其他数据表中的数据记录时，就可以参考下面的操作步骤。

【例5.4】

在【学生信息表】中的复制一条相同的学生信息。

具体操作步骤如下：

（1）打开教学管理系统.accdb 文件。

（2）在【学生信息表】上双击，或选取该表后再选择【打开】命令。

（3）将鼠标移至第 5 条记录，使用【开始】→【查找】→【选取】命令。

（4）使用【开始】→【剪贴板】→【复制】命令，如图 5-11 所示。

（5）使用【开始】→【剪贴板】→【粘贴】→【粘贴追加】命令，复制记录后，如图5-12所示。

图5-11　复制命令　　　　　　　图5-12　复制记录后

以上是复制记录的操作，用户也可以先剪切再粘贴。关键是使用【粘贴追加】命令，而复制的对象是整条记录，复制的条件是来源和目的字段的数量、类型等都必须相同，才可以粘贴追加成功。本例是在同一数据表的复制及粘贴，所以不会有此问题。如果是在不同数据表上执行复制及粘贴，就必须注意字段数量及类型是否完全相同。

5.2　数据工作表版面设置

版面是指打开数据表后数据工作表的外观，包括字体、行宽、列高、颜色等。数据表外观的调整是为了在使用表时，看上去更加清晰和实用。数据表外观的调整一般在数据表视图下进行。

5.2.1　调整字段宽度和行高

数据库视图中，Access 2010以默认的行高和列宽显示所有的行和列，如果某些字段的数据较长，数据在显示的时候就被遮挡；如果数据的字体字号设置不当，数据在显示的时候就会被截取。这时，用户可以通过调整字段的宽度和行高来满足实际操作的需要。

1．调整列宽

【例5.5】

在【学生信息表】调整【专业】字段的宽度。

具体操作步骤如下：

（1）打开教学管理系统.accdb文件。

（2）在【学生信息表】上双击，或选取该表后再选择【打开】命令。

（3）将光标移至【专业】字段内，在【开始】选项卡中【记录】组中，选择【其他】命令，在弹出的菜单中选择【字段列宽】命令，如图5-13所示。

图5-13　选择【字段列宽】命令

（4）弹出【列宽】对话框，输入列宽为 25，如图 5-14 所示。

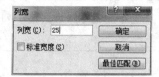

图 5-14　【列宽】对话框

（5）单击【确定】按钮，此时【专业】字段的列宽就增大了，如图 5-15 所示。

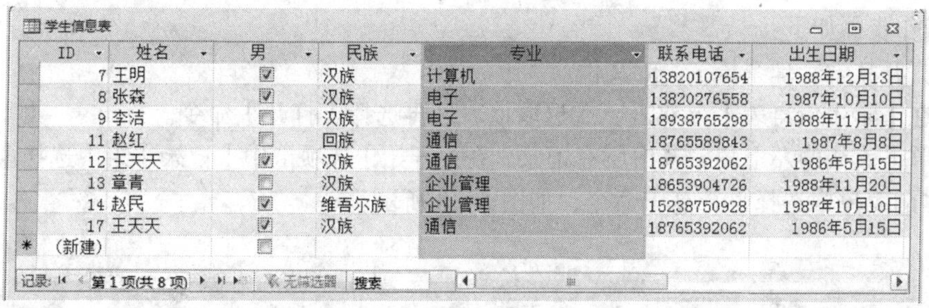

学生信息表

ID	姓名	男	民族	专业	联系电话	出生日期
7	王明	☑	汉族	计算机	13820107654	1988年12月13日
8	张森	☑	汉族	电子	13820276558	1987年10月10日
9	李洁	☐	汉族	电子	18938765298	1988年11月11日
11	赵红	☐	回族	通信	18765589843	1987年8月8日
12	王天天	☑	汉族	通信	18765392062	1986年5月15日
13	章青	☐	汉族	企业管理	18653904726	1988年11月20日
14	赵民	☑	维吾尔族	企业管理	15238750928	1987年10月10日
17	王天天	☑	汉族	通信	18765392062	1986年5月15日
（新建）		☐				

记录：第 1 项(共 8 项)　无筛选器　搜索

图 5-15　调整列宽后的效果

（6）右击【学生信息表】的标签，在弹出的快捷菜单中选择【保存】命令，或者单击“保存”按钮，保存新设置。

本例重点在图 5-13，这是未单击【最佳匹配】按钮前的状态，此时栏宽是【标准宽度】，是每一字段在建立后的默认宽度。而【最佳匹配】按钮是指以插入点所在字段中，最宽的数据为依据，将列宽调整至此，也就是显示所有文字。

此外，用户也可以将鼠标移至两个字段之间的分隔线，再拖动鼠标，改变宽度，如图 5-16 所示。将鼠标移动到【专业】及【联系电话】字段间的分隔线，指标成为✛后，向右拖动鼠标，放开后，即可改变左方字段的宽度，如图 5-17 所示。

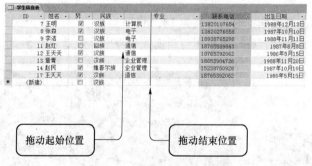

图 5-16　以鼠标拖曳改变列宽

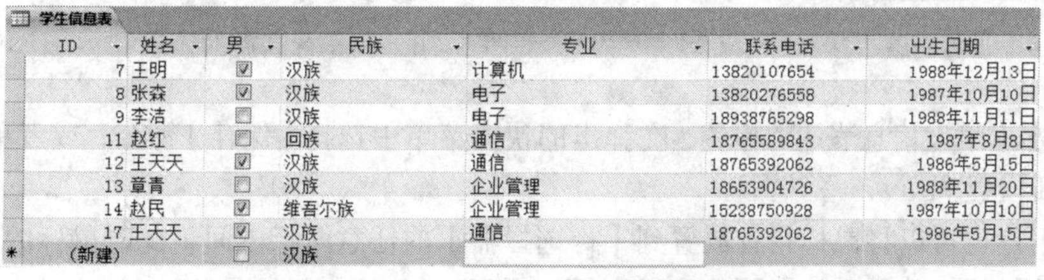

学生信息表

ID	姓名	男	民族	专业	联系电话	出生日期
7	王明	☑	汉族	计算机	13820107654	1988年12月13日
8	张森	☑	汉族	电子	13820276558	1987年10月10日
9	李洁	☐	汉族	电子	18938765298	1988年11月11日
11	赵红	☐	回族	通信	18765589843	1987年8月8日
12	王天天	☑	汉族	通信	18765392062	1986年5月15日
13	章青	☐	汉族	企业管理	18653904726	1988年11月20日
14	赵民	☑	维吾尔族	企业管理	15238750928	1987年10月10日
17	王天天	☑	汉族	通信	18765392062	1986年5月15日
（新建）		☐	汉族			

图 5-17　拖动列宽之后的效果图

> **说 明**
>
> 除了使用上面的两种方法调整列宽外，还可以右击某一列，在弹出快捷菜单中选择【字段宽度】命令，同样达到一样的效果。

2．调整行高

【例5.6】

在【学生信息表】调整各行的高度。

具体操作步骤如下：

（1）打开教学管理系统.accdb 文件。

（2）在【学生信息表】上双击，或选取该表后再选择【打开】命令。

（3）单击表格的左上角，选中所有记录，在【开始】选项卡中【记录】组中选择【其他】命令，在弹出的菜单中选择【行高】命令，如图 5-18 所示。

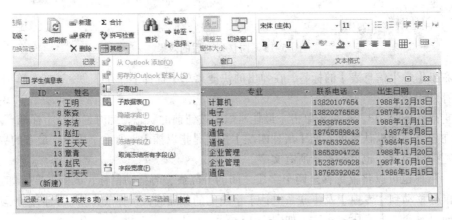

图 5-18　选择【行高】命令

（4）弹出【行高】对话框，输入行高为 18，如图 5-19 所示

（5）单击【确定】按钮，将行高应用与当前数据表中，效果如图 5-20 所示。

图 5-19　设置行高

图 5-20　调整行高后的效果

（6）右击【学生信息表】的标签，在弹出的快捷菜单中选择【保存】命令，或者单击"保存"按钮，保存新设置。

此外，用户也可以将鼠标指针放置到【行选择器】的任意两行中间，此时鼠标的指针变成 ✛ 后，向下拖动鼠标，放开后，即可改变所有行的行高，如图 5-21 所示。

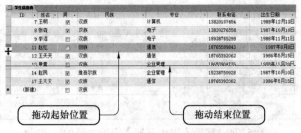

图 5-21　以鼠标拖动改变行高

说 明

更改列高之后，会更改所有记录高度，而列宽则可针对个别字段进行设置，也就是各字段可使用不同的宽度。

5.2.2　更改字段顺序

在默认设置下，Access 显示数据表中的字段次序与它们在表或查询中出现的次序相同。但是在使用数据表视图时，往往需要移动某些列来满足查看数据的要求。此时，可以改变字段的显示次序，但是不会改变设计视图中字段的输入顺序。

【例5.7】

调整【学生信息表】中各字段的显示顺序。

具体操作步骤如下：

（1）打开教学管理系统.accdb 文件。

（2）在【学生信息表】上双击，或选取该表后再选择【打开】命令。

（3）将鼠标移至【出生日期】字段名称上，显示为↓指标后，单击，使该字段处于选中状态，如图 5-22 所示。

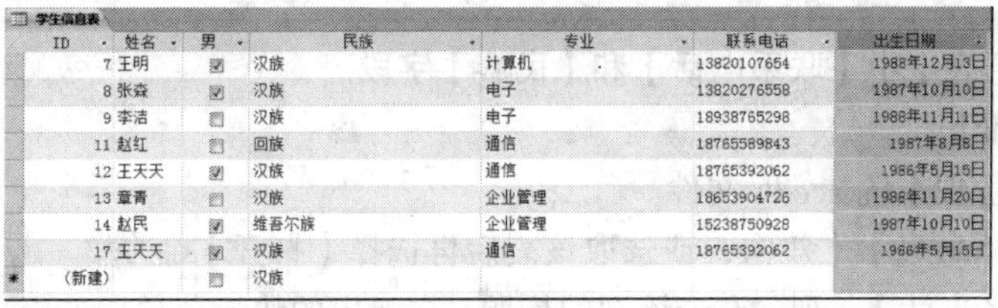

图 5-22　选取【出生日期】字段

（4）在字段名称上按住鼠标左键，将选取字段拖动至【性别】及【民族】字段中间，再放开左键，如图 5-23 所示。

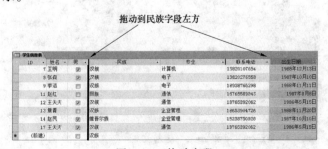

图 5-23　拖动字段

（5）移动之后的【学生信息表】如图 5-24 所示，单击"保存"按钮，保存新设置。

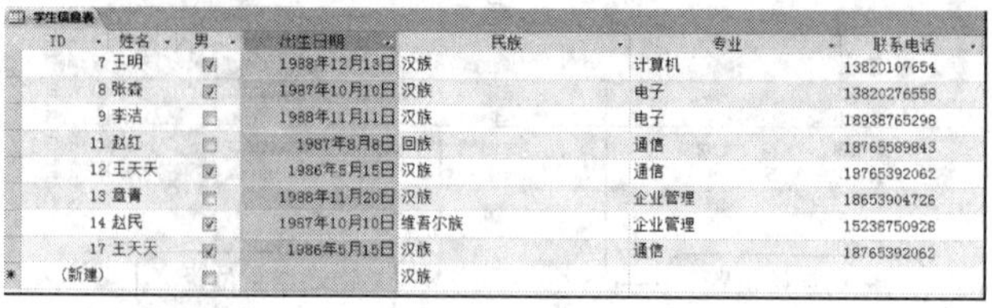

图 5-24 移动【出生日期】字段之后的效果

如图 5-23 所示，选取一个字段，即可移动一个字段，拖动时会显示黑色直线，表示这是放开左键后，选取字段的新位置。选取多栏的方式是将鼠标移至字段名称内，再按住【Shift】键或使用鼠标向左或向右拖动，选取多栏，但无法选取不相连的字段，只可选取左右相邻的多个字段。

说　明

本例及前例均在最后使用单击"保存"按钮，保存新设置，此项功能是保存"版面"，不是保存记录。

版面包括字段顺序、宽度、字号、颜色等，记录则是指数据本身，保存记录的操作是，选择功能区中【开始】选项卡上的【记录】组中的【保存】命令。

另一方面，更改版面后，若未保存，则在关闭时，会询问是否要保存，若执行保存，下次打开此数据表时，还会显示与本次设置相同的版面。

5.2.3　隐藏及显示字段

在数据表视图中，为了便于查看表中的主要数据，可以将某些不重要的字段暂时隐藏起来，需要时再将其显示出来。

1．隐藏字段

【例5.8】

隐藏【学生信息表】中【联系电话】和【民族】字段。

具体操作步骤如下：

（1）打开教学管理系统.accdb 文件。

（2）在【学生信息表】上双击，或选取该表后再选择【打开】命令。

（3）选中【联系电话】一列，右击该列的标题，在弹出的快捷菜单中选择【隐藏字段】命令，如图 5-25 所示。

图 5-25 隐藏【联系电话】

（4）选中【民族】一列，在【开始】选项卡【记录】组中单击【其他】按钮，在弹出的菜单中选择【隐藏字段】命令，同样可以隐藏字段【民族】，如图 5-26 所示。

图 5-26　隐藏字段之后的效果

（5）单击 [图] 按钮，保存新设置

隐藏字段的操作不会显示任何对话框，隐藏之后，字段即暂时消失。

2．显示字段

【例5.9】

显示【学生信息表】中【民族】字段。

具体操作步骤如下：

（1）打开教学管理系统.accdb 文件。

（2）在【学生信息表】上双击，或选取该表后再选择【打开】命令。

（3）在【开始】选项卡【记录】组中选择【其他】命令，在弹出的菜单中选择【取消隐藏字段】命令，或者选中任何一列，右击该列的标题，在弹出的快捷菜单中选择【取消隐藏字段】命令。两种方法都可以弹出图 5-27 所示的对话框。

（4）在图 5-27 中选中【民族】选项，单击【关闭】按钮。此时数据表会显示成如图 5-28 所示的效果。

（5）单击 [图] 按钮，保存新设置。

图 5-27　取消隐藏字段　　　　　　图 5-28　显示【民族】字段

　说　明

在图 5-27 中，有"✓"符号项表示已显示在数据工作表内，没有此符号项表示已隐藏。此图状态表示【民族】和【联系电话】字段已隐藏，在空格中单击，即可打开显示。

5.2.4　冻结字段

通常在使用字段较多的数据表，移动水平滚动轴后有些关键的数据并无法看到，但又希望这些数据留在窗口上，于是就可以把这些列冻结在窗口中。冻结的目的是将选取的字段固定在数据工作表的最左方，以方便输入作业。

【例5.10】

冻结【学生信息表】中【姓名】字段。

具体操作步骤如下：

（1）打开教学管理系统.accdb 文件。

（2）在【学生信息表】上双击，或选取该表后再选择【打开】命令。

（3）向右拖动水平滚动轴可以发现【姓名】等字段都显示不出来了，如图 5-29 所示。

（4）选取【姓名】字段，在【开始】选项卡【记录】组中选择【其他】命令，在弹出的菜单中选择【冻结字段】命令，或者选中任何一列，右击该列的标题，在弹出的快捷菜单中选择【冻结字段】命令，如图 5-30 所示。

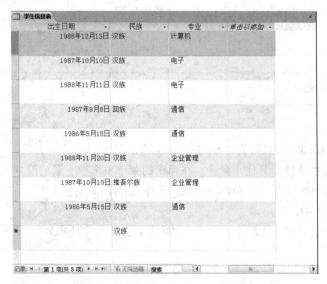

图 5-29　拖动滚动轴查看数据

图 5-30　冻结字段

（5）在数据工作表中向右方各字段移动光标，如图 5-31 所示。

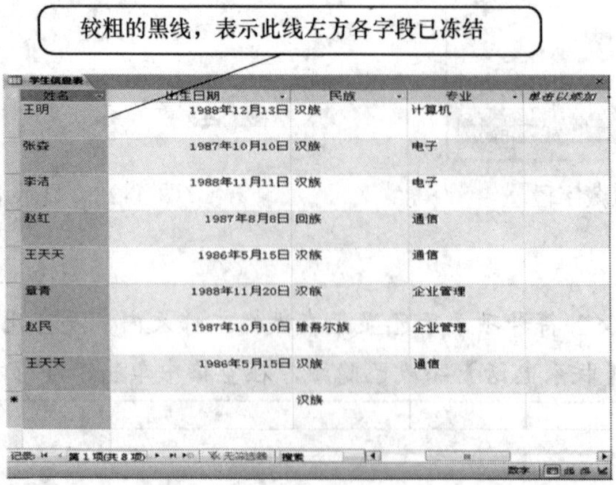

较粗的黑线，表示此线左方各字段已冻结

图 5-31　冻结列之后

（6）单击"保存"按钮，保存新设置。

 说 明

　　若要取消冻结，可使用【开始】选项卡【记录】组中单击【其他】按钮，在弹出的菜单中选择【取消冻结所有字段】命令；或者选中任何一列，右击该列的标题，在弹出的快捷菜单，选择【取消冻结所有字段】命令

5.2.5　更改字体及外观

　　为了使数据的显示更加美观清晰，用户可以改变数据表中数据的字体、字号等。

　　在数据库的【开始】选项卡下的【文本格式】组中有字体的格式、大小、颜色及对齐方式等命令，如图 5-32 所示。

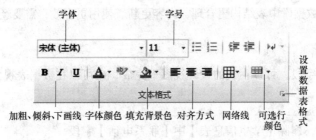

图 5-32　【文本格式】组

【例5.11】

　　在【学生信息表】设置数据的字体格式。

　　具体操作步骤如下：

　　（1）打开教学管理系统.accdb 文件。

　　（2）在【学生信息表】上双击，或选取该表后再选择【打开】命令。

　　（3）使用【文本格式】中的命令，将【字体】更改为【黑体】、【字号】更改为 14，再单击【确定】按钮。

　　（4）回到数据工作表后，单击【设置数据表格式】选项，弹出图 5-33 所示的【更改数据工作表格式】对话框。

　　（5）将【背景色】设【水蓝 4】、【网格线色彩】设为【红色】，单击【确定】按钮，效果图如图 5-34 所示。

图 5-33　更改数据工作表格式　　　　图 5-34　更改字体及背景之后的效果图

（6）单击"保存"按钮，保存新设置。

本例使用了两个对话框：图 5-32 表示可更改文字相关设置，图 5-33 表示是针对数据工作表版面，设置背景、网格线等的颜色及各种网格线的样式。两者都是以整个数据工作表为设置对象，无法针对特定记录或字段更改格式。

【网格线显示方式】对话框中有多个选项，可设置数据工作表的框线样式。图 5-33 的 【方向】是设置文字显示方向，但中文及英文环境均使用【由左到右】。

5.3　维护表结构

在创建数据库和表时，可能由于种种原因，使表的结构设计不合适，有些内容不能满足实际需要。另外，随着数据库的不断使用，也需要增加一些内容或删除一些内容，这样表结构和表内容都会发生变化。为了使数据库中表结构更合理，内容更新、使用更有效，需要经常对表进行维护。

5.3.1　删除字段

删除一个表中的字段，可以在表的设计视图下完成，也可以在数据表视图下完成。

【例5.12】

在数据表视图下，删除【学生信息表】中【联系电话】字段。

具体操作步骤如下：

（1）打开教学管理系统.accdb 文件。

（2）在【学生信息表】上双击，或选取该表后再选择【打开】命令。

（3）将鼠标指针移动到【联系电话】字段名位置时，鼠标指针会变成黑色向下箭头形状，单击，则选中该字段。

（4）在【开始】选择卡中的【记录】组中选择【删除】命令，在下拉菜单中选择【删除列】命令，或者按【Delete】键，或者在【字段】选项卡中的【添加和删除】中选择【删除】命令，都可以弹出如图 5-35 所示的对话框。

（5）单击【是】按钮并可删除【联系电话】字段，如图 5-36 所示。

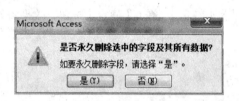

图 5-35　确认是否删除字段　　　　　　图 5-36　删除【联系电话】字段后的效果图

说明

在删除字段时，如果删除的字段中没有数据，则不会出现图 5-35 所示的对话框；如果删除的字段中有数据，则会出现该对话框，要求用户进一步的确定。

在数据表视图下，如果要删除【学生信息表】中的【ID】主键时，会弹出图 5-37 所示的提示框，要求用户只能在设计视图下删除。

图 5-37　禁止删除主键的对话框

【例5.13】

在设计视图下，删除【学生信息表】中主键【ID】字段。

具体操作步骤如下：

（1）启动 Access 2010，打开【教学管理信息系统】数据库。

（2）单击【所有 Access 对象】下的【表】对象，在表列表中选择【学生信息表】，右击，弹出快捷菜单。

（3）选择【设计视图】命令，以视图方式打开。

（4）将鼠标指针移动行选定器时，鼠标指针编程黑色向右的箭头形状，单击则选择该字段，利用行选定器选择要删除的【ID】字段，如图 5-38 所示。

（5）在【开始】选择卡中的【记录】组中选择【删除】命令，在下拉菜单中选择【删除】命令，或者按【Delete】键，或者在【设计】选项卡中的【工具】组中选择【删除行】命令，都可以弹出图 5-35 所示的对话框。

（6）单击【是】按钮并可删除【联系电话】字段，如图 5-39 所示。

图 5-38　未删除【ID】字段　　　　　　图 5-39　删除【ID】字段

说　明

如果在一个表中删除了某个字段，不仅会出现提示框需要用户确认，而且还会将利用该表所建立的查询、窗体或报表中的该字段删除，即删除字段时，还要删除整个 Access 数据库中对该字段的使用。

5.3.2　新增字段

在表中添加一个新字段不会影响其他字段和现有的数据，但利用该表建立的查询、窗体或报表，新字段是不会自动加入的，需要手工添加。

【例5.14】

在数据表视图下，在【学生信息表】中新增一列。

具体操作步骤如下：

（1）打开教学管理系统.accdb 文件。

（2）在【学生信息表】上双击，或选取该表后再选择【打开】命令。

（3）单击，选中该表中的任何一列。

（4）在【字段】选择卡中的【添加和删除】组中选择【文本】命令，表明要新增一类文本类型的字段，或者右击，在弹出的快捷菜单中选择【插入字段】命令，默认插入的是一列文本类型的字段，如图 5-40 所示。

图 5-40　插入新字段

（5）调整【字段 1】的位置，并保存。

【例5.15】

在设计视图下，在【学生信息表】中新增一列【学号】，并设置为主键。

具体操作步骤如下：

（1）启动 Access 2010，打开【教学管理信息系统】数据库。

（2）单击【所有 Access 对象】下的【表】对象，在表列表中选择【学生信息表】。右击，弹出快捷菜单。

（3）选择【设计视图】命令，以视图方式打开。

（4）利用行选定器选择【姓名】字段，在【设置】选择卡中的【工具】组中选择【插入行】命令，并增加一空白行，如图 5-41 所示。

图 5-41　增加一空白行

（5）在【字段名称】中填入【学号】，在【数据类型】中选择【文本】数据类型。同时修改【学号】字段的大小为 10，该列为必输入项并且在输入过程中不能出现空字符串格式，同时设置【学号】为主键，如图 5-42 所示。

（6）单击"保存"按钮。

（7）输入正确的数据。

图 5-42　修改【学号】字段

5.3.3　修改字段

修改字段可以修改字段名称、数据类型、说明和字段属性等，其操作可以在表设计视图下直接修改。

【例5.16】
_____

在设计视图下，修改【学生信息表】中【字段 1】的列明，并设置为主键。

具体操作步骤如下：

（1）启动 Access 2010，打开【教学管理信息系统】数据库。

（2）单击【所有 Access 对象】下的【表】对象，在表列表中选择【学生信息表】，右击，弹出快捷菜单。

（3）选择【设计视图】命令，以设计视图方式打开。

（4）双击要更改的字段【字段 1】，输入新名【年级】，并修改相应的属性值，如图 5-43 所示。

图 5-43　更改字段名称

（5）单击【保存】按钮，保存设置。

（6）输入正确的数据。

5.4　排序及筛选

输入记录后，就有必要对记录进行组织。最基本的组织设计就是筛选及排序。筛选是在一或多个字段设置条件，找出符合条件的记录。排序就是以一个或多个字段为依据，执行递增或递减排序。

5.4.1　排序

排序是以一个或多个字段为依据，做升序或降序排序。用户必须了解，在 Access 数据表中，记录的位置并不重要，通过排序之后，记录可能移至任何位置；新增的记录默认位置永远在最末一笔，但没有"插入记录"的功能。

1．排序规则

排序时可按升序，也可按降序。排序记录时，不同的字段类型，排序规则有所不同，具体规则如下：

（1）英文按字母顺序排序，大、小写视为相同，升序时按 A 到 Z 排列，降序时按 Z 到 A 排列。

（2）中文按拼音字母的顺序排序，升序时按 A 到 Z 排列，降序时按 Z 到 A 排列。

（3）数字按数字的大小排序，升序时从小到大排列，降序时从大到小排列。

（4）日期和时间字段，按日期的先后顺序排序，升序时按从前向后的顺序排列，降序时按从后向前的顺序排列。

排序时，要注意以下几点：

（1）对于文本型的字段，如果它的取值有数字，那么 Access 将数字视为字符串。因此，排序时是按照 ASCII 码值的大小排列，而不是按照数值本身的大小排列。如果希望按其数值大小排列，则应在较短的数字前面加零。例如，希望文本字符串 "5"、"6"、"12" 按升序排列，如果直接排列，那么排序的结果将是 "12"、"5"、"6"，这是因为 "1" 的 ASCII 码小于 "5" 的 ASCII 码。要想实现所需要的升序顺序，应将 3 个字符串改为 "05"、"06"、"12"。

（2）按升序排列字段时，如果字段的值为空值，则将包含空值的记录排列在列表中的第 1 条。

（3）数据类型为备注、超链接或 OLE 对象的字段不能排序。

（4）排序后，排序次序将与表一起保存。

2．单字段排序

【例5.17】

在数据表视图下，在【学生信息表】中按【出生日期】一列进行排序。

具体操作步骤如下：

（1）打开教学管理系统.accdb 文件。

（2）在【学生信息表】上双击，或选取该表后再选择【打开】命令。

（3）单击【出生日期】字段标题按钮，选中该列数据。

（4）选择【开始】选项卡中的【排序和筛选】组中的【升序】命令，对数据记录进行排序，如图 5-44 所示。

（5）排序好之后的效果如图 5-45 所示，并进行保存。

图 5-44 升降序按钮

学号	姓名	男	民族	年级	专业	出生日期
0800302	王天莱	☑	汉族	08级	通信	1986年4月15日
0800301	王天天	☑	汉族	08级	通信	1986年5月15日
0900301	赵红	☐	回族	09级	通信	1987年8月8日
0900402	赵民	☑	维吾尔族	09级	企业管理	1987年10月10日
0900201	张森	☑	汉族	09级	电子	1987年10月10日
0900202	李洁	☐	汉族	09级	电子	1988年11月11日
0900401	章青	☐	汉族	09级	企业管理	1988年11月20日
0900101	王明	☑	汉族	09级	计算机	1988年12月13日
*		☐	汉族			

图 5-45 按【出生日期】进行排序

 说 明

用户也可以在【出生日期】列中右击，从弹出的快捷菜单中选择【升序】或者【降序】命令，如图 5-30 所示。

用户可以按照相同的方法对其他字段进行排序，但是在排序过程中，存在两个问题，即当记录中有大量的重复记录或者需要同时对多个列进行排序时，上述排序方法就无法满足需要了。

3．多字段排序

多字段排序可以很好地解决上述问题，它可以将多列数据按指定的优先级进行排序，即首先根据第一个字段按照指定的顺序进行排序，当第一个字段具有相同值时，再按照第二个字段进行排序，以此类推，直到按全部指定的字段排好序为止。按多个字段排序记录的方法有两种，一种是使用"数据表"视图实现排序，另一种是使用"筛选"窗口来完成排序。

【例5.18】

在数据表视图下，在【学生信息表】中按【民族】和【年级】两列进行排序。

具体操作步骤如下：

（1）打开教学管理系统.accdb 文件。

（2）在【学生信息表】上双击，或选取该表后再选择【打开】命令。

（3）选择用于排序的【民族】和【年级】两个字段的字段选定器。

（4）在【开始】选项卡中【排序和筛选】组选择【升序】命令。效果如图 5-46 所示。

学号	姓名	男	民族	年级	专业	出生日期
0800301	王天天	☑	汉族	08级	通信	1986年5月15日
0900401	章青		汉族	09级	企业管理	1988年11月20日
0900202	李洁		汉族	09级	电子	1988年11月11日
0900201	张森	☑	汉族	09级	电子	1987年10月10日
0900101	王明	☑	汉族	09级	计算机	1988年12月13日
0800301	王天莱	☑	回族	08级	通信	1986年4月15日
0900301	赵红		回族	09级	通信	1987年8月8日
0900402	赵民	☑	维吾尔族	09级	企业管理	1987年10月10日
*			汉族			

图 5-46　按【民族】和【年级】两列进行排序

从结果可以看出，Access 先按【民族】排序，在民族相同的情况下再按【年级】从小到大排序。因此，按多个字段进行排序，必须注意字段的先后顺序。

使用数据表视图按两个字段排序虽然简单，但它只能使所有字段都按同一种次序排序，而且这些字段必须相邻，如果希望两个字段按不同的次序排序，或者按两个不相邻的字段排序，就必须使用【筛选】窗口。

【例5.19】

在数据表视图下，在【学生信息表】中按【性别】和【出生日期】两列进行排序。

具体操作步骤如下：

（1）打开教学管理系统.accdb 文件。

（2）在【学生信息表】上双击，或选取该表后再选择【打开】命令。

（3）在【开始】选项卡中【排序和筛选】组选择【高级】命令，在下拉菜单中选择【高级筛选/排序】命令，如图 5-47 所示。

图 5-47　选择【高级筛选/排序】命令

（4）如图5-48所示，打开筛选窗口

"筛选"窗口分为上、下两部分。上半部分显示了被打开表的字段列表。下半部分是设计网格，用来指定排序字段，排序方式和排序条件。

（5）用鼠标单击设计网格中第1列字段行右侧的下拉按钮，从打开的列表中选择【性别】字段，然后用同样的方法在第2列的字段行上选择【出生日期】字段。

（6）单击【性别】的【排序】单元格，单击右侧向下拉按钮，并从打开的列表中选择【升序】选项；使用同样的方法在【出生日期】的【排序】单元格中选择【降序】，如图4-49所示。

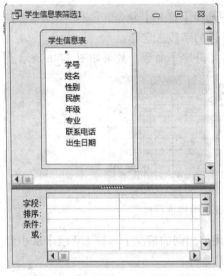 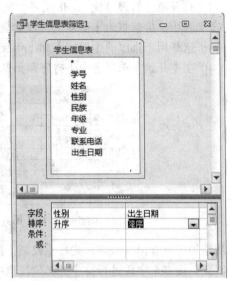

图5-48　【学生信息表】筛选窗口　　　　图5-49　设置排序字段和条件

（7）在【开始】选项卡中【排序和筛选】组选择【高级】命令，在下拉菜单中选择【应用筛选/排序】命令，这时Access会按上面的设置排序【学生信息表】中的所有记录，如图5-50所示。

学号	姓名	男	民族	年级	专业	出生日期
0900101	王明	☑	汉族	09级	计算机	1988年12月13日
0900402	赵民	☑	维吾尔族	09级	企业管理	1987年10月10日
0900201	张淼	☑	汉族	09级	电子	1987年10月10日
0800301	王天天	☑	汉族	08级	通信	1986年5月15日
0800302	王天莱	☑	回族	08级	通信	1986年4月15日
0900401	章青	☐	汉族	09级	企业管理	1988年11月20日
0900202	李洁	☐	汉族	09级	电子	1988年11月11日
0900301	赵红	☐	回族	09级	通信	1987年8月8日
*		☐	汉族			

图5-50　按【性别】和【出生日期】两列进行排序

在指定排序次序以后，选择【开始】选项卡中【排序和筛选】组中的【取消排序】命令，可以取消所设置的排序顺序。

5.4.2　筛选

筛选的目的是在数据表内，以设置的条件，找出符合条件的记录。筛选类似查询，但与查询不同的是，筛选只可使用在单一数据表，若要针对多个数据表使用条件及寻找记录，就必须使用查询。

在筛选的过程中，会提供很多的筛选方法，如表5-1所示。

表 5-1　筛　选　方　法

筛选方法	说　　明	举　　　例
等于	完全匹配输入的数值	例如，在【民族】字段中选择值【汉族】，会返回所有以【汉族】作为城市的记录。
不等于	与【等于】正好相反	
开头是	查找其字段中的值以所选字符打头的记录	例如，在具有值【王天天】的【姓名】字段中，如果只选择其中的【王】，则会返回姓名以【王】打头的所有记录，如【王天天】、【王天莱】和【王明】。
开头不是	与【开头是】正好相反	
包含	查找其字段中的值全部或任意部分与所选字符相同的记录	例如，在具有值【王天天】的【姓名】字段中，如果只选择其中的【天】，则会返回姓名中包含【天】字的所有记录，如【王天天】和【王天莱】
不包含	与【包含】相反	
结尾是	查找其字段中的值以所选字符结尾的记录	例如，在具有值【赵民】的【姓名】字段中，如果只选择其中的【民】，则会返回姓名中以【民】字的所有记录，如【赵民】和【张支民】
结尾不是	与【结尾是】相反	

1．按选定内容筛选

"按选定内容筛选"是指以光标所在位置的数据为依据，在该栏执行筛选，筛选的条件可以在表 5-1 中任意选择。

【例5.20】

在数据表视图下，在【学生信息表】中筛选出所有的少数民族的学生。

具体操作步骤如下：

（1）打开教学管理系统.accdb 文件。

（2）在【学生信息表】上双击，或选取该表后再单击【打开】按钮。

（3）有 3 种方法可以完成筛选操作。

①　将光标移至【民族】字段中任何一个【汉族】单元格内，右击，在弹出的快捷菜单中选择【不等于"汉族"】命令，如图 5-51 所示。

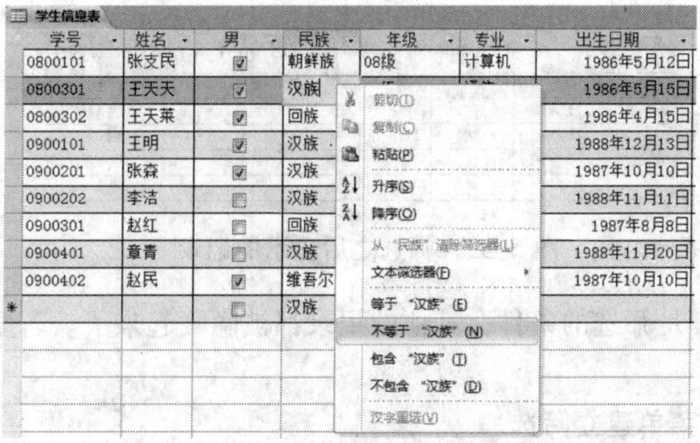

图 5-51　使用字段快捷菜单筛选

② 在图 5-51 中，选择【文本筛选器】下的【不等于】命令，如图 5-52 所示。

弹出图 5-53 所示【自定义筛选】对话框，在文本框中填入【汉族】，表示筛选所有民族不等于汉族的学生信息，并单击【确定】按钮。

图 5-52 使用【文本筛选器】　　　　图 5-53 【自定义筛选】对话框

③ 将光标移至【民族】字段中任何一个【汉族】单元格内，选择【开始】选项卡中【排序和筛选】组的【选择】命令，在下拉菜单中选择【不等于"汉族"】命令，如图 5-54 所示。

学号	姓名	性别	民族	年级	专业	出生日期
0800101	张支民	☑	朝鲜族	08级	计算机	1986年5月12日
0800301	王天天	☑	汉族	08级	通信	1986年5月15日
0800302	王天莱	☑	回族	08级	通信	1986年4月15日
0900101	王明	☑	汉族	09级	计算机	1988年12月13日
0900201	张森	☑	汉族	09级	电子	1987年10月10日
0900202	李洁	☐	汉族	09级	电子	1988年11月11日
0900301	赵红	☐	回族	09级	通信	1987年8月8日
0900401	章青	☑	汉族	09级	企业管理	1988年11月20日
0900402	赵民	☑	维吾尔族	09级	企业管理	1987年10月10日

图 5-54 使用【选择】按钮进行筛选

（4）筛选之后的结果，如图 5-55 所示，并单击【保存】按钮。

学号	姓名	男	民族	年级	专业	出生日期
0900301	赵红	☐	回族	09级	通信	1987年8月8日
0800302	王天莱	☑	回族	08级	通信	1986年4月15日
0900402	赵民	☑	维吾尔族	09级	企业管理	1987年10月10日
0800101	张支民	☑	朝鲜族	08级	计算机	1986年5月12日
*		☐	汉族			

图 5-55 筛选之后显示的记录

这里仅有四条记录满足筛选的条件，其他的记录都被隐藏起来了。若要恢复所有的记录，单击 ▼切换筛选 按钮即可。

2. 通过字段列下拉菜单建立筛选

用户也可以在【数据表视图】中，通过单击字段旁的小箭头，在弹出的下拉菜单中选择相应的筛选操作。

【例5.21】

在数据表视图下，在【学生信息表】中筛选出计算机专业的学生。

具体操作步骤如下：

（1）打开教学管理系统.accdb 文件。

（2）在【学生信息表】上双击，或选取该表后再单击【打开】按钮。

（3）单击【专业】字段列中的小箭头，弹出筛选操作菜单，如图 5-56 所示。

图 5-56　显示【筛选器】

（4）在图 5-56 中，显示出所有专业，每一个专业前都有复选框，通过选择不同的复选框，可以设定不同的筛选条件。在本例中选中【计算机】前面的复选框，其余都为未选中状态。

（5）单击【确定】按钮，完成筛选。

3．按窗体筛选

这是一种快速筛选的方法，使用它不用浏览整个表中的记录，同时对两个以上字段值进行筛选。Access 将创建和原始数据表相似的空白数据表，然后让用户根据需要选择筛选的字段。完成后，Access 将查找包含指定值的记录。

【例5.22】

在【学生信息表】中通过窗体筛选出计算机或者通信专业中所有汉族的学生。

具体操作步骤如下：

（1）打开教学管理系统.accdb 文件。

（2）在【学生信息表】上双击，或选取该表后再单击【打开】按钮。

（3）在【开始】选项卡中【排序和筛选】组选择【高级】命令，在下拉菜单中选择【按窗体筛选】命令，如图 5-47 所示。

（4）系统会打开窗口筛选界面，如图 5-57 所示。

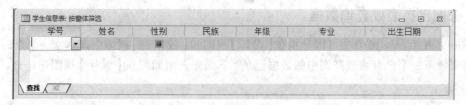

图 5-57　窗体筛选

（5）在此窗体中会显示表中所有字段名称，并包含一个空行，可以单击各字段下面的空单元格，从下拉列表中选择筛选条件。如【民族】为【汉族】，【专业】为【计算机】，如图 5-58 所示。

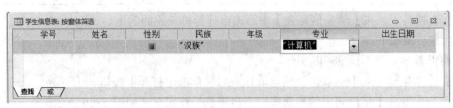

图 5-58　输入 AND 条件

 说　明

在同一行中输入的条件都为 and 条件，也就是说，要显示的记录必须满足同一行中的所有条件。也可以把输入的条件变成 OR，即只要满足同一行中的一个条件，就把记录显示出来。

（6）单击窗体左下角的【或】标签，再设置第 2 个条件，要求【专业】为【通信】。

（7）在【开始】选项卡中【排序和筛选】组选择【高级】命令，在下拉菜单中选择【按窗体筛选】命令，可以查看筛选结构，如图 5-59 所示。

学号	姓名	男	民族	年级	专业	出生日期
0800301	王天天	☑	汉族	08级	通信	1986年5月15日
0900101	王明	☑	汉族	09级	计算机	1988年12月13日
*		☐	汉族			

图 5-59　筛选结果

（8）保存筛选结果。

5.5　创建查阅向导

查阅向导是系统为用户所提供的一种帮助向导，利用查阅向导，用户可以方便地把字段定义为一个组合框，并定义列表框中的选项，这样便于统一地向数据表中添加数据，例如，【教师信息表】中的【文化程度】字段，就可以通过查阅向导将字段设置为组合框，使得在向【教师信息表】中添加数据时，可以从列表中选取【本科】、【研究生】和【博士】等文化程度，使得数据记录统一。

具有“查阅向导”数据类型的字段建立了一个字段内容列表，并在列表中选择所列内容作为添入字段的内容。使用查阅向导可以显示两种列表中的字段：

（1）从已有的表或查询中查阅数据列表，表或查询的所有更新都将反映在列表中。

（2）存储了一组不可更改的固定值的列表。

5.5.1　查阅已有表或查询数据

在 Microsoft Access 2010 中可以分别在【设计】视图和【数据表】视图中来建立一个查阅字段，字段内容来源于一个已有表或查询中的数据记录。下面先介绍如何在【设计】视图中建立“查阅”字段。

【例5.23】

在【教师授课表】中，修改【教师编号】为查阅类型，其内容来自【教师信息表】中所有教师的编号。

具体操作步骤如下：

（1）在【设计】视图中打开【教师授课表】。

（2）单击选中【教师编号】字段，在字段的【数据类型】列中，从下拉列表中选择【查阅向导】。这时系统会启动图 5-60 所示的【查阅向导】对话框。

（3）图 5-60 所示的对话框中的选项的作用是指出"查阅"字段列表内容来自于哪里。一种选择是已有表或查询的数据记录；另一种选择是自己建立记录列表。在这里我们选中第一个选项，即是使用已有表或查询的数据作为字段列表内容，单击【下一步】按钮确定，弹出图 5-61 所示的对话框。

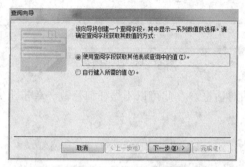

图 5-60　【查阅向导】对话框

图 5-61　选取查阅字段内容的来源

（4）在图 5-61 所示的对话框中选取查阅字段列表内容的来源，系统在对话框中的窗口中列出了可以选择的已有表和查询。在这里选择【表：教师信息表】作为选定字段列表内容的来源之后，单击【下一步】按钮，弹出图 5-62 所示的对话框。

（5）在图 5-62 所示的对话框中，系统列出了选中表或查询中的所有字段，从中选取字段作为查阅字段的列表内容。在这里将【教师编号】和【姓名】作为选定字段，单击【下一步】按钮确定，弹出图 5-63 所示对话框。

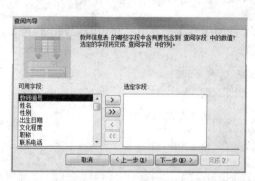

图 5-62　选择字段

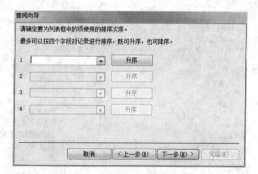

图 5-63　选择字段的升降顺序

（6）在图 5-63 中，单击第一行的下拉菜单按钮，选择【教师编号】字段，要求按【教师编号】对记录进行排序，默认为【升序】。若单击【升序】按钮，则更改为【降序】，单击【下一步】按钮，弹出图 5-64 所示的对话框。

（7）在图 5-64 中，系统自动隐藏了键值，如果想要显示所有键值，则取消选中【隐藏键列】复选框，如图 5-65 所示。

（8）在图 5-65 中，单击【下一步】按钮，弹出图 5-66 所示的对话框。要求用户选择可用字段作为数据库中存储的数据，在这里选择【教师编号】字段。

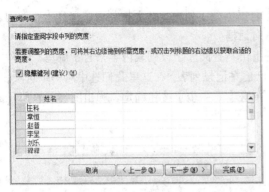

图 5-64　更改列宽度

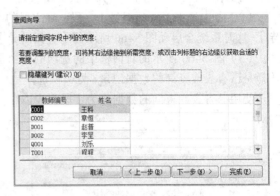

图 5-65　显示键列

（9）单击【下一步】按钮，弹出图 5-67 所示的对话框。在此可以不做任何修改，单击【完成】按钮，并保存。

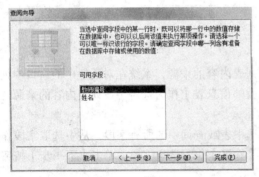

图 5-66　指定可用字段

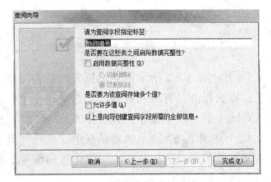

图 5-67　指定查阅字段标签

（10）打开【教师授课表】，输入数据，当输入【教师编号】一列时，单击旁边的下拉按钮，进行数据的选择，如图 5-68 所示。

图 5-68　使用查询向导选择数据

> **说明**
>
> 另使用查阅向导前，必须先删除数据表之间的关联，因为查阅向导会自动建立关联，但又无法在已有关联的情况下启动此向导，故使用此向导的字段，必须没有关联。

5.5.2　查阅值列表

在 Microsoft Access 2010 中，可以在【设计】视图中建立一个【查阅】字段，字段内容来源于一组不可更改的固定值的列表。下面介绍如何在"设计"视图中建立"查阅"字段。

【例5.24】

在【学生信息表】中，修改【专业】为查阅类型，其内容来自固定值的列表。

具体操作步骤如下：

（1）在【设计】视图中打开【学生信息表】。

（2）单击选中【专业】字段，在字段的【数据类型】列中，从下拉列表中选择【查阅向导】选项。这时系统会启动图 5-60 所示的对话框。

（3）在图 5-60 所示的对话框中选中【自行键入所需的值】单选按钮。

（4）单击【下一步】按钮会出现另一对话框，在字段列表窗口中输入创建【查阅】字段的列表内容，如图 5-69 所示。

（5）单击【下一步】按钮，弹出图 5-67 所示的对话框。在此对话框中输入创建的【查阅】字段的标题，单击【完成】按钮结束创建工作。

在使用【查阅向导】创建固定值列表时，Microsoft Access 2010 将基于查阅向导中所作的选择来设置某些字段属性。值列表与【查阅】列表相类似，但是它是由创建值列表时所输入的一组固定值的集合所组成。值列表只应用于不经常更改、也不需要保存在表中的值。从值列表中选择相应的值，将会保存到记录中，它不会创建一个到相关表的关系。所以在值列表中更改了任何的原始列表值后，它们将不会反映在更改之前添加的记录中。

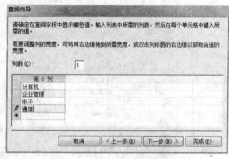

图 5-69　键入的固定值列表

习　　题

一、选择题

1. 在数据工作表中，切换插入点的正确方式是按（　　　）键。

（A）【Enter】　　　　（B）【Tab】　　　（C）【Ctrl】　　　（D）【Alt】

2. 一笔记录是（　　　）的集合。

（A）单元格　　　　（B）字段　　　（C）数据　　　（D）表格

3. 在数据表视图中，如果要直接显示出姓"张"的记录，应使用 Access 提供的（　　　）。

（A）筛选功能　　　（B）排序功能　　　（C）查询功能　　　（D）报表功能

4. 使用数据工作表时，　按钮的功能为（　　　）。

（A）保存记录　　　　　　　（B）保存版面

（C）保存记录及版面　　　　　（D）以上皆非

5. 以下有关记录处理的叙述，（　　　）有误。

（A）光标离开目前记录后，即会自动保存

（B）新记录必定在数据表最下方

（C）自动编号字段可不必输入数据

（D）Access 的记录删除后，亦可回复

6. "编辑"菜单的"粘贴追加"命令功能为（　　　）。

（A）粘贴整笔记录 　　　　　　（B）粘贴一个字段的数据

（C）粘贴目前选取范围的资料 　　（D）以上皆非

7. 以下有关数据工作表版面配置的叙述，（ 　　 ）有误。

（A）数据工作表的每一列可有不同的列宽

（B）数据工作表的每一行可有不同的行高

（C）排序后结果可予以保存，成为版面配置的一部分

（D）更改的字段顺序可予以保存，成为版面配置的一部分

请参考图 5-70 回答第 8 ~ 10 题。

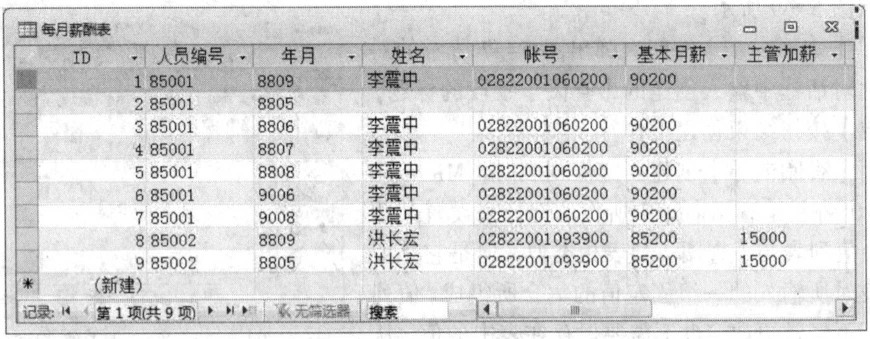

图 5-70　每月薪资

8. 以上图而言，下列叙述（ 　　 ）错误。

（A）光标在第一笔记录 　　　　　（B）目前正在筛选状态

（C）没有记录在编辑状态 　　　　（D）数据表名称是"每月薪资"

9. 若要输入新记录，应单击（ 　　 ）按钮。

（A）|▶※| 　　　（B）▶| 　　　（C）▶ 　　　（D）|◀ 按钮

10. 若要将 "姓名"字段固定在最左方，应使用下列（ 　　 ）功能。

（A）移动 　　（B）冻结 　　（C）隐藏 　　（D）复制

二、填空题

1. 数据工作表的各记录最左方若显示✐，表示该笔记录正在_____状态。

2. 若要在数据工作表中选取多列，除使用鼠标拖动外，也可按住_____键，再以鼠标选取所需字段。

3. 排序方式有_____及_____等两种。

4. 在使用高级筛选时，日期数据的前后需加上_____符号。

三、操作题

1. 修改教学管理系统中【教师信息表】结构，增加字段【所在专业】。

2. 分别给教学管理系统中各个数据表录入合法的数据。

3. 合理的修改所有表的结构。

第 **6** 章

系统分析

本章内容全部为数据库理论，目的是让用户了解如何将收集的数据库需求，通过分析之后，确认需要在数据库中建立多少数据表。每个数据表的任务必须是单一而明确，才可以在符合数据库理论的情况下，紧密结合为一个数据库。

学习目标：

- 了解数据库设计的步骤
- 了解 E-R 模型
- 了解规范化步骤
- 掌握创建数据表的关联

6.1 数据库设计的步骤

数据库应用程序的开发过程是一项复杂的系统工程。通过大量的研究和实践，人们提出了不少开发数据库的方法，如新奥尔良法（new orleans）、规范化法和基于 E-R 模型的数据库设计方法等。这些方法都将数据库开发纳入到软件工程的范畴，把软件工程的原理、技术和方法应用到数据库开发中。

在说明 E-R 模型之前，用户必须先了解数据库设计的步骤，图 6-1 为数据库设计步骤的流程图。

6.1.1 需求分析

需求分析就是确定所要开发的应用系统的目标，收集和分析用户对数据库的要求，了解用户需要什么样的数据库，做什么样的数据库。对用户需求分析的描述是数据库概念设计的基础。

需求分析主要是考虑"做什么"的问题，而不是考虑"怎么做"的问题。

需求分析的结果是产生用户和设计者都能接受需求说明书。需求分析简单地说就是分析用户的要求。需求分析是设计数据库的起点，需求分析的结果是否准确地反映了用户的实际要求，将直接影响到后面各个阶段的设计，并影响到设计结果是否合理和实用。

1. 需求分析的主要工作

需求分析的任务是通过详细调查现实世界要处理的对象（组织、部门、企业等），充分了解原系统（手工系统或计算机系统）工作概况，明确用户的各种需求，然后在此基础上确定新系统的功能。新系统必须充分考虑今后可能的扩充和改变，不能仅仅按当前应用需求来设计数据库。

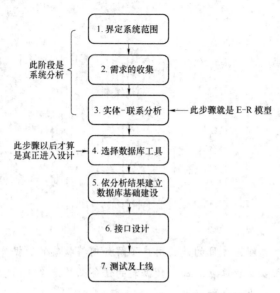

图 6-1　数据库设计的步骤

调查的重点是"数据"和"处理"，通过调查、分析，获得用户对数据库的如下要求：

（1）信息要求，指用户需要从数据库中获得信息的内容与性质。由信息要求可以导出数据要求，即在数据库中需要存储哪些数据。

（2）处理要求，指用户要完成什么处理功能，对处理的响应时间有什么要求，处理方式是批处理还是联机处理。

（3）安全性与完整性要求。

确定用户的最终需求是一件很困难的事，这是因为一方面用户缺少计算机知识，开始时无法确定计算机究竟能为自己做什么，不能做什么，因此往往不能准确地表达自己的需求，所提出的需求往往不断的变化。另一方面，设计人员缺少用户的专业知识，不易理解用户的真正需求，甚至误解用户的需求。因此设计人员必须不断深入的与用户交流，才能逐步确定用户的实际需求。

2．软件需求分析方法和工具

调查了解了用户的需求以后，还需要进一步分析和表达用户的需求。在众多的分析方法中结构化分析方法（structured analysis，SA）是一种简单实用的方法。SA 方法从最上层的系统组织机构入手，采用自顶向下、逐层分解的方式分析系统。

在需求分析阶段，通常用系统逻辑模型描述系统必须具备的功能。系统逻辑模型常用的工具主要有：

（1）数据流图（data flow diagram，DFD）：是从"数据"和"对数据的加工"两方面表达数据处理系统工作过程的一种图形表示法。具有直观、易于被用户和软件人员双方理解的特点。

（2）数据字典（data dictionary，DD）：是各类数据描述的集合。通常包括数据项、数据结构、数据流、数据存储和处理过程 5 个部分。其中数据项是数据的最小组成单位，若干个数据项可以组成一个数据结构，数据字典通过对数据项和数据结构的定义来描述数据流、数据存储的逻辑内容。

6.1.2　概念结构设计阶段

通过对用户需求进行综合、归纳与抽象，形成一个独立于具体 DBMS 的概念模型，可以用 E-R 图表示。

概念模型用于信息世界的建模。概念模型不依赖于某一个 DBMS 支持的数据模型。概念模型可以转换为计算机上某一 DBMS 支持的特定数据模型。

概念模型特点：

（1）具有较强的语义表达能力，能够方便、直接地表达应用中的各种语义知识。

（2）简单、清晰、易于用户理解，是用户与数据库设计人员之间进行交流的语言。

概念结构而言有四种设计思路，即自顶向下设计、自底向上设计、逐步分解设计、混合策略设计。

● 自顶向下：首先定义全局概念结构的框架，然后逐步细化。

● 自底向上：首先定义各个局部概念结构，然后再将它们组合起来。

● 逐步分解：首先定义核心内容，然后向外分解，从而形成其他概念结构，直到形成总体概念结构。

● 混合策略：将自顶向下和自底向上结合起来，用自顶向下策略设计一个全局概念结构框架，然后根据自底向上策略设计各个局部概念结构。

6.1.3　逻辑结构设计

概念结构设计所得的 E-R 模型是对用户需求的一种抽象的表达形式，它独立于任何一种具体的数据模型，因而也不能为任何一个具体的 DBMS 所支持。为了能够建立起最终的物理系统，还需要将概念结构进一步转化为某一 DBMS 所支持的数据模型，然后根据逻辑设计的准则、数据的语义约束、规范化理论等对数据模型进行适当的调整和优化，形成合理的全局逻辑结构，并设计出用户子模式。这就是数据库逻辑设计所要完成的任务。

数据库逻辑结构的设计分为两个步骤：首先将概念设计所得的 E-R 图转换为关系模型；然后对关系模型进行优化，

关系模型是由一组关系（二维表）的结合，而 E-R 模型则是由实体、实体的属性、实体间的联系三个要素组成。所以要将 E-R 模型转换为关系模型，就是将实体、属性和联系都要转换为相应的关系模型。

数据库逻辑设计的结果不是唯一的，为了进一步提高数据库应用系统的性能，还应该根据应用需要适当地修改、调整数据模型的结构，这就是数据模型的优化。关系数据模型的优化通常以规范化理论为指导，方法为：

（1）确定数据依赖。在数据字典中用数据依赖分析和表示数据项之间的联系，写出每个数据项之间的数据依赖。如果需求分析阶段没有来得及做，可以现在补做，即按需求分析阶段所得到的语义，分别写出每个关系模式内部各属性之间的数据依赖以及不同关系模式属性之间的数据依赖。

（2）对于各个关系模式之间的数据依赖进行极小化处理，消除冗余的联系。

（3）按照数据依赖的理论对关系模式逐一进行分析，考察是否存在部分函数依赖、传递函数依赖、多值依赖等，确定各关系模式分别属于第几范式。

（4）按照需求分析阶段得到的处理要求，分析这些模式对于这样的应用环境是否合适，确定是否要对某些模式进行合并或分解。

（5）对关系模式进行必要的分解，提高数据操作的效率和存储空间的利用率。常用的两种分解方法有水平分解和垂直分解。

水平分解是把基本关系的元组分为若干子集合，定义每个子集合为一个子关系，以提高系统的效率。根据"80 / 20 原则"，一个大关系中，经常被使用的数据只是关系的一部分，约 20%，可以把经常使用的数据分解出来，形成一个子关系。如果关系 R 上具有 n 个事务，而且多数事务存取的数据不相交，则 R 可分解为少于或等于 n 个子关系，使每个事务存取的数据对应一个关系。

　　垂直分解是把关系模式 R 的属性分解为若干子集合，形成若干子关系模式。垂直分解的原则是，经常在一起使用的属性从 R 中分解出来形成一个子关系模式。垂直分解可以提高某些事务的效率，但也可能使另一些事务不得不执行连接操作，从而降低了效率。因此是否进行垂直分解取决于分解后 R 上的所有事务的总效率是否得到了提高。垂直分解需要确保无损连接性和保持函数依赖，即保证分解后的关系具有无损连接性和保持函数依赖性。

6.2　E-R 模型

　　E-R（Entity-Relationship，实体关系分析）模型是数据库理论中，数据库分析的重要过程。E-R 模型的目的是将实体世界通过一连串的分析及探讨，简化成数据库的操作，也可说是数据库设计的前提。

　　E-R 模型的过程在数据库设计中不是绝对必须的，愈大的系统愈需要此过程。若真正了解 E-R 模型，不论数据库需求为何，都可由此完成系统分析。

6.2.1　何谓实体

　　客观存在并相互区别的事物称为实体。实体是一个抽象名词，是指一个独立的事物个体，自然界的一切具体存在的事物都可以看做一个实体。一个人是一个实体，一个组织也可以看做一个实体。实体不是某一个具体事物，而是自然界所有事物的统称。实体可以是有形的，也可以是无形的，实体也可以是抽象的事物或联系。

　　在数据库分析作业中，首先必须"寻找"最基本的数据。"基本"数据，是实体关系分析中必须先理清的部分，"基本"即指数据库的基础部分，有了基本数据后，彼此相互作用，会产生进一步数据，如有了客户及产品，就会产生订单，故订单是"派生"数据。由此角度思考后，以商品销售系统为范例，可绘制图 6-2 所示的流程图。

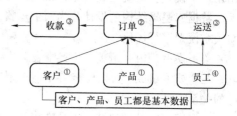

图 6-2　商品销售系统流程图

　　（1）有了客户及产品，就会产生订单。

　　（2）订单是"派生"的数据。

　　（3）由订单可再产生运送及收款数据。

　　（4）运送又与员工有关。

　　在图 6-2 中，客户、产品、员工都是基本数据，产生订单后，由订单可再产生运送及收款数据，其中运送又与员工有关，而收款应该也与会计部门的员工有关，此图并未绘出，总之此图的目的是了解数据的产生顺序，以箭头表示。

　　图 6-2 的每个方块不一定代表一个数据表，此时还在系统分析阶段，未进入设计的阶段。

6.2.2　属性

　　每个实体都有一组特征或性质，称为实体的属性。实体的属性值是数据库中存储的主要数据，一个属性实际上相当于表中的一个列。

表 6-1 描述的是一个"人"的基本数据（如商品销售系统中的员工），共列出 6 项属性，每一属性又至少对应着一个字段，其中电话属性分为联络及永久电话等，地址属性则分为省市、路或街、巷弄号楼等。

表 6-1　一位员工的基本数据

属性及字段		数据值
属性	字段	
姓名	姓名	张三
身份证号	身份证号	11010319330807198
电话	联络电话	27940444
	永久电话	287918081
出生年月日	出生年月日	1933/8/7
年龄	年龄	80
地址	省市	北京市
	路或街	朝阳区
	巷弄号楼	1号
电子邮件	电子邮件	studentabc@qq.com
最高学历	最高学历	硕士

 说 明

其实在数据库理论中并没有"字段"一词，字段是实际设计阶段才会使用。

表 6-1 中字段及属性的对应，是帮助用户容易理解为何要先定义属性，因为有了属性，才可在设计时转换成字段出现。

属性按其值的内容，又分为多种类型，如表 6-2 所示。

表 6-2　属 性 种 类

类 型	属 性	说 明
简单属性	姓名、身份证号、出生年月日、电子邮件、最高学历	各属性的值皆为单一值
多重值属性	电话	属性可有多个值
复合式属性	地址	属性内容是由多个值所组合
派生属性	年龄	属性值是由另一属性计算而来

表 6-2 共列出 4 种属性类型，最普遍的是简单属性，其值为单一值；其次是多重值属性，如一个人的电话应有许多号码组成；再来是复合式属性，如地址可以是多个不同单位值所组成；最后是派生属性，其值是由另一属性计算而来，如年龄可由出生年月日来计算。

 说 明

实际上，每个简单属性均为一个字段；多重值及复合式属性则可拆开为多个字段；派生属性则不一定要以字段的方式保存于数据表中，可以是字段，也可以不是字段，若为后者，可利用计算公式求得，重点是此类属性值不需要输入，所以是否成为一个字段，并没有强制规定。

一个实体本身具有许多属性，能够唯一标识实体的属性称为该实体的码（主键）。强实体中每个实体都有自己的键，弱实体没有自己的键。弱实体中不同的记录有可能完全相同，难以区别，这些值必须与强实体联合使用。在创建了实体之后，就可以标识各个实体的属性了。

6.2.3　绘制实体图

一个实体图，代表着实体及描述属性的关系。首先，我们来认识不同属性类型所各自代表的图示，如表6-3所示。

利用表6-3的图示，我们试着绘制员工实体类型，如图6-3所示。

表6-3　实体图的图标及意义

图　示	意　义
	实体类型
	简单属性
	多重值属性
	复合式属性
	键属性
	派生属性

图6-3　员工实体图

图6-3就是一个员工实体的图表，其周围一圈都是员工属性，依属性类型不同而使用不同的图示，如此一来，便可一目了然如何描述员工实体。

6.2.4　实体与关系

实体之间必须产生关系，也就是按照实际的状况，为不同的实体赋予应有的关系。图6-4为客户与订单的关系，每个客户都可在不同时间下多笔订单，每一条线代表着客户及订单的关系，故此图共有4条线，代表客户及订单的4个关系。

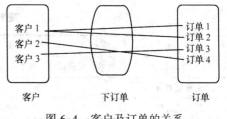

图6-4　客户及订单的关系

数据库系统中的任意两个实体，都可按实际状况套用关系，实体之间的联系分为3类：

（1）一对一联系（1:1）：如果实体集合 A 中的每一个实体，实体集合 B 中至少都一个实体与之联系，反之亦然，则称为实体集合 A 与实体集合 B 具有一对一联系，记为1:1。例如，一个班级有一个班长。

（2）一对多联系（1:n）：如果实体集合 A 中的每一个实体，实体集合 B 中至少都有 n（$n>=0$）个实体与之联系，反之，对于实体集合 B 中每一个实体，实体集合 A 中的至多有一个实体与之联系，则称为实体集合 A 与实体集合 B 具有一对多联系，记为1:n。例如，一个班级有多个班干部。

（3）多对多联系（$m:n$）：如果实体集合 A 中的每一个实体，实体集合 B 中至少有 n（$n>=0$）个实体与之联系，反之，对于实体集合 B 中每一个实体，实体集合 A 中的至少有 m（$m>=0$）个实体与之联系，则称为实体集合 A 与实体集合 B 具有多对多联系，记为 $m:n$。例如，一个学生可以选修多门课，一门课可以有多个学生选修。

6.2.5　弱实体

由图6-3可知，员工实体的主键属性为身份证号，若没有主键属性，则该实体称为弱实体；

反之，有主键属性者，称为强实体。所以，有没有主键属性，是强弱实体的分别。

在数据库理论中，弱实体无法单独存在于数据库中，必须依赖另一个强实体，此时称强实体 "拥有" 一个弱实体，两者的关系又可称为指定关系类型（Identifying Relationship）。在此关系中，弱实体依附于强实体，若强实体被删除，则弱实体也会被删除，总之，弱实体只有在其所附的强实体存在时，才有存在的意义。表 6-4 是弱实体的图标。

表 6-4　弱实体图标

图　示	意　义
⬭	弱实体
◈	强弱实体间的拥有

如表 6-4 所示，与弱实体有关的图标，都以双线表示。以下我们举个例子说明如何判断强弱实体，如学生及成绩等，假设两者各为一个实体，则成绩必定是弱实体，因为没有学生就没有成绩，所以可以说，学生 "拥有" 成绩。

> **说　明**
>
> 在实际上，弱实体就是依附于另一主体记录而存在的附属数据，此处的 "主体" 通常就是人和事物的基本数据。以建立顺序而言，是先建立强实体，再建立弱实体。

6.2.6　绘制实体—联系图

实体—联系图就是将收集完成的数据库需求整理成图表，使用图表的目的一目了然，让设计人员与非技术人员（如用户或需求者）沟通，以便进一步确认需求。

结合以上实体及关系的定义，最后可针对数据库需求，绘出实体—联系图。以商品销售系统为例，实体—联系图如图 6-5 所示。

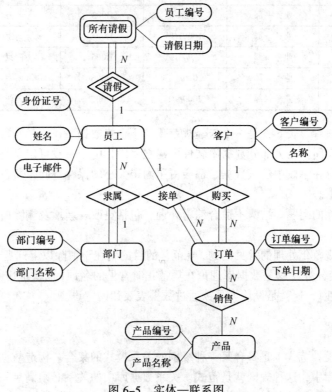

图 6-5　实体—联系图

在图 6-5 的实体关系图中，每一实体的属性仅绘出 2 ~ 3 项，重要的是表示各实体间的关系。总之，实体关系图绘制之后，可明确了解数据库需求，也是进一步分析关系及规范化的准备。

6.3　规范化步骤

规范化是系统分析阶段必须完成的动作，其目的是在关系型结构中，适当切割及建立多个数据表。

在使用规范化步骤之前，用户必须先"产生"试用数据，因为有了数据之后，才可进行分析。

6.3.1　为何需要规范化

规范化是相当重要的步骤，它会确定使用多少数据表。规范化是对数据库数据进行有效组织的过程。规范化过程的两个主要目的是：消除冗余数据（如把相同的数据存储在超过一个表里）和确保数据的依赖性处于有效状态（相关数据只存储在一个表里）。这两个目标的实现很有意义，因为能够减少数据库和表的空间消耗，并确保数据存储的一致性和逻辑性。

假设表 6-5 是一个数据表，且包括了所有员工及订单信息，为了方便说明，在此只显示部分字段，其中运费是固定数据，视运送地点而异，如运送地点为上海是 250，南京则是 400。

表 6-5　规范化之前的数据表

S_ID	姓名	部门	雇用日	负责订单	运送地点	运费
S001	张三	业务一部	1999/6/1	H001	上海	250
S001	张三	业务一部	1999/6/1	H002	上海	250
S001	张三	业务一部	1999/6/1	H003	上海	250
S002	李四	业务一部	1999/7/15	H004	南京	400
S002	李四	业务一部	1999/7/15	H005	南京	400
S003	王五	业务二部	2000/9/1	H006	南京	400
S003	王五	业务二部	2000/9/1	H007	苏州	600

以规范化角度来看，表 6-5 是一个未经规范化的不合格数据表，它具有下列的问题：

（1）占用太多空间。在大部分数据库软件中建立字段，由于字段可定义类型及大小，产生记录之后，不论有没有在字段中输入数据，都会占用固定大小的保存空间，所以数据表内容的最佳规划是避免重复数据。

（2）新增及删除的问题。结构不适合编辑处理，包括更改、新增及删除时，都可能造成数据遗失或不一致。

以上都是未经规范化处理的常见问题，规范化的目的就在于消除以上问题，方法是予以切割，原则是"无遗失连接分解"，这是数据库理论在规范化时常见的名词，也就是切割时不可遗失数据，必须保留原有"特性"，这就是设计人员欲通过数据表表达的意思。

6.3.2　范式

范式（数据库设计范式）是符合某一种级别的关系模式的集合。构造数据库必须遵循一定的规则。在关系数据库中，这种规则就是范式。关系数据库中的关系必须满足一定的要求，即满足不同的范式。目前关系数据库有 6 种范式：第一范式（1NF）、第二范式（2NF）、第三范式（3NF）、第四范式（4NF）、第五范式（5NF）和第六范式（6NF）。满足最低要求的范式是第一范式（1NF）。在第一范式的基础上进一步满足更多要求的称为第二范式（2NF），其余范式以此类推。一般说来，数据库只需满足第三范式（3NF）就行了。下面我们举例介绍第一范式（1NF）、第二范式（2NF）和第三范式（3NF）。

在创建一个数据库的过程中，范化是将其转化为一些表的过程，这种方法可以使从数据库得到的结果更加明确。这样可能使数据库产生重复数据，从而导致创建多余的表。范化是在识别数据库中的数据元素、关系，以及定义所需的表和各表中的项目这些初始工作之后的一个细化的过程。

1．第一范式（1NF）

设 R 为一个关系模式，如果 R 中的每一属性都是不可分离的数据项，则 R 是第一范式。如果将此关系模式转换为二维数据表，则可以简单认为：第一范式保证数据表中没有重复的列。其实，在关系数据库中，第一范式是对关系模式的最基本要求，如果不满足第一范式，则不能成为关系数据库，如表 6-6 所示。

表 6-6　第一范式之前

订单编号	购买日期	送货方式	运费	产品名称	售价
H001	2003/1/11	自取	0	T190 红, C289 银, OT512 金	4500,6700,7000
H002	2003/1/14	快递	120	C330, 5210	3500,3000
H003	2003/1/19	自取	0	OT525 蓝	5600
H004	2003/1/20	货运	250	M560G 白, V60i	3400,6000

表 6-6 有个明显的错误，就是产品名称及售价等字段，其值均无法单一，而是有多重值，因为一笔订单可能包括多项产品。但在数据表中，不允许有多重值的字段，所以应予以改正。所谓第一范式就是让每个字段均只拥有单一值，修改后如表 6-7 所示。

表 6-7　符合第一范式的结果

订单编号	购买日期	送货方式	运费	产品名称	售价
H001	2011/12/11	自取	0	T190 红	4500
H001	2011/12/11	自取	0	C289 银	6700
H001	2011/12/11	自取	0	OT512 金	7000
H002	2011/12/14	快递	120	C330	3500
H002	2011/12/14	快递	120	5210	3300
H003	2011/12/19	自取	0	OT525 蓝	5600
H004	2011/12/20	货运	250	M560G 白	3400
H004	2011/12/20	货运	250	V60i	6000

2．第二范式（2NF）

如果 R 是第一范式，而且 R 中的非主属性都依赖于 R 中的主属性，则 R 是第二范式。第二范式要求每个实例（对应在数据表中就是每一行）都可以被唯一的区分出来。在具体实施中，如果实体不存在这样的主属性，通常都会给实体增加一个属性来唯一标识这个实体，比如自动编号。这个级别的范式主要是消除非主属性对主属性的部分依赖。

以表6-7为例，主键有两个，分别是订单编号及产品名称，两者分别代表一个主键值，其他为非主键字段。所以必须分析多个非主键字段，是否因订单编号或产品名称的存在而存在，也就是相互相依。分析结果如下：

FD1：订单编号→购买日期

FD2：订单编号→送货方式

FD3：产品名称→售价

第二范式的切割原则就是依主键及依赖性，分为多个数据表，表6-7应切割为如下两个数据表：

（1）订单表（订单编号，购买日期，送货方式，运费），如表6-8所示。

表 6-8 订 单 表

订单编号	购买日期	送货方式	运费
H001	2011/12/11	自取	0
H002	2011/12/14	快递	120
H003	2011/12/19	自取	0
H004	2011/12/20	货运	250

建立了两个数据表，两者都有订单编号字段，目的是通过此字段，在订单明细中执行查询

（2）订单明细表（订单编号，产品编号，售价），如表6-9所示。

表 6-9 订单明细表

订单编号	产品编号	售价
H001	T190 红	4500
H001	C289 银	6700
H001	OT512 金	7000
H002	C330	3500
H002	5210	3300
H003	OT525 蓝	5600
H004	M560G 白	3400
H004	V60i	6000

主键为"订单编号+产品编号"

结果是建立了两个数据表，两者都有订单编号字段，目的是通过此字段，在订单明细中执行查询。且订单明细的主键为"订单编号+产品编号"，换言之，订单明细的这两个字段组合的值，在此表中不可以重复，实际的说法是："一笔订单可拥有多项产品，但不可能同笔订单中，有两笔相同产品"。总之，原则就是主键值不可重复。

3．第三范式（3NF）

如果 R 是第二范式，而且它的任何一个非主属性都不传递函数依赖于任何属性，则 R 是第三范式。这个级别的范式主要是消除传递函数依赖的部分。而这种传递依赖大都存在于关系和关系之间。

第三范式的重点不是主键，而是检查是否有非主键字段相依于另一个非主键字段，以表 6-8 为例，"运费"字段的值即相依于"送货方式"，不同的送货方式会有不同的运费。假设此处不考虑地区远近，所有快递运费都是 120 元，货运运费都是 250 元时，表示这两个字段有依赖的关系，依照第三范式的原则，必须另建数据表，如表6-10和表6-11所示。

（1）订单表（订单编号，购买日期，送货方式），如表6-10所示。

（2）送货方式明细及运费表（送货方式，运费），如表6-11所示。

表 6-10 订 单 表

订单编号	购买日期	送货方式
H001	2011/12/11	自取
H002	2011/12/14	快递
H003	2011/12/19	自取
H004	2011/12/20	货运

表 6-11 送货方式明细及运费表

送货方式	运费
自取	0
快递	120
货运	250

6.3.3 规范化之后

所以从表 6-6 开始，规范化的结果应是表 6-9、表 6-10、表 6-11，这 3 个表都达到了最节省保存空间、编辑处理不会有数据不一致等要求。

从第一范式到第三范式，规则是愈来愈严格，故符合第三范式时，必定也符合第二及第一范式；符合第二范式时，也必定符合第一范式。反之，则不一定，如图 6-6 所示。

图 6-6 表示越高级的规范化，规则越严格。一个规范化的关系模式至少应该满足第三范式的要求。当然，如果有更高的要求，还可以选择后面的第四范式、第五范式、第六范式等。但是，范式可以减少冗余和消除异常，但是同时也会降低数据库系统的性能，所以我们常用的就是一个折中的办法，即在可以承受的数据库系统性能范围内减少冗余和异常。因此，一般都选择三范式作为关系模式的要求。

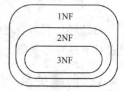

图 6-6 各范式的关系

6.3.4 将分析结果转换为关系

以下说明如何将分析后的 E-R 模型（实体关系图）落实至关系。下列是落实为关系的数项原则：

（1）实体就是数据表。落实的第一步是必须了解关系是以数据表为单位，每一个强实体、弱实体皆为数据表

（2）属性就是字段。实体中的每一属性都是字段，包括简单属性、键属性、派生属性（可有可无）等都可以是一个字段，复合式属性则可切割为多个字段，多重值属性较为特别，建议先在本阶段将多重值属性建立为一个字段，再于规范化时分析是否切割正确。

（3）键属性就是主键。键属性在实体中，就是可用以识别多个实体的属性，故其值在多个实体形成的集合中为唯一，故在实际上，键属性就是主键。

（4）多对多的关系。在实体关系图中，会以 1 及 n 在两个实体间表达其关系，就是一对多，若双方均为 1，则为一对一；若均为 n 或一方 n、一方为 m 则为多对多。我们曾经说过，数据库软件并没有多对多的关系，只有一对一及一对多，所以多对多的实体关系必须予以特殊处理，原则是另建新数据表，置于原为多对多关系的两个数据表中间，如图 6-7 所示。

在图 6-7 中，笔者列出多对多的实体关系，转换为两个一对多关系，"订单明细"是为解决此问题而新增的数据表，其内至少必须使用原来两个数据表的键属性（也就是主键），以两个一对多，就可完成实体关系图中的多对多关系。

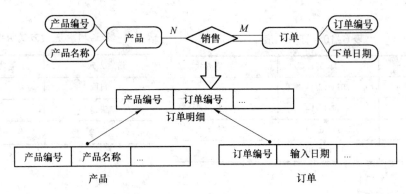

图 6-7 将多对多转换为关系

6.4 创建数据表的关联

通过建立表与表之间的关系，能将不同表中的相关数据联系起来，为建立查询、创建窗体或报表打下良好的基础，从而更好地管理和使用表中的数据。

6.4.1 创建关系

在表之间创建关系，可以确保 Access 将某一表中改动反映到相关联的表中，一个表可以和多个其他表相关联。

【例6.1】

在【教学管理系统】中分别创建【学生信息表】、【课程信息表】和【学生选课表】之间的关系。具体操作方法如下：

（1）启动 Access 应用程序，打开【教学管理系统】数据库。

（2）在【数据库工具】选项卡上选择【关系】组中的【关系】命令，打开【关系】窗口。

（3）在【设计】选项卡上选择【关系】组中的【显示表】命令，打开【显示表】对话框，如图 6-8 所示。

（4）首先选中【学生信息表】，然后按住【Ctrl】键，再选中【学生选课表】，单击【添加】按钮，将其关系添加到【关系】窗口中，如图 6-9 所示。

图 6-8 【显示表】窗口

图 6-9 【关系】窗口

（5）按住鼠标左键，从【学生信息表】中将所选中的【学号】字段拖动到【学生选课表】中的【学号】上，这时弹出图 6-10 所示的【编辑关系】对话框。

（6）检查显示在两个列表中的字段名称以确保正确，必要时可以进行更改。

（7）在图 6-10 中，单击【创建】按钮，即可完成【学生信息表】字段和【学生选课表】字段关系的过程，Access 会在两个表的相关字段间设置一条关系线，用来表示他们之间的关系，如图 6-11 所示。

图 6-10 【编辑关系】对话框

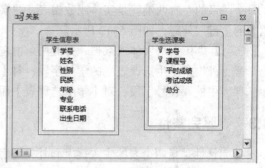

图 6-11 创建的字段关系

（8）参照步骤（3）～（7），完成【课程信息表】字段和【学生选课表】字段关系的创建。如图 6-12 所示。

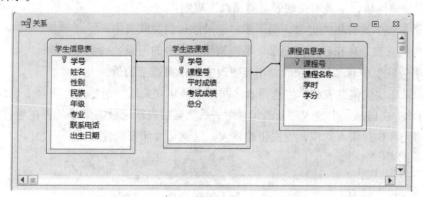

图 6-12 表之间的关系

（9）在点击【设计】选项卡上选择【关系】组中的【关闭】命令或直接单击【关系】窗口右上方的"关闭"按钮✕，弹出图 6-13 所示对话框。

（10）在图 6-13 所示的提示对话框上，单击【是】按钮，保存创建的表关系。

图 6-13 提示对话框

6.4.2 主键及外键

数据库理论中所谓的各种【键】，实际上，就是数据表中的字段。而各个键又依性质、任务不同，而有不同的名字。

首先说明何谓【候选键】，若关系中的某一属性或属性组的值能唯一地标识一个元组，则称该属性或属性组为候选码，其主要任务是可作为识别各笔记录的依据。那为何名为 "候选" 呢？因为每个候选键都可以作为主键的 "候选人"，主键的任务就是关系，其关系如图 6-14 所示。

如图 6-14 所示，主键是在一个关系中才有的角色。而候选键则是数据表或实体中，所有可识别各笔记录的依据。

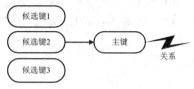

图 6-14 由候选键成为主键

每个关系的左右两端就是实体或数据表，两端各是一个数据表的主键或外键，如图 6-12 所示。

图 6-12 共有 3 个实体或数据，并有两条由左至右的关系线，对【学生信息表】而言，其主键是学号，外键是学生选课表中的学号字段；对【课程信息表】而言，其主键是课程号，外键是学生选课表中的课程号字段；对【学生选课表】而言，其主键是学号和课程号组合。

6.4.3 参照完整性

参照完整性是指两个表的主关键字和外关键字的数据应对应一致。它确保了有主关键字的表中对应其他表的外关键字的行存在，即保证了表之间的数据的一致性，防止了数据丢失或无意义的数据在数据库中扩散。参照完整性是建立在外关键字和主关键字之间或外关键字和唯一性关键字之间的关系上的。

实施参照完整性后，主表和关联表将遵循以下规则：

（1）如果主表中没有相关记录，则不能将记录添加到关联表中。

（2）如果关联表中存在匹配的记录，不能删除主表中的记录。

（3）如果关联表中有相关记录时，不能更改主表中关键字的值。

例如，如果在学生信息表和学生选课表之间用学号建立关联，学生信息表是主表，学生选课表是从表，那么，在向从表中输入一条新记录时，系统要检查新记录的学号是否在主表中已存在，如果存在，则允许执行输入操作，否则拒绝输入，这就是参照完整性。

【例6.2】

在【教学管理系统】中对【学生信息表】、【课程信息表】和【学生选课表】之间的关系实施参照完整性规则。

（1）启动 Access 应用程序，打开【教学管理系统】数据库。

（2）在【数据库工具】选项卡上选择【关系】组中的【关系】命令，打开【关系】窗口。

（3）选中【学生信息表】和【学生选课表】之间的连线，选择【设计】选项卡上【工具】组中的【编辑关系】命令，或者右击，在弹出的快捷菜单中选择【编辑关系】命令，都可以弹出【编辑关系】对话框。

（4）在对话框中，选中【实施参照完整性】复选框，如图 6-15 所示。

（5）单击【确定】按钮，此时在【学生信息表】和【学生选课表】的两端分别出现一对多的标志，如图 6-16 所示。其中 "1" 出现在主表连线一端上，"∞" 出现在关联表连线一端上。

（6）参照步骤（3）~（5），完成【课程信息表】和【学生选课表】之间关系的修改。保存对所有关系的修改。

图 6-15 选择【实施参照完整性】选项

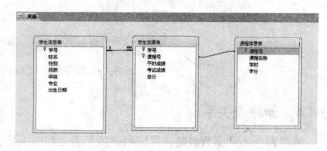

图 6-16 显示表之间的 1 对多的关系

（7）打开【学生选课表】，插入一条不存在的学生课程成绩，或者插入一条不存在的课程成绩，则弹出图 6-17 所示的对话框。

图 6-17 错误提示对话框

（8）单击【确定】按钮，修改成正确的数据，并保存。

除了建立参照完整性之外，用户还可以使用级联性更新和删除来确保相互参考的表保持同步。级联更新主要用于当更改主表中关系字段的内容时，子表的关系字段会自动更改，但拒绝直接更改子表中关系字段的内容。级联删除主要用于当删除主表中关系字段的内容时，子表的相关记录会一起被删除，但直接删除子表中的记录时，主表不受其影响。

【例6.3】

在【教学管理系统】中对【学生信息表】、【课程信息表】和【学生选课表】之间的关系实施级联更新和级联删除。

（1）启动 Access 应用程序，打开【教学管理系统】数据库。

（2）在【数据库工具】选项卡上选择【关系】组中的【关系】命令，打开【关系】窗口。

（3）选中【学生信息表】和【学生选课表】之间的连线，打开【编辑关系】对话框。选中【级联更新相关字段】和【级联删除相关记录】复选框，如图 6-18 所示。

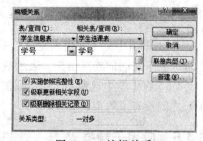

图 6-18 编辑关系

（4）单击【确定】按钮。

（5）用同样的步骤完成完成【课程信息表】和【学生选课表】之间关系的修改。保存对所有关系的修改。

（6）打开【学生信息表】，修改学号【0800101】为【0800303】，专业为【通信】，保存【学生信息表】。

（7）打开【学生选课表】，可以发现该数据表中关系字段【学号】中的数据同时也更改为【0800303】，如图 6-19 所示。

学号	课程号	平时成绩	考试成绩	总分
0900101	C001	98.0	78.0	86.0
0900101	C002	90.0	89.0	89.4
0900201	D001	70.0	70.0	70.0
0900201	D002	80.0	80.0	80.0
0800303	C005	90.0	89.0	89.4
*		0.0	0.0	

图 6-19 级联更改之后的效果

6.4.4 删除表关系

需要两个表共享数据时，可以创建两个表之间的关系，可以在一个表中存储数据，让两个表都能使用这些数据；也可以创建关系，在相关表之间实施参照完整性。如果表之间的关系需要重新建立，或者需要解除表之间的关系时，都可以通过删除表之间的关系操作完成。

【例6.4】

删除【教学管理系统】中对【学生信息表】和【学生选课表】之间的关系，然后再分别输入数据观察结果。

（1）启动 Access 应用程序，打开【教学管理系统】数据库。

（2）在【数据库工具】选项卡上选择【关系】组中的【关系】命令，打开【关系】窗口。

（3）选中【学生信息表】和【学生选课表】之间的连线，右击，在弹出的快捷菜单中选择【删除】命令，如图 6-20 所示，或者直接按【Delete】键。系统会弹出确定对话框，如图 6-21 所示。

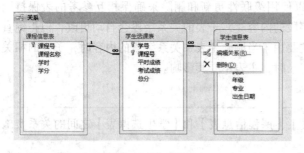

图 6-20 删除关系

图 6-21 确认是否删除关系

（4）单击【是】按钮，完成关系的永久性删除。在【关系】窗口中，【学生信息表】和【学生选课表】之间的连线消失，表示两个表直接再没有任何关系，保存所做的修改。

（5）在【学生选课表】中，添加一个不存在的学生信息，数据库可以正常保存，这是由于两个表之间没有了约束的关系。

6.4.5 应用子数据表

在 Access 的数据表中，如果数据表建立了关系，这样在查看数据表的时候，同时也可以查看与其相关联的数据表的记录。

Access 2010 的关系功能可以将一个表设定为另一个表的子表，当两个表建立关联时，有一方为父表，另一方为子表，子表必须依赖父表，才能知道其数据的完整性。

【例6.5】

在【教学管理系统】中，对【学生信息表】建立子数据表，并观察主表的变化。

（1）启动 Access 应用程序，打开【教学管理系统】数据库。

（2）打开【学生信息表】，在【开始】选项卡上【记录】组上选择【其他】命令，在弹出的下拉菜单中选择【子数据表】命令，如图 6-22 所示，打开【插入子数据表】对话框。

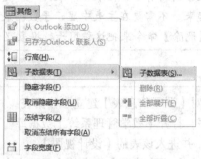

图 6-22 【子数据表】命令

 说 明

由于【学生信息表】和【学生选课表】建立了联系，通过主表中每一个学生的学号，可以在从表中找出该学生的成绩信息。

（3）在【表】列表框中选择【学生选课表】选项，修改链接主字段和链接子字段选项，如图 6-23 所示。

 说 明

链接主字段一般情况是主表中的主键，而链接子字段一般是主表中的外键。

（4）单击【确定】按钮，关闭该对话框，出现图 6-24 所示的包含子数据表的表，单击左边的【+】号可以展开子数据表，单击【-】号可以把子数据表折叠起来。

图 6-23 【插入子数据表】对话框

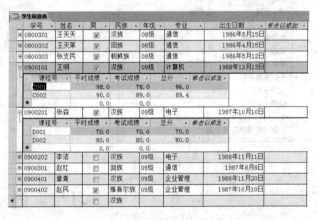

图 6-24 数据表及其子数据表

 说 明

在 Access 中，让子表显示出来称为展开子数据表，让表隐藏称为将子数据表折叠。展开的时候方便查阅子数据表的信息，而折叠起来以后有可以比较方便的管理主数据表的信息。

说 明

> 在图6-22所示的【子数据表】菜单中，有三个命令【全部展开】、【全部折叠】和【删除】。【全部展开】命令可以将主表中的所有子数据表都"展开"，【全部折叠】命令可以将主表中的所有子数据表都"折叠"起来。不需要在主表中显示子数据表的这种方式来反映两个表之间的"关系"时，就可以使用【删除】命令来把这种用子数据表显示的方法删除。

【例6.6】

在【教学管理系统】中，对【课程信息表】建立子数据表，并观察主表的变化。

（1）启动 Access 应用程序，打开【教学管理系统】数据库。

（2）打开【学生信息表】，并进入该表的【设计视图】。

（3）选择【设计】选项卡中【显示/隐藏】组中的【属性表】命令，出现图6-25所示的对话框。

（4）在图6-25所示的对话框中，用户可以在里面对数据表进行各种设置，单击【子数据表名称】下拉按钮，在弹出的下拉列表中选择【表：学生选课表】选项，同时修改【链接子字段】和【链接主字段】中的内容。

（5）保存设置，单击左上角【视图】按钮进入【数据表视图】，可以看到每一条记录钱都有一个【+】标记，表示已经建立了子数据表，如图6-26所示。

图 6-25 属性表

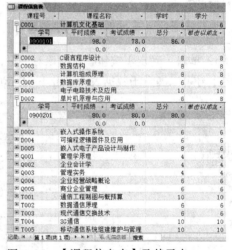
图 6-26 【课程信息表】及其子表

习 题

一、选择题

1. 在实体定义中，若一个属性值是由另一属性值，通过公式计算而来，此属性称为（ ）。

（A）简单属性 （B）复合式属性 （C）派生属性 （D）多重值属性

请以图6-27为例，回答第2~5题：

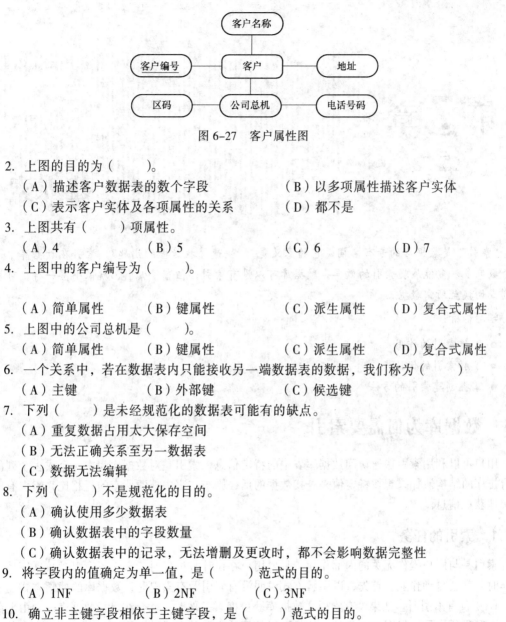

图 6-27　客户属性图

2. 上图的目的为（　　）。
   （A）描述客户数据表的数个字段　　　　（B）以多项属性描述客户实体
   （C）表示客户实体及各项属性的关系　　（D）都不是
3. 上图共有（　　）项属性。
   （A）4　　　　　　　（B）5　　　　　　　（C）6　　　　　　　（D）7
4. 上图中的客户编号为（　　）。

   （A）简单属性　　　（B）键属性　　　　（C）派生属性　　　（D）复合式属性
5. 上图中的公司总机是（　　）。
   （A）简单属性　　　（B）键属性　　　　（C）派生属性　　　（D）复合式属性
6. 一个关系中，若在数据表内只能接收另一端数据表的数据，我们称为（　　）
   （A）主键　　　　　　　（B）外部键　　　　　（C）候选键
7. 下列（　　）是未经规范化的数据表可能有的缺点。
   （A）重复数据占用太大保存空间
   （B）无法正确关系至另一数据表
   （C）数据无法编辑
8. 下列（　　）不是规范化的目的。
   （A）确认使用多少数据表
   （B）确认数据表中的字段数量
   （C）确认数据表中的记录，无法增删及更改时，都不会影响数据完整性
9. 将字段内的值确定为单一值，是（　　）范式的目的。
   （A）1NF　　　　　（B）2NF　　　　　（C）3NF
10. 确立非主键字段相依于主键字段，是（　　）范式的目的。
   （A）1NF　　　　　（B）2NF　　　　　（C）3NF
11. 确立非主键字段不可相依于另一非主键字段，是（　　）范式的目的。
   （A）1NF　　　　　（B）2NF　　　　　（C）3NF

二、简答题

1. 何谓主键、外部键及候补键？
2. 何谓参考完整性？并请试举一实例说明。
3. 假设学生及成绩为两个实体，请分析及绘图实体关系图。
4. 试述数据为何要经过规范化？规范化后的数据有何特色？

第 **7** 章

建立索引

"索引"是数据库的专有名词，它的意义是 "快速寻找数据的钥匙"。索引在数据库中，记录条数愈多，愈能展现索引的效率。数据库可以没有索引，但有了索引，就像书签一样，可快速找到或切换至所需数据。

学习目标：

- 了解索引的作用
- 了解索引的优缺点
- 掌握创建索引的方法

7.1 数据库为何需要索引

用户可以利用索引快速访问数据库表中的特定信息，索引是对数据库表中一个或多个列的值进行排序的结构。如果想按特定值来查找数据的话，则与在表中搜索所有的行相比，索引有助于更快地获取信息。

7.1.1 索引的任务

索引是与用户操作无关的内部作业，只要用户在设计数据库时，定义了索引，数据库系统在操作时，就会自动作业。首先，以图解方式说明没有索引及有索引时，数据库的搜索方式。

（1）没有索引时。如果没有索引，数据库获得搜索条件时，就会在目标数据表内，由上而下逐条记录进行比较。以图 7-1 为例，假设要寻找厂牌字段等于 NOKIA 的记录。

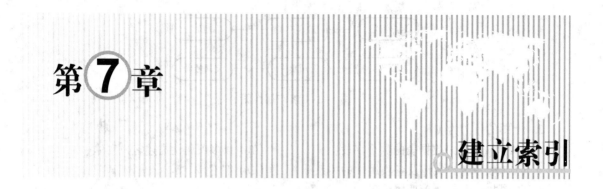

图 7-1 没有索引的搜索方式

若是超过千笔以上的记录，就会明显感觉到搜索时间很缓慢。

数据库在获得寻找条件之后，就会在指定的数据表中执行搜索，若是在没有索引的状况，便会在指定的数据表中从第 1 笔到最后一笔，逐笔进行比较。

 说　明

> 请注意！被寻找到的目标是"记录"，而条件是设置在某个 "字段"，这是寻找的方式。

（2）有索引时。若有索引，搜索速度一定会加快许多，此时搜索方式如图 7-2 所示。

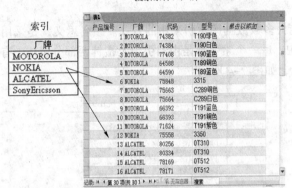

图 7-2　有索引的搜索作业

在图 7-2 中，与图 7-1 相同的是将在"产品"数据表执行搜索，条件是"厂牌"字段等于 NOKIA，但由于已定义索引，故数据库引擎此时会先取得索引，在索引之中，内含 4 个 "厂牌"字段数据，这 4 项就是此栏在数据表中，去除重复的数据。

而由于目前条件是寻找此栏等于 NOKIA，就会直接在索引中取得此数据，同时由此对应至数据表中，"厂牌"字段等于 NOKIA 的两笔记录。与没有索引时比较，虽然多了取得索引的动作，但不会逐笔搜索，故速度会较没有索引时快上许多，尤其在大笔数时，索引可有效提升搜索效率。

7.1.2　数据库的索引操作

索引的目的是在搜索时，快速"定位"到正确的记录，所以索引必须"记住"记录的实际位置，而记住记录位置的方法有以下两种：

1．哈希函数

利用哈希函数（Hash function），从大量数据中快速找到所需数据的方法，其优点是存取数据非常快速且具弹性，但应用有限，且无法有效处理大量数据。其运作方式如图 7-3 所示。

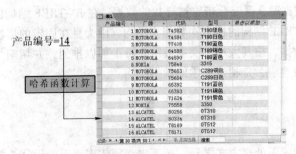

图 7-3　以哈希函数进行处理的索引

如图 7-3 所示，哈希函数会在索引及实际数据之间执行计算，按图 7-3 的箭头所指，就是以索引值求得数据的实际位置；反之，更改或新增数据时，也会以输入的新值，经过哈希函数计算后，成为索引。

不同的哈希表查询会影响到数据库效率，作为数据库设计及操作人员，无法决定使用何种处理方式。

但是当不同数据经计算后得到相同地址时，就会发生冲突。此时，系统会寻找下一个空的位置执行保存，一定要找到不同的区域，才可保存，以免发生错误，这是使用哈希函数形式的索引存在的问题，若冲突愈多，则效率愈差。同时，若索引值经常更改、新增时，也不适合使用此方式。

2. B⁺-TREE

B⁺-TREE 是目前绝大多数数据库索引采用的方式。顾名思义，是采用树状结构的索引。

在 B⁺-TREE 结构中，每一个索引都是由索引值及指针两部分组成，有了指针，才可以在取得索引值时正确指向记录，如图 7-4 所示。

图 7-4　由索引至记录

图 7-4 表示若以公司名称字段为索引，则在搜索时，会以索引组成的指针，指至记录，并予以取出。

B⁺-TREE 结构的组成包括最底层的叶节点（Leaf node），以及上层的非叶节点（NonLeaf node），如图 7-5 所示。

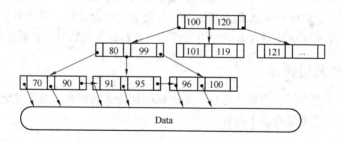

图 7-5　B⁺-TREE 的索引结构

搜索数据时，会由上而下逐层搜索，由于 B⁺-TREE 结构的特点是由左而右，必定是由小而大的数据，所以在寻找数据时，系统会带着被寻找的数据，在 B⁺-TREE 结构的索引，按照此一规则执行搜索。因此，B⁺-TREE 结构的搜索次数相当平均，因为是在固定的层次中寻找数据，树状结构的原理就是将大量数据，按其大小（文本数字皆可）加以排列，并切割为数层，每层的节点都有固定起止数据，等待搜索，是相当科学的索引结构。

7.2　建立索引

了解数据库系统的索引处理方式之后，接下来必须实现索引的设计，首先来了解建立索引的原则。

7.2.1　建立索引的原则

索引就是数据库系统的"小抄"，它其实是数据库内部的"数据表"，只不过用户在操作时看不到它，可说是无形的数据表。

（1）索引不是愈多愈好。索引是数据库系统的内部处理，是无形的数据表，同时为了提供最佳搜索效率，索引数据必须保持在最新状态，所以用户针对数据表的所有编辑处理，包括新增、更改、删除等，都必须更新索引。因此，索引愈多，数据库更新索引的频率也愈高，遇到大笔数据时，反而会降低效能。

（2）只在常作为寻找条件的字段建立索引。既然索引是为寻找记录而设，所以当然是只在经常作为搜索条件的字段设置索引即可。以图 7-2 为例，此图的搜索条件是在"厂牌"字段，故索引就应设在此列。

（3）索引数据愈短愈好。同样也是为了提升搜索效率，索引数据会在搜索时用来比较，所以数据愈短愈好。一般而言，会建立索引的字段，其类型通常是文本或数字，其他如备注、日期、货币等字段，则较少设置索引，同时 OLE 对象字段也无法设置索引。

7.2.2　索引的类型

依据索引的顺序和数据库的物理存储顺序是否相同，可以将索引分为两类：聚集索引和非聚集索引。两者都包括索引页和数据页，其中索引页用来存放索引和指向下一层的指针，数据页用来存放记录。

根据索引键的组成，可以把索引分为唯一性索引和复合索引。

1．唯一性索引

唯一性索引保证在索引列中的全部数据是唯一的，不会包含冗余数据。如果表中已经有一个主键约束或者唯一性键约束，那么当创建表或者修改表时，Access 自动创建一个唯一性索引。然而，如果必须保证唯一性，那么应该创建主键约束或者唯一性键约束，而不是创建一个唯一性索引。当创建唯一性索引时，应该认真考虑这些规则：

（1）当在表中创建主键约束或者唯一性键约束时，Access 自动创建一个唯一性索引。

（2）如果表中已经包含有数据，那么当创建索引时，Access 检查表中已有数据的冗余性。

（3）每当使用插入语句插入数据或者使用修改语句修改数据时，Access 检查数据的冗余性。如果有冗余值，那么 Access 取消该语句的执行，并且返回一个错误消息。

（4）确保表中的每一行数据都有一个唯一值，这样可以确保每一个实体都可以唯一确认；只能在可以保证实体完整性的列上创建唯一性索引。例如，不能在【学生信息表】中的【姓名】列上创建唯一性索引，因为人们可以有相同的姓名。

2．复合索引

复合索引就是一个索引创建在两个列或者多个列上。在搜索时，当两个或者多个列作为一个关键值时，最好在这些列上创建复合索引。当创建复合索引时，应该考虑这些规则：

（1）最多可以把 16 个列合并成一个单独的复合索引，构成复合索引的列的总长度不能超过900 字节，也就是说复合列的长度不能太长。

（2）在复合索引中，所有的列必须来自同一个表中，不能跨表建立复合列。

（3）在复合索引中，列的排列顺序是非常重要的，因此要认真排列列的顺序，原则上，应该首先定义最唯一的列。例如，在（COL1，COL2）上的索引与在（COL2，COL1）上的索引是不相同的，因为两个索引的列的顺序不同。

（4）为了使查询优化器使用复合索引，查询语句中的 Where 子句必须参考复合索引中第一个列。

（5）当表中有多个关键列时，复合索引是非常有用的；使用复合索引可以提高查询性能，减少在一个表中所创建的索引数量。

3. 聚集索引

聚集索引的结构类似于树状结构，树的顶部称为叶级，树的其他部分称为非叶级，树的根部在非叶级中。同样，在聚簇索引中，聚簇索引的叶级和非叶级构成了一个树状结构，索引的最低级是叶级。在聚簇索引中，表中的数据所在的数据页是叶级，索引数据所在的索引页是非叶级。在聚簇索引中，数据值的顺序总是按照升序排列。应该在表中经常搜索的列或者按照顺序访问的列上创建聚簇索引，如图 7-6 所示。

当创建聚簇索引时，应该考虑这些因素：

（1）每一个表只能有一个聚簇索引，因为表中数据的物理顺序只能有一个。

（2）表中行的物理顺序和索引中行的物理顺序是相同的，在创建任何非聚簇索引之前创建聚簇索引，这是因为聚簇索引改变了表中行的物理顺序，数据行按照一定的顺序排列，并且自动维护这个顺序。

（3）聚簇索引的平均大小大约是数据表的百分之五，但是，实际的聚簇索引的大小常常根据索引列的大小变化而变化。

（4）在索引的创建过程中，Access临时使用当前数据库的磁盘空间，当创建聚簇索引时，需要1.2倍的表空间的大小，因此，一定要保证有足够的空间来创建聚簇索引。

当系统访问表中的数据时，首先确定在相应的列上是否存在有索引和该索引是否对要检索的数据有意义。如果索引存在并且该索引非常有意义，那么系统使用该索引访问表中的记录。系统从索引开始浏览到数据，索引浏览则从树状索引的根部开始。从根部开始，搜索值与每一个关键值相比较，确定搜索值是否大于或者等于关键值。这一步重复进行，直到碰上一个比搜索值大的关键值，或者该搜索值大于或者等于索引页上所有的关键值为止。

4. 非聚簇索引

非聚簇索引的结构也是树状结构，与聚簇索引的结构非常类似，但是也有明显的不同。在非聚簇索引中，叶级仅包含关键值，而没有包含数据行，非聚簇索引表示行的逻辑顺序，如图 7-7 所示。

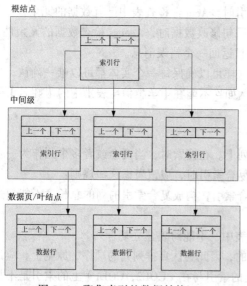

图 7-6 聚集索引的数据结构

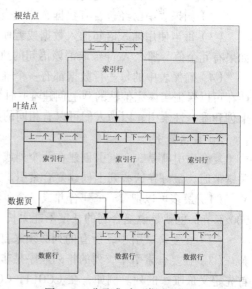

图 7-7 非聚集索引数据结构

非聚簇索引有两种体系结构：一种体系结构是在没有聚簇索引的表上创建非聚簇索引，另一种体系结构是在有聚簇索引的表上创建非聚簇索引。当需要以多种方式检索数据时，非聚簇索引是非常有用的。当创建非聚簇索引时，要考虑这些情况：

（1）在默认情况下，所创建的索引是非聚簇索引。

（2）在每一个表上面，可以创建不多于249个非聚簇索引，而聚簇索引最多只能有一个。

7.2.3 何谓主索引

建立及保存新数据表时，若尚未定义主索引，Access 会显示警告信息，询问是否要建立主索引，默认值是建议设置主索引，但主索引在 Access 则是可有可无的。

在数据库理论，主索引是必要的，但因主索引在输入数据时，会造成些许不便，所以 Access 对此开了方便之门，让我们可以在没有主索引的数据表中更改或新增记录。但请务必了解，主索引在数据库理论中是必要的，如 SQL Server 数据库，若数据表没有主索引，就无法编辑及新增记录。

不论 Access 或 SQL Server，主索引都是以 图示表示，如图 7-8 所示。

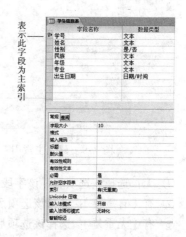

图 7-8 数据表设计窗口的主索引字段

其中【学号】字段为主索引，所有索引的组成都是字段，而主索引是索引的一种，也是所有索引中最严谨的，因为它是"主键"，主索引的特色如下：

（1）一个数据表只能有一个主索引。每个数据表只能有一个主索引，如果在其他字段也建立主索引，原来的主索引就会取消。

（2）主索引值不可留空。若输入记录，则主索引字段的值不可留空，也就是说，必须有数据。

（3）主索引值不可重复。若输入记录，则主索引字段的值不可重复，而且必须是唯一。

 说明

　　主索引一定是索引，但索引不一定是主索引。以上是主索引的3大特色，反过来说，一个数据表可拥有多个索引、索引字段值可以留空也可重复，所以我们说，主索引是限制最为严谨的索引。

7.2.4 建立索引的操作

最后说明建立索引的操作，此操作很简单，重点是必须了解建立索引的原则（请见第 7.2.1 节：建立索引的原则），另一重点是了解索引的组成。

索引的组成就是字段，更确切的说法是，一个索引可由一或多个字段所组成，也就是可为单一字段建立索引，也可为多个字段建立一个索引，原则是若有多个字段，经常在查询时作为条件，就可为多个字段建立索引。

1．建立主索引：一个字段

【例7.1】

为【教学管理系统】数据库中的【用户】表建立主索引。

（1）以【设计视图】的方式打开【用户】表。

（2）将光标移至【ID】字段，再选择【设计】选项卡中的【工具】组中的【主键】命令，如

图 7-9 所示。

（3）单击工具栏的 ▣ 按钮，保存新设计。

本例就是以一个字段建立主索引的操作，以光标所在字段为基准，完成后的【ID】字段左方会显示 ☞ 符号，表示此栏为主索引。

在【索引】下拉列表框中，有 3 个选项可以选择，如图 7-10 所示。

图 7-9　建立主索引

图 7-10　索引属性

① 无：选择该选项后，该字段不被索引，这也是该属性的默认值。

② 有（有重复）：选择该选项后，该字段将被索引，而且可以在多个记录中输入相同的值。

③ 有（无重复）：选择该选项后，该字段将被索引，但每个记录的该字段值必须是唯一的。这样，以该字段的信息为索引时，总可以找到唯一的记录。

2．建立一般索引

其实创建字段索引除了可以在【设计视图】中通过字段属性设置以外，还可以通过专门的【索引设计器】对话框设置。

【例7.2】

在【教学管理系统】数据库中的【学生信息】表中，为【姓名】字段建立索引。

（1）以【设计视图】的方式打开【学生信息】表。

（2）在【设计】选项卡中选择【索引】命令，弹出图 7-11 所示的对话框。

（3）在图 7-11 所示的对话框中，用户可以看到已经存在过的索引。在【索引名称】中输入设置的索引名称，在【字段名称】中选择【姓名】字段，【排序次序】选择【降序】选项，如图 7-12 所示。

图 7-11　索引对话框

图 7-12　设置索引

（4）在图 7-12 中单击右上角的⊠按钮，再单击工具栏的🖫按钮，保存新设计。

同时还可以设置更多的【索引属性】，如图 7-12 中的【主索引】、【唯一索引】和【忽略空值】等。

① 主索引：表示目前光标所在的索引是否为主索引。

② 唯一索引：表示目前光标所在的索引值是否为唯一，此属性若为是，则输入数据时，此索引之值不可重复。

③ 忽略空值：若为是，表示该索引将排除值为空的记录。

> 在 Access 数据库中，备注、OLE 对象、超链接 3 种类型的字段，无法建立索引。

习　题

一、选择题

1. 下列（　　）是索引的主要任务。

　（A）提高查询效率　　　　（B）便于输入记录　　　（C）便于网络存取

2. 将索引值经过计算后，成为另一个值及取得记录的索引方式是（　　）。

　（A）B$^+$-TREE　　　　　（B）哈希函数　　　　　（C）簇

3. （　　）会改变记录排列顺序的索引方式是。

　（A）B+-TREE　　　　　（B）非簇　　　　　　　（C）簇

4. （　　）何种索引适用于 Where 子句后的条件。

　（A）B+-TREE　　　　　（B）非簇　　　　　　　（C）簇

5. 下列（　　）不是主索引特性。

　（A）不可留空

　（B）一个数据表只能有一个主索引

　（C）不可唯一

6. 索引可内含（　　）字段。

　（A）1 个　　　　　　　（B）2 个　　　　　　　（C）1 或多个皆可

7. 在 Access 数据库中，下列（　　）类型的字段，无法建立索引。

　（A）文本　　　　　　　（B）备注　　　　　　　（C）数字

8. 一个索引最多可包含（　　）字段。

　（A）1 个　　　　　　　（B）5 个　　　　　　　（C）10 个

9. 主索引又名为（　　）。

　（A）Primary Key　　　（B）Cluster　　　　　（C）Index

10. 下列有关索引的叙述，（　　）错误。

　（A）可提高查询效率

　（B）索引不是愈多愈好

　（C）主索引在数据库理论中可有可无

二、填空题

1. 在数据库中，一个表的存储由两部分组成，一部分用来存放表的数据页面，另一部分存放_____。

2. 根据索引键的组成，可以把索引分为 3 种类型，_____、_____、_____。

3. 利用索引进行查询的优点有：_____、提高连接_____和 GROUP BY 的执行速度、_____和强制实施行的唯一性。

4. 在 Access 数据库中，按存储结果的不同可将索引为分_____和非聚集索引。

三、简答题

1. 引入索引的主要目的是什么？

2. 创建索引的缺点有哪些？

3. 删除索引时所对应的数据表会删除吗？

第 8 章

查询

查询是数据库系统中最重要的对象之一，利用它可以对数据库中的数据进行简单的检索、显示和统计，而且还可以根据需要对数据库进行修改。本章将介绍查询的概念、查询的分类、查询的条件、建立各种查询的方法和步骤。

学习目标：

- 了解查询的原理及作用
- 了解查询对象的类型
- 掌握查询准则
- 掌握创建查询的方法

8.1 查询的概述

查询算是 Access 数据库中的一个重要组件，目的是在数据表含有一定笔数的记录后，按特定条件取出记录，同时查询可跨越多个数据表，也就是通过关系在多个数据表间寻找相关记录。

8.1.1 查询的作用

查询就是以数据库表中的数据为数据源，根据给定的条件从指定的表或查询中检索出用户要求的数据，形成一个新的数据集合。

查询的基本作用有：

（1）通过查询浏览表中的数据，分析数据或修改数据。

（2）利用查询可以使用户的注意力集中在自己感兴趣的数据上，而将当前不需要的数据排除在查询之外。

（3）将经常处理的原始数据或统计计算定义为查询，可大大简化处理工作。用户不必每次都在原始数据上进行检索，从而提高了整个数据库的性能。

（4）查询的结果可以用于生成新的基本表，可以进行新的查询，还可以为窗体、报表、数据访问提供数据。

其实从本质上来说，查询也是一种筛选，只是这种筛选比较固定。因此可以这样说，查询就是固定化的筛选任务。只要设计好一次筛选任务，以后就可以直接调用，不需要重复地设计。

8.1.2　查询的类型

为了更好地使用查询，按照不用的功能对查询进行分类，以便根据其功能特点来创建和使用他们。

Access 支持 5 种查询类型：选择查询、参数查询、交叉表查询、操作查询、SQL 查询。

1．选择查询

选择查询是最常见的查询类型。它从一个或多个表中检索数据，并用数据视图显示结果。用户可以使用选择查询来对记录进行分组，并对记录做总计、计数、平均值以及其他类型的总和计算。

2．参数查询

参数查询在执行时会通过显示对话框来提示用户输入信息，从而根据输入的参数来检索相应的记录或值。根据用户输入的不同要求，会出现不同的查询结果。例如，通过设计参数查询提示输入学生的学号，从而检索到该生信息，如图 8-1 所示。

同时可以将参数查询的结果作为窗体、报表和数据访问页的基础。例如，可以以参数查询为基础来创建学生成绩统计报表。打印报表时，Access 显示对话框来询问要显示哪位学生的成绩单，在输入学号之后，Access 便打印该生的所有成绩报表。

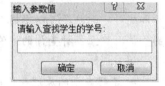

图 8-1　参数查询

3．交叉表查询

使用交叉表查询可以计算并重新组织数据的结构，这样可以更加方便地分析数据。交叉表查询计算数据的总计、平均值、计数或其他类型的总和。这种数据可分为两类信息：一类在数据表左侧排列；另一类在数据表的顶端。如图 8-2 所示，在数据表视图中可显示两个分组字段，分组字段名来自表字段的值，如"男"和"女"作为显示数据的字段标题，一般显示在数据表的顶端。另外一组分组字段来自"专业"的值，是统计数据的依据，显示在数据表的左侧。在数据表行和列交叉点显示对应字段的统计值。

专业	总计 学号	男	女
电子	2	1	1
计算机	2	1	1
企业管理	3	2	1
通信	4	3	1

图 8-2　交叉表显示不同专业男女生的人数

4．操作查询

操作查询是指通过执行查询对数据表中的记录进行更改。操作查询分为以下 4 种：

（1）生成表查询：将一个或多个表中数据的查询结果创建成新的数据表。生成表查询有助于数据表备份，也便于将数据导出到其他数据库中。在创建生成表查询时需要注意以下几点：

① 指定新数据表的名称，即目标生成表名称。

② 要从中复制行的一个或多个数据表的名称，即源表名称。

③ 指定要复制其内容的源表中的列字段。

④ 若要按照特定次序复制行，需要设置排序次序。

⑤ 定义要复制行的搜索条件。

（2）更新查询：根据指定条件对一个或多个表中的记录进行修改。在创建更新查询时需要指定以下信息：

① 指定用以更新列的值或表达式。

② 定义需要更新的行的搜索条件。

（3）追加查询：将查询结果添加到一个或多个表的末尾。在创建追加查询时需要指定以下信息：

① 指定需要追加的数据表，即目标表。

② 要从中复制行的一个或多个表，即源数据表。

③ 指定要复制其内容的源数据表中的列。

④ 指定要复制行的搜索条件。

⑤ 若要按照特定次序复制行，需要设置排序次序。

⑥ "分组依据"选项（若只想复制汇总信息）。

（4）删除查询：从一个或多个表中删除一组记录。在创建删除查询时需要注意以下几点：

① "删除查询"可以在一次操作中删除一行或多行，并且执行删除查询后无法撤销。

② 创建删除查询时，需要指定要删除行的数据库中的数据表以及要删除行的搜索条件。

③ 删除数据表中所有行的操作将删除数据表中的所有数据，并不删除表本身。

5．SQL 查询

SQL 查询是用户使用 SQL 语句时创建的查询，可以用结构化查询语言（SQL）来查询、更新和管理 Access。有的查询需要用 SQL 语句来实现，如联合查询、数据定义查询、传递查询等，因此用户需要对 SQL 语句有所了解。

在查询设计视图中创建查询时，Access 将在后台构造等效的 SQL 语句。实际上，在查询设计视图的属性表中，大多数查询属性在 SQL 视图中都有等效的可用子句和选项。如果需要，可以在 SQL 视图中查看和编辑 SQL 语句。但是，在对 SQL 视图中的查询做更改之后，查询可能无法再以以前的显示方式进行显示。

SQL 查询一般有以下 3 种：

（1）传递查询：使用数据服务器能接受的 SQL 语句，可以用来直接向 ODBC 数据库服务器发送命令。可以通过传递查询使用存储在数据库服务器上的表，而不需要与他们链接。

（2）数据定义查询：包含数据定义语言（DDL）语句的 SQL 特有查询，可以使用这种查询创建表、删除表、在已有表设计中增加新的字段，或者创建或删除表的索引等。

（3）联合查询：使用 UNION 子句的查询称为联合查询，它可以将两个或更多查询的结果集组合为一个单个结果集，该结果集包含联合查询中所有查询结果集中的全部行数据。

8.2　使用向导创建选择查询

选择查询是最常见的一种查询方式，一般情况下，建立查询的方法有两种：使用查询向导和查询设计视图。下面分别介绍如何使用这两种方法创建查询。

8.2.1　使用向导创建选择查询

【例8.1】

查找并显示【学生信息表】中的【学号】、【姓名】、【性别】、【专业】4 个字段。

具体操作步骤如下：

（1）以【数据表视图】方式打开【学生信息表】，选择【创建】选项卡中【查询】组中的【查询向导】命令。弹出图 8-3 所示对话框。

（2）在图 8-3 所示的对话框中，选择【简单查询向导】选项，然后单击【确定】按钮，弹出图 8-4 所示的对话框。

图 8-3　【新建查询】对话框

图 8-4　【简单查询向导】对话框

（3）在图 8-4 所示的对话框中，选择【表/查询】下拉列表框中要建立查询的数据源，例如【表：学生信息表】。这时，【可用字段】列表框中显示【学生信息表】中包含的所有字段。在【可用字段】列表框中分别选择【学号】字段，然后单击 > 按钮，将其添加到右侧的【选定字段】列表框中，如此反复添加【姓名】、【性别】和【专业】三个字段。如图 8-5 所示。如果单击 >> 按钮，则将所有字段添加到【选定字段】列表框中。

（4）确定所需字段后，单击【下一步】按钮，这时屏幕显示图 8-6 所示的对话框。在【请为查询指定标题】文本框中输入查询名称，也可以使用默认的【学生信息表　查询】，这里就使用默认的标题。如果要打开查询查看结果，则选中【打开查询查看信息】单选按钮；如果要修改查询设计，则选中【修改查询设计】单选按钮。

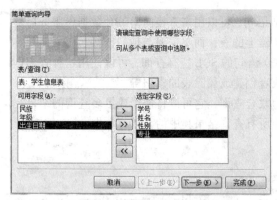

图 8-5　选择字段

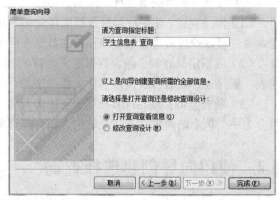

图 8-6　设置查询标题

（5）单击【完成】按钮。

① 如果选中【打开查询查看信息】单选按钮则立即显示查询结果，如图 8-7 所示。

② 如果选中【修改查询设计】单选按钮则在设计视图中进一步完善修改查询，如图 8-8 所示。

修改查询设置完成之后，选择【设计】选项卡中【结果】组中的【运行】命令，即可看到查询结果。

在实际操作过程中，查询的数据大都来自多个表，因此要建立基于多个表的查询，才能找出满足要求的记录。

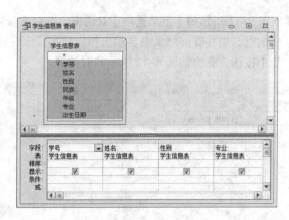

图 8-7 查询结果　　　　　　　　　　　图 8-8 修改查询设置

【例8.2】

查找并显示学生的成绩，其中显示【学号】、【姓名】、【专业】、【课程名称】和【成绩】5 个字段。

具体操作步骤如下：

（1）以【数据表视图】方式打开【学生信息表】，选择【创建】选项卡中的【查询】组中的【查询向导】命令。

（2）在弹出的对话框中，选择【简单查询向导】选项，然后单击【确定】按钮。

（3）在弹出的对话框中，选择【表/查询】下拉列表框中要建立查询的数据源，例如【表：学生信息表】。在【可用字段】列表框中分别选择【学号】字段，然后单击 ＞ 按钮，将其添加到右侧的【选定字段】列表框中，如此反复添加【姓名】和【专业】两个字段。

（4）单击【表/查询】下拉列表框，并从列表中选择【表：课程信息表】，在【可用字段】列表框中选择【课程名称】字段，然后单击 ＞ 按钮，将其添加到右侧的【选定字段】列表框中。

（5）单击【表/查询】下拉列表框，并从列表中选择【表：学生选课表】，在【可用字段】列表框中选择【总分】字段，然后单击 ＞ 按钮，将其添加到右侧的【选定字段】列表框中，如图 8-9 所示。

（6）单击【下一步】按钮，弹出图 8-10 所示的对话框。

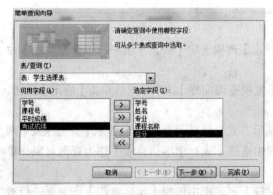

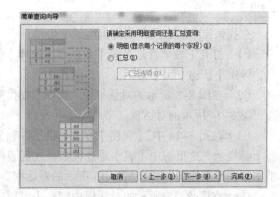

图 8-9 从多个表中选取查询字段　　　　图 8-10 确定查询类型

（7）在图 8-10 所示的对话框中，需要确定是采用明细查询还是汇总查询。如果选中【明细】单选按钮，则将显示每个记录的每个字段。如果选中【汇总】单选按钮，再单击【汇总选项】按钮，则弹出图 8-11 所示的【汇总选项】对话框。在对话框中如果选中【汇总】、【平均】、【最小】、【最大】复选框，则在查询结果中显示出相应的字段。在这里，选中【明细】单选按钮，然后单击【下一步】按钮，弹出如图 8-12 所示的对话框。

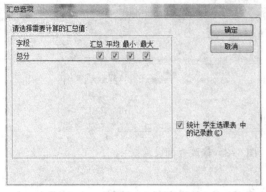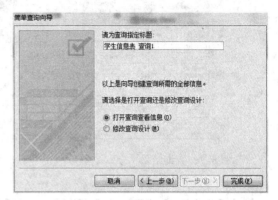

图 8-11　【汇总选项】对话框　　　　　　　　图 8-12　设置查询标题

（8）在图 8-12 所示的对话框中，在【请为查询指定标题】文本框中输入查询名称【学生课程成绩】，然后选中【打开查询查看信息】单选按钮。

（9）单击【完成】按钮，弹出图 8-13 所示查询结果。

学号	姓名	专业	课程名称	总分
0900101	王明	计算机	计算机文化基础	86.0
0900101	王明	计算机	C语言程序设计	89.4
0900201	张森	电子	电子电路技术及应用	70.0
0900201	张森	电子	单片机原理与应用	80.0
0800303	张支民	通信	数据库原理	89.4
0900101	王明	计算机	数据结构	94.4

图 8-13　查询结果

8.2.2　使用向导查找重复项

利用查询向导，也可以创建查找重复项查询。查找重复项查询主要用于用户查找内容相同的记录，从而对相同值的记录进行检索、统计、分类。

【例8.3】

查找该校中所有同年同月出生的学生信息。

（1）打开【教学管理系统】数据库，选择【创建】选项卡中【查询】组中的【查询向导】命令，弹出【新建查询】对话框，如图 8-3 所示。

（2）在图 8-3 所示的对话框中，选择【查找重复项查询向导】选项，然后单击【确定】按钮，弹出图 8-14 所示的对话框。

（3）在图 8-14 中，【视图】方式提供了 3 种显示方式，只显示【表】，只显示【查询】及【两者】都显示，这里选中【表】单选按钮。在列表框中选择【表：学生信息表】作为查询对象，单击【下一步】按钮，弹出图 8-15 所示的对话框。

（4）在图 8-15 所示的对话框中，在【可用字段】列表框中选择【出生日期】作为要进行查找重复项的字段。【重复值字段】是指在查询中，只显示所选字段中具有重复值的记录，如果选择了多个字段，则在查询中，只有这些字段同时有重复值时才显示该字段。单击【下一步】按钮，弹出图 8-16 所示的对话框。

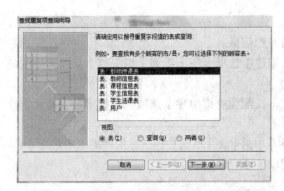

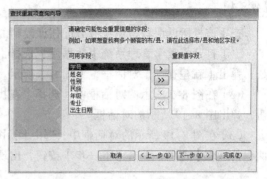

图 8-14 选择查找重复字段值的表或查询   图 8-15 选择包含重复信息的字段

（5）在图 8-16 所示的对话框中，选择除重复字段之外的其他字段。如果在这一步没有选择任何字段，查询结果将对每一个重复值进行汇总。在这里选择【学号】、【姓名】、【专业】作为另外查找字段。单击【下一步】按钮，弹出图 8-17 所示的对话框。

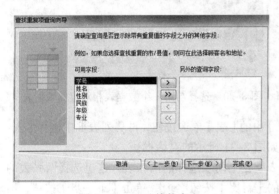

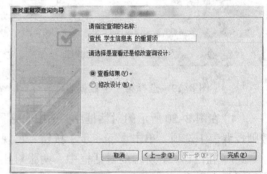

图 8-16 显示其他字段   图 8-17 设置查询名称

（6）在图 8-17 所示的对话框中，在【请指定查询的名称】文本框中输入查询名称【查询同年同月出生的学生信息】，然后选中【查看结果】单选按钮。

（7）单击【完成】按钮，弹出图 8-18 所示查询结果。

图 8-18 查询结果

8.2.3 使用向导查找不匹配项

与查找重复项相反，查找不匹配项主要用于查找两个数据表中某字段的内容不相同的记录。在具有一对多关系的两个数据表中，对于【一】方表中的每一条记录，在【多】方表中可能有记录与之对应。使用不匹配查询，可以查找出那些在【多】方中没有对应记录的【一】方数据表中的记录。

【例8.4】

查找该校所设课程中还没有分配任课教师的课程信息。

（1）打开【教学管理系统】数据库，选择【创建】选项卡中【查询】组中的【查询向导】命令，弹出【新建查询】对话框，如图8-3所示。

（2）在图8-3所示的对话框中，选择【查找不匹配项查询向导】选项，然后单击【确定】按钮，弹出图8-19所示的对话框。

（3）在图8-19所示的对话框中，选中【视图】中的【表】单选按钮，再从列表框中选择【表：课程信息表】选项，单击【下一步】按钮，出现图8-20所示的对话框。

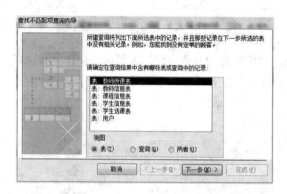

图 8-19 选择第一个数据表

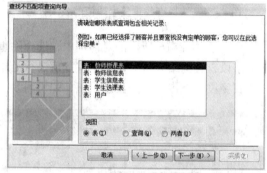

图 8-20 选择与第一个数据表相对应的数据表

（4）在图8-20所示的对话框中，选中【视图】中的【表】单选按钮，再从列表框中选择【表：教师授课表】选项，单击【下一步】按钮，出现如图8-21所示的对话框。

（5）在图8-21所示的对话框中，两张对比表就是上两步选择的两张表，这里选择两张表的【课程号】作为要进行对比的字段，并单击中间的【对比】按钮 <=> ，单击【下一步】按钮，出现图8-22所示的对话框。

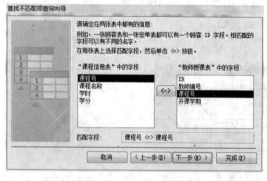

图 8-21 确定两个数据表都有的信息

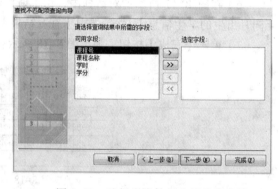

图 8-22 选择查询结果中显示的字段

（6）在图8-22所示的对话框中，选择最终查询所包含的字段。这里选择【课程号】和【课程名称】作为选定字段，单击【下一步】按钮，出现图8-23所示的对话框。

（7）在图8-23所示的对话框中，输入所创建查询的标题【查询未分配的课程】，选中【查看结果】单选按钮，单击【完成】按钮，即可完成查询的创建过程。图8-24显示了查询结果。

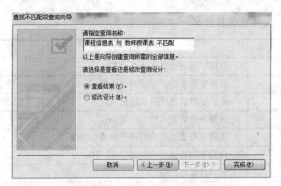

图 8-23　指定查询名称

图 8-24　查询结果

8.3　使用设计视图创建查询

利用查询向导可以建立比较简单的查询，但是对于有条件的查询，是无法直接利用查询向导建立的。这时就需要在【设计视图】中创建查询。

8.3.1　查询准则

查询准则由数据库定义的运算符、常数值、字段变量、函数组成的条件表达式来描述，表达用户的查询要求。

那么如何准确有效地添加查询准则呢？首先应该考虑为哪些字段添加条件，其次是如何在查询中添加条件。较难掌握的是如何将自然语言变成 Access 可以理解的表达式。这就需要先了解 Access 中表达式的基本知识。表 8-1 列出表达式中常量的写法，表 8-2 列出表达式中的常用符号。表 8-3 列出常用函数。

表 8-1　表达式中常量的写法

常量类型	写　法	举　例
数字型	直接输入数值	123，123.4
文本型	用半角的双引号括起来	"英语"
日期型	用半角的"#"括起来	#76-1-1#
是/否型	Yes/No 或者 True/False	Yes/No，True/False

表 8-2　表达式中的常用符号

名　称	描　述	含　义
数学运算符	+, -, *, /	分别代表加、减、乘、除
比较运算符	=, >, >=, <, <=, <>	分别代表等于、大于、大于等于、小于、小于等于、不等于
连接运算符	&, +	表示将两个字符串合并成一个字符串。例如："ab"& "cd"结果为"abcd"
逻辑运算符	And、Or、Not	分别代表与、或、非
Between … and …	Between A and B	指定 A 到 B 之间的范围
In	In（12，23，45）	指定一系列值的列表
Like	Like 章*	指定某类字符串，配合使用通配符
Is Null	Is Null	确定一个值是否为空

表 8-3　常用函数及含义

函　数	含　义
Count（字符表达式）	返回字符表达式中值的个数
Len（字符表达式）	返回字符表达式中字符的个数
Max（字符表达式）	返回字符表达式中值的最大值
Min（字符表达式）	返回字符表达式中值的最小值
Avg（字符表达式）	返回字符表达式中值的平均值
Sum（字符表达式）	返回字符表达式中值的总和
Date（）	传回目前的日期
Now（）	传回目前的日期及时间
DateAdd（"日期及时间单位",加减数字,起始日）	以起始日开始，向前或向后加减多少单位的日期或时间
DateDiff（"日期及时间单位",起始日,结束日）	将两个日期相减后，传回指定日期及时间单位的数字
Year（日期）	返回给定日期是那一年
Month（日期）	返回给定日期是一年中的那个月份
Day（日期）	返回给定日期是一个月中那一天
Iif（判断式,为真的传回值,为假的传回值）	以判断式为准，在其结果为真或假时，传回不同的值
Mid（"原始数据",传回值的起始位,传回数据长度）	在原始数据中，由指定的起始位，传回指定长度的数据
Right（"原始数据"，传回数据长度）及 Left（"原始数据",传回数据长度）	由原始数据的最右及最左，传回指定长度的数据
Replace(«string», «find», «replace», «start», «count», «compare»)	返回一个字符串，其中指定的子字符串被另一个子字符串替换了指定的次数。其中 string、find 和 replace 必选，分别表示要替换的子字符串的字符串表达式，要查找的子字符串，用于替换的子字符串

8.3.2　基本条件设置

条件的设置依据、所在位置就是字段，每个在查询设计窗口内的字段，皆可使用条件（除了 OLE 对象），条件与条件间的关系可以是 And 或 Or。

【例8.5】

查看特定学号的学生信息

（1）打开【教学管理系统】数据库，选择【创建】选项卡中【查询】组中的【查询设计】命令，打开如图 8-25 所示的查询设计视图窗口和【显示表】对话框。

图 8-25　查询设计视图窗口和【显示表】对话框

（2）在【显示表】对话框的【表】列表框中选择【学生信息表】选项，单击【添加】按钮。

（3）关闭【显示表】对话框，此时查询设计视图窗口如图8-26所示。

图8-26　添加数据表之后的查询设计视图窗口

（4）双击【学生信息表】中的【学号】字段，或者直接将【学号】字段拖到【字段】行中，或者单击【字段】右侧的下拉按钮，在出现的下拉列表中选择【学号】字段名。这样都可以在【表】行中显示了该表的名称，在【字段】行中显示了该字段的名称。按照此方法，依次将剩余字段加入【字段】行中，得到图8-27所示的效果图。

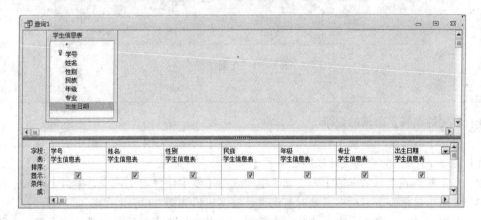

图8-27　建立查询

【设计视图】的上半部分是数据表中的所有字段，下半部分是【查询设置网络】，用来指定具体的查询条件。查询设计网络中的各个行的含义分别如下：

① 【字段】：用于选择要进行查询的表中的字段。

② 【表】：包含选定的字段的表。

③ 【排序】：选择是按升降序显示数据还是不排序。

④ 【显示】：控制该字段是否为可显示字段。

⑤ 【条件】：设定查询条件，通过设定查询条件，进行详细的查询。

⑥ 【或】：逻辑或，用来设置查询的第二个条件。

（5）在【学号】字段的【条件】内输入要查找的学号【0800303】，如图 8-28 所示。

查询1
学生信息表
*
学号
姓名
性别
民族
年级
专业
出生日期
字段:
表:
排序:
显示:
条件:
或:
学号
姓名
性别
民族
年级
专业
出生日期
学生信息表
"0800303"

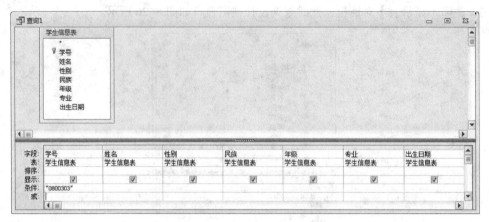

图 8-28　设置查询条件

（6）单击工具栏上的【保存】按钮，这时弹出【另存为】对话框，输入查询名称【按学号查询】，如图 8-29 所示。

另存为
查询名称(N):
按学号查询
确定
取消

图 8-29　【另存为】对话框

（7）单击【确定】按钮，保存该查询。选择【设计】选项卡中【结果】组中的【视图】命令或者【运行】命令，则可以看到查询的运行结果，如图 8-30 所示。

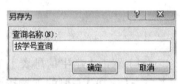

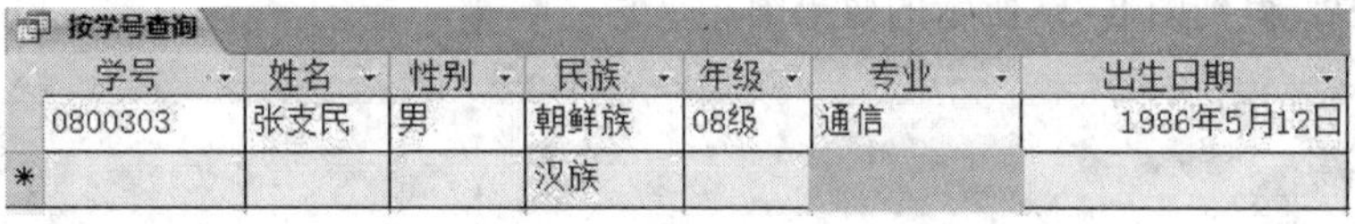

按学号查询
学号
姓名
性别
民族
年级
专业
出生日期
0800303
张支民
男
朝鲜族
08级
通信
1986年5月12日
汉族

图 8-30　查询结果

【例8.6】

查看学生姓名特定前缀的记录。

（1）打开【教学管理系统】数据库，选择【创建】选项卡中【查询】组中的【查询设计】命令，打开图 8-25 所示的查询设计视图窗口和【显示表】对话框。

（2）在【显示表】对话框的【表】列表框中选择【学生信息表】选项，单击【添加】按钮。

（3）关闭【显示表】对话框，此时查询设计视图窗口如图 8-26 所示。

（4）双击【学生信息表】中的【学号】字段，或者直接将【学号】字段拖到【字段】行中，或者单击【字段】右侧的下拉按钮，在出现的下拉列表中选择【学号】字段名。这样都可以在【表】行中显示了该表的名称，在【字段】行中显示了该字段的名称。按照此方法，依次将剩余字段加入【字段】行中，得到图 8-27 所示的效果图。

（5）在【姓名】字段的【条件】内输入【Like "王*"】，如图 8-31 所示。

图 8-31 中，条件内容为“王*”，表示列出姓名字段中，第一个字是“王”的所有学生信息，“*”符号就是通配符，代表任意符号。若输入“*王*”，表示寻找数据间有“王”字的记录；苦输入“*王”，表示寻找最末字为“王”字的记录。“Like”是 Access 自动加入的运算符，只要条件所在字段是文本类型且使用通配符（*），Access 均会自动加入 Like。

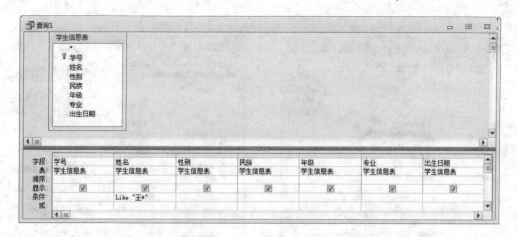

图 8-31 文本类型的条件

（6）单击工具栏上的【保存】按钮，弹出【另存为】对话框，输入查询名称【按姓名查询】。

（7）单击【确定】按钮，保存该查询。选择【设计】选项卡中【结果】组中的【视图】命令或者【运行】命令，则可以看到查询的运行结果，如图 8-32 所示。

学号	姓名	性别	民族	年级	专业	出生日期
0800301	王天天	男	汉族	08级	通信	1986年5月15日
0800302	王天莱	男	回族	08级	通信	1986年4月15日
0900101	王明	男	汉族	09级	计算机	1988年12月13日
0900102	王靖	女	回族	09级	计算机	1988年12月12日
*			汉族			

图 8-32 查询结果

【例8.7】

查看 1988 年出生的所有姓王的学生信息。

（1）打开【教学管理系统】数据库，选择【创建】选项卡中【查询】组中的【查询设计】按钮，打开图 8-25 所示的查询设计视图窗口和【显示表】对话框。

（2）在【显示表】对话框的【表】列表框中选择【学生信息表】选项，单击【添加】按钮。

（3）关闭【显示表】对话框，此时查询设计视图窗口如图 8-26 所示。

（4）双击【学生信息表】中的【学号】字段，或者直接将【学号】字段拖到【字段】行中，或者单击【字段】右侧的下拉按钮，在出现的下拉列表中选择【学号】字段名。这样都可以在【表】行中显示了该表的名称，在【字段】行中显示了该字段的名称。按照此方法，依次将剩余字段加入【字段】行中，得到图 8-27 所示的效果图。

（5）在【姓名】字段的【条件】内输入【Like "王*"】。

（6）在【出生日期】字段列的【条件】行出右击，在弹出的快捷菜单中选择【生成器】命令，或者选择【设计】选项卡中【查询设置】组中【生成器】命令，弹出【表达式生成器】对话框，如图 8-33 所示。

（7）在表达式元素列表框中选择【操作符】选项，在表达式类别列表框中选择【比较】选项，在表达式值列表框中双击【Between】选项。表达式文本框中出现【Between «表达式» And «表达式» 】，并将表达式改成【Between 1988-1-1 And 1988-12-31】，如图 8-34 所示。

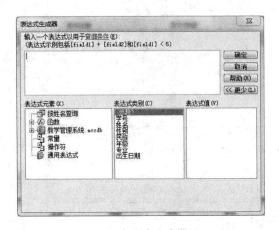 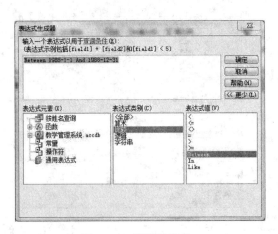

图 8-33 表达式生成器   图 8-34 设置表达式

（8）单击【确定】按钮，系统会自动对表达式进行调整，如图 8-35 所示。

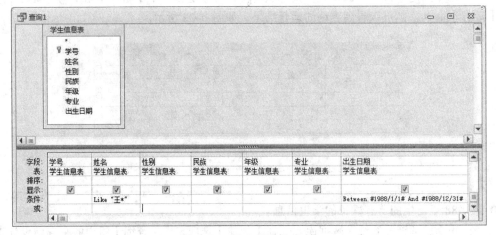

图 8-35 输入第二个条件

本例的重点是使用多个条件，如图 8-35 所示，两个条件在同行，此时条件间的关系是 And，也就是两个条件的"交集"。故本例结果是查看"所有姓王的学生，且出生在 2008 年的记录"。

（9）选择【设计】选项卡中【结果】组中的【视图】命令或者【运行】命令，则可以看到查询的运行结果，如图 8-36 所示。

学号	姓名	性别	民族	年级	专业	出生日期
0900101	王明	男	汉族	09级	计算机	1988年12月13日
0900102	王靖	女	回族	09级	计算机	1988年12月12日
*			汉族			

图 8-36 查询结果

若要使用 Or（并集）形式的多个条件，请将条件置于不同行，如图 8-37 所示。

图 8-37 表示在【姓名】字段寻找第一字为 "王"，或【出生日期】在 2008-1-1 至 2008-12-31 的记录，故为并集。原则是只要条件在不同行即为 Or，同行者则为 And。

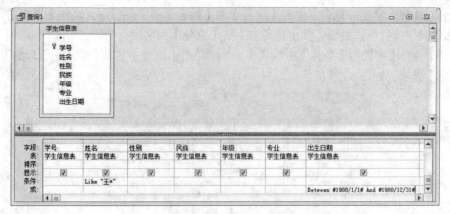

图 8-37 使用多个 OR 条件

 说　明

本例尚有如下数项重点：

Between…and…：此一叙述可使用在文本、数字及日期等字段，但以后二者较为常用，其意是查看上下限区间内的数据，以本例而言，表示查看 2008-1-1 至 2008-12-31 的记录，并含起止二日。

日期使用的 "#"：这是 Access 对于日期的识别符号，若无此符号，则数据将被视为字符串，无法在日期字段内做比较。

【例8.8】

查看成绩在 80 分以上的所有学生及课程信息，并按成绩升序排列。

（1）打开【教学管理系统】数据库，选择【创建】选项卡中【查询】组中的【查询设计】命令，打开图 8-25 所示的查询设计视图窗口和【显示表】对话框。

（2）在【显示表】对话框的【表】列表框中选择【学生信息表】、【课程信息表】和【学生选课表】选项，单击【添加】按钮。

（3）关闭【显示表】对话框，此时查询设计视图窗口如图 8-38 所示。

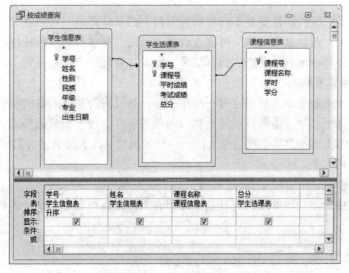

图 8-38 添加多个数据表

（4）分别添加【学生信息表】中的【学号】和【姓名】到字段行中，添加【课程信息表】中【课程名称】到字段行中，添加【学生选课表】中【总分】到字段行中。

（5）在【总分】字段的【条件】中输入【>70】，单击【学号】字段【排序】后面的下拉按钮，选择【升序】选项，如图 8-39 所示。

图 8-39　设置查询条件

（6）选择【设计】选项卡中【结果】组中的【视图】命令或者【运行】命令，则可以看到查询的运行结果，如图 8-40 所示。

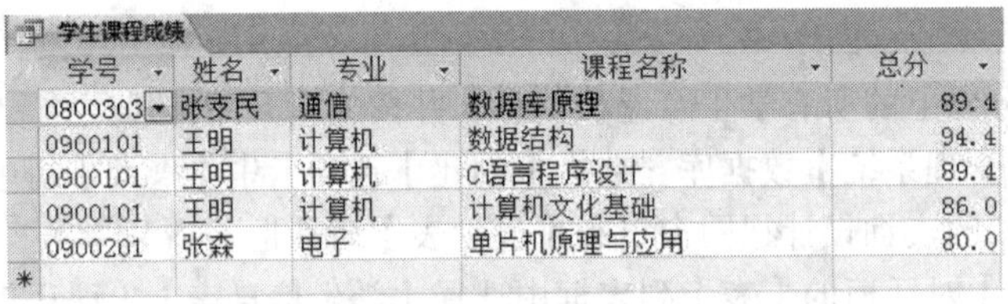

学号	姓名	专业	课程名称	总分
0800303	张支民	通信	数据库原理	89.4
0900101	王明	计算机	数据结构	94.4
0900101	王明	计算机	c语言程序设计	89.4
0900101	王明	计算机	计算机文化基础	86.0
0900201	张森	电子	单片机原理与应用	80.0

图 8-40　查询结果

8.3.3　使用函数

经过以上练习后，条件的重要性不言可喻，但以上的条件都是"写死"的，不具有灵活，只能获得一种查询结果。若能结合函数，可使查询更为灵活。先说明函数的特性：

（1）传回结果：每一函数皆会产生执行结果，所以在查询中，函数可置于条件或新字段，如Date()函数可取得系统日期。

（2）必有括号：函数名称之后必定有一对小括号，括号内为执行函数的参数，但有些函数没有参数，此时仍需加上括号。参数内容则是执行函数的条件，每一函数的参数又不相同。
Access 提供的函数有上百个之多，在这里无法一一详细说明，以下例子说明常用函数。在分类上，分为日期及字符串两大类。

1. 日期及时间

这是所有函数中最常用的处理，与日期及时间有关的函数约有十来个，多数由其名称即可了解其功能。

【例8.9】

查看员工年龄。

（1）打开【教学管理系统】数据库，选择【创建】选项卡中【查询】组中的【查询设计】命令，打开图 8-25 所示的查询设计视图窗口和【显示表】对话框。

（2）在【显示表】对话框的【表】列表框中选择【教师信息表】选项，单击【添加】按钮。

（3）关闭【显示表】对话框，此时查询设计视图窗口如图 8-26 所示。

（4）分别将【教师编号】、【姓名】、【性别】等字段添加到【字段】行中。

（5）自定义一个字段为年龄，添加到第 4 个字段单元格中，并输入【年龄: Year(Now())-Year([出生日期])】，如图 8-41 所示。

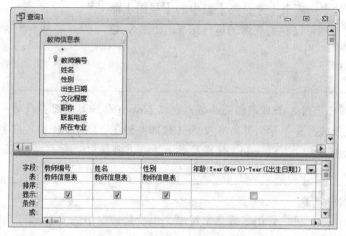

图 8-41 添加字段及使用函数

（6）选择【设计】选项卡中【结果】组中的【视图】命令或者【运行】命令，则可以看到查询的运行结果，如图 8-42 所示。

教师编号	姓名	性别	年龄
C001	王科	男	31
C002	章恒	男	34
D001	赵普	男	36
D002	李呈	女	34
Q001	刘乐	女	36
T001	程程	女	30
T002	杨呈	女	30
*		男	

图 8-42 查询结果

【例8.10】

查看本月生日的雇员。

（1）打开【教学管理系统】数据库，选择【创建】选项卡中【查询】组中的【查询设计】命令，打开图 8-25 所示的查询设计视图窗口和【显示表】对话框。

（2）在【显示表】对话框的【表】列表框中选择【教师信息表】选项，单击【添加】按钮。

（3）关闭【显示表】对话框，此时查询设计视图窗口如图 8-26 所示。

（4）分别将【教师编号】、【姓名】、【性别】等字段添加到【字段】行中。

（5）自定义一个字段为本月生日，添加到第 4 个字段单元格中，并输入【本月生日: IIf(Month([出生日期])=Month(Now()),"是","否")】。

Month 函数的功能是传回月份，Month（Now()）则会传回目前月份，而"Month（[出生日期]）"则表示取得出生日期字段数据的月份，再与条件的 Month（Now()）做比较，若二者相等，即视为符合条件的记录，本例执行结果也会因执行时间的不同而不同。

Iif 函数之后使用 3 个参数，分别是判断式、判断式为真时的传回值、判断式为假的传回值等。所以 Iif 函数的传回值必定是后两个参数之一，视实际数据在第一个判断式的比较结果而定。但此函数只适用于判断式只有两种结果时，若有 3 种结果，就不适用，因为 Iif 函数只会在判断比较结果为真或假时，传回不同的值。如 "Iif([性别]="女","小姐","先生")。

（6）选择【设计】选项卡中【结果】组中的【视图】命令或者【运行】命令，则可以看到查询的运行结果，如图 8-43 所示。

教师信息表	查询1		
教师编号	姓名	性别	本月生日
C001	王科	男	否
C002	童恒	男	否
D001	赵甫	男	否
D002	李呈	女	否
Q001	刘乐	女	否
Q002	张波	男	是
T001	程程	女	否
T002	杨呈	女	否
*		男	

图 8-43　查询结果

 说明

以上两个范例已使用 3 个日期相关函数，包括 Now（传回目前日期及时间）、Date（传回日期）、Month（传回月份）等，另尚有 Year（传回年份）、Day（传回日期）、Hour（传回小时）、Minute（传回分钟）、Second（传回秒数）。以上函数中，除了 Now 及 Date 外，其他函数均需在括号中输入日期或时间，方可传回数据。

2．字符串及其他函数

除了日期及时间外，另一常用函数是字符串，也就是数据中的文本。

【例8.11】

修改计算机专业名称为计算机科学与技术。

（1）打开【教学管理系统】数据库，选择【创建】选项卡中【查询】组中的【查询设计】命令，打开图 8-25 所示的查询设计视图窗口和【显示表】对话框。

（2）在【显示表】对话框的【表】列表框中选择【学生信息表】选项，单击【添加】按钮。

（3）关闭【显示表】对话框，此时查询设计视图窗口如图 8-26 所示。

（4）分别将【学号】、【姓名】、【专业】等字段添加到【字段】行中。

（5）将【专业】字段名修改为图 8-44 所示的表达式【所属院系: Replace([专业],"计算机","计算机科学与技术")】。

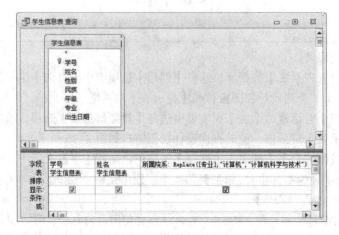

图 8-44　设置查询条件

（6）选择【设计】选项卡中【结果】组中的【视图】命令或者【运行】命令，则可以看到查询的运行结果，如图 8-45 所示。

学号	姓名	所属院系
0800301	王天天	通信
0800302	王天莱	通信
0800303	张支民	通信
0900101	王明	计算机科学与技术
0900102	王靖	计算机科学与技术
0900201	张森	电子
0900202	李洁	电子
0900301	赵红	通信
0900401	章青	企业管理
0900402	赵民	企业管理
0900403	张蓝蓝	企业管理

图 8-45　查询结果

8.4　创建交叉表查询

交叉表查询是将来源于某个表的字段进行分组，一组列在交叉表左侧，一组列在交叉表上部，并在交叉表行与列交叉处显示表中某个字段的各种计算值。使用交叉表查询可以计算并重新组织数据的结构，这样可以更加方便地分析数据。交叉表查询计算数据的总计、平均值、计数或其他类型的总和。

【例8.12】

使用交叉表显示不同专业男、女生人数。

（1）打开【教学管理系统】数据库，选择【创建】选项卡中【查询】组中的【查询向导】命令，弹出【新建查询】对话框，如图 8-3 所示。

（2）在图 8-3 所示的对话框中，选择【交叉表查询向导】选项，然后单击【确定】按钮，弹出图 8-46 所示的对话框。

（3）在图 8-46 所示的对话框中，选择【视图】中的【表】选项，再从下拉列表中选择【表：学生信息表】选项，单击【下一步】按钮，出现图 8-47 所示的对话框。

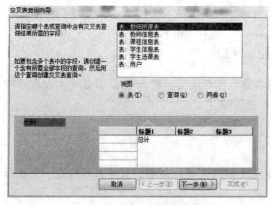

图 8-46　选项数据表

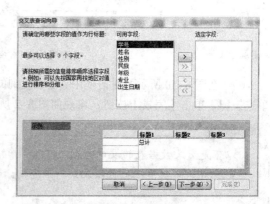

图 8-47　选择行标题

（4）在图 8-47 所示的对话框中，主要完成行标题的指定。在【可用字段】列表框中列出了所有【学生信息表】中所有的字段，从中选择作为行标题的字段。这里选择【专业】作为选定字段，并单击【下一步】按钮，出现图8-48所示的对话框。

（5）图 8-48 所示的对话框中，主要完成列标题的指定。在列表框中列出了所有【学生信息表】中除行标题之外的所有的字段，从中选择作为列标题的字段。这里选择【性别】作为列标题，并单击【下一步】按钮，出现图8-49所示的对话框。

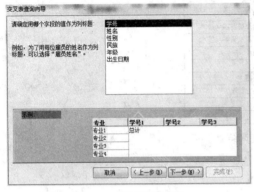

图 8-48　选择列标题

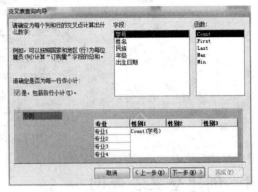

图 8-49　确定行与列交叉点的数值

（6）图 8-49 所示的对话框中，用户要指定【字段】列表框中所列的一个字段作为交叉值，同时在【函数】列表框中选定一个函数对交叉点的字段进行计算。在这里选择【学号】作为交叉值，同时选择 Count 函数，并选中【是，包含各行小计】复选框。单击【下一步】按钮，出现图 8-50 所示的对话框。

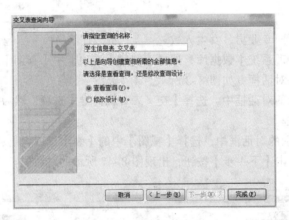

图 8-50　指定查询名称

（7）在图 8-50所示的对话框中，输入查询的名称【各专业男女生人数】，并选中【查看查询】单选按钮，单击【完成】按钮，出现如图 8-2 所示查询结果。

 （说 明）

以下是交叉数据表的设计重点：

● 向导只可使用一个数据表或一个查询：即交叉数据表查询向导的来源只可以是一个数据表或查询。

● 一个列标题：交叉数据表只有一个字段作为列标题。

● 一个值：作为"值"的字段也只能有一个，且其类型通常是数字。

● 多个行标题：用户可在图 8-47 中指定使用多个字段，作为行标题。

【例8.13】

使用交叉表查询每位任课教师所教授的课程信息及总学时数。

（1）打开【教学管理系统】数据库，选择【创建】选项卡中【查询】组中的【查询设计】命令，打开如图 8-25 所示的查询设计视图窗口和【显示表】对话框。

（2）在【显示表】对话框的【表】列表框中分别选择【教师授课表】、【教师信息表】和【课程信息表】选项，单击【添加】按钮。

（3）关闭【显示表】对话框，分别将所涉及的字段显示在设计网格的字段行中，如图 8-51 所示。

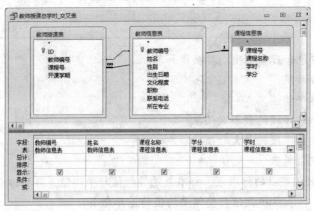

图 8-51 添加查询字段

在图 8-51 中，出现的【学分】和【学时】，它们的作用是不同的，【学分】为交叉点显示的内容，而【学时】作为交叉点计算的内容，并给出各行的小计统计。

（4）选择【设计】选项卡中【查询类型】组中的【交叉表】命令，当将查询类型更改为交叉表查询之后，在查询设计视图的下半部分增加了【总计】和【交叉表】两行，并将【显示】行隐藏。

（5）将【交叉表】行中，【教师编号】和【姓名】设置为【行标题】，将【课程信息】设置为【列标题】。

（6）由于要显示每门课程的学分，则在【学分】的【总计】行的列表中选择【合计】选项，在【交叉表】行的列表中选择【值】选项。

（7）由于要将【学时】作为小计，则将【学时】修改为【总学时:[学时]】，在该列的【总计】行的列表中选择【合计】，在【交叉表】行的列表中选择【行标题】选项，如图 8-52 所示。

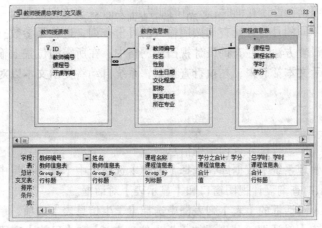

图 8-52 设置交叉表的行列标题

（8）选择【设计】选项卡中【结果】组中的【视图】命令或者【运行】命令，则可以看到查询的运行结果，如图 8-53 所示。

教师编号	姓名	总学时	3G通信	C语言程序	单片机原	电子电路	管理实务	管理学原	计算机文	计算机组成	可编程逻辑	嵌入式操作	数据结构	数据库原理	移动通信系
C001	王科	14							6				8		
C002	童桓	22		8				8		6				6	
D001	赵普	22			8	10					6				
D002	李呈	6									6			
Q001	刘乐	4				4								
Q002	张凌	4				4								
T001	程程	10	10											
T002	杨呈	10												10

图 8-53　查询结果

说 明

【总计】列表中包含若干选项，其功能如下：

- 合计：计算合计值。
- 平均值：计算平均值。
- 最小值：搜索该字段的最小数值。
- 最大值：搜索该字段的最大数值。
- 计数：计算记录笔数。
- StDev：计算数值字段的标准差。标准差是各数值与平均值差异平方和的平均数，再开平方而得，标准差愈小，表示各数值与整体平均值的差异愈小。
- 变量：计算变异数值，其意与标准差类似，变异数开平方后即为标准差。
- First：搜索该字段的第一笔记录。
- Last：搜索该字段的最后一笔记录。
- Expression：自定义总计功能。
- Where：其功能为设置条件，也就是限定在条件内进行计算。

8.5　参数查询

在前面的章节中，专门介绍了使用条件表达式创建查询，但在很多实际应用中，采用的是人机对话的方式进行查询。参数就是可变动的条件，在查询中使用参数，可进一步将条件弹性化，在每次执行查询时，指定不同条件，获得不同查询结果。例如，销售经理想得到业务员某一个月的销售业绩，其实就可以在设计查询时，不明确地告诉 Access 要查询的是哪一个月，而是在每次运行时要求用户输入不同的月份，让查询按照输入的月份查询，这就是参数查询。

参数查询的参数设置方法：在查询设计视图的网格中，在所需的位置上输入所需要的提示文本，并用方括号将提示文本括起来，在执行查询时，系统自动将提示文本以对话框的形式显示，要求用户输入参数。

【例8.14】

在【学生信息表】中，按民族查询学生信息。

（1）打开【教学管理系统】数据库，选择【创建】选项卡中【查询】组中的【查询设计】命令，打开图 8-25 所示的查询设计视图窗口和【显示表】对话框。

（2）在【显示表】对话框的【表】列表框中选择【学生信息表】选项，单击【添加】按钮。

（3）关闭【显示表】对话框，分别添加【学生信息表.*】和【民族】字段显示在设计网格的字段行中。其中【学生信息表.*】表示学生信息表的所有字段。

（4）在【民族】的【条件】行中输入【[请输入名族:]】，如图 8-54 所示。

图 8-54 参数查询设置

（5）选择【设计】选项卡中【结果】组中的【视图】命令或者【运行】命令，这时就可以显示出参数查询设置对话框，如图 8-55 所示。

（6）在图 8-55 所示的对话框中，输入【回族】，单击【确定】按钮，就可以看到查询的运行结果，如图 8-56 所示。

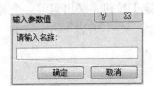

图 8-55 参数对话框

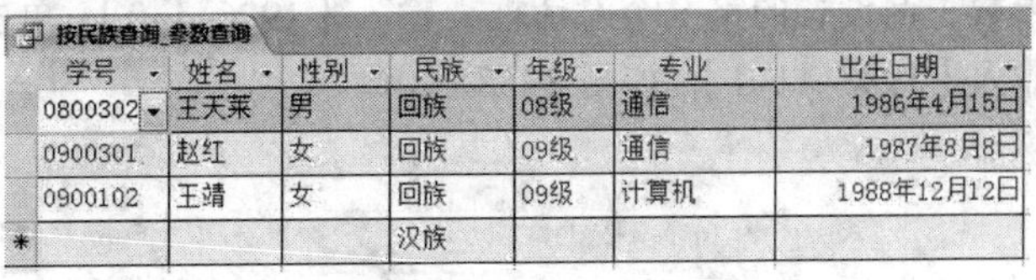

学号	姓名	性别	民族	年级	专业	出生日期
0800302	王天莱	男	回族	08级	通信	1986年4月15日
0900301	赵红	女	回族	09级	通信	1987年8月8日
0900102	王靖	女	回族	09级	计算机	1988年12月12日
*			汉族			

图 8-56 查询结果

> **说明**
>
> 中括号在查询内的意义，作者在本章多个范例中均使用过中括号，但与本例意义不同。本例中括号的意义是作为参数；在此之前的多个例子中，使用的中括号则是代表字段名称。其实 Access 在查询内遇有中括号时，会先在各数据表内寻找中括号内容是否为字段名称，若无则显示对话框，要求输入参数。
>
> 所以中括号是参数表示法，但若为字段，Access 会自动使用字段数据，进行查询。故用户在执行查询时，未使用参数，却显示图 8-55 所示的对话框，必是因为字段名输入错误，导致 Access 找不到字段，而当作参数。

【例8.15】

在【学生信息表】中，查看指定日期之间的学生信息。

（1）打开【教学管理系统】数据库，选择【创建】选项卡中【查询】组中的【查询设计】命令，打开图 8-25 所示的查询设计视图窗口和【显示表】对话框。

（2）在【显示表】对话框的【表】列表框中选择【学生信息表】选项，单击【添加】按钮。

（3）关闭【显示表】对话框，分别添加【学生信息表.*】和【出生日期】字段显示在设计网格的字段行中。

（4）在【出生日期】的【条件】行中输入【Between [请输入起始日期] And [请输入终止日期]】，如图 8-57 所示。本例目的是在出生日期字段使用参数，语法上结合 Between…And…，故在执行时，会显示两个对话框。另一重点是参数在查询内可结合任何比较符号，组合为完整的条件。

图 8-57　多参数设置

（5）选择【设计】选项卡中【结果】组中的【视图】命令或者【运行】命令，这时就可以显示出参数查询设置的第一个对话框，输入【1986-4-9】，单击【确定】按钮，又出现第二个对话框，输入【1988-11-1】，如图 8-58 所示。

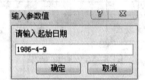 

图 8-58　输入参数

（6）单击【确定】按钮，并可显示出显示的结果，如图 8-59 所示。

学号	姓名	性别	民族	年级	专业	出生日期
0800303	张支民	男	朝鲜族	08级	通信	1986年5月12日
0800301	王天天	男	汉族	08级	通信	1986年6月15日
0800302	王天莱	男	回族	08级	通信	1986年4月15日
0900201	张森	男	汉族	09级	电子	1987年10月10日
0900301	赵红	女	回族	09级	通信	1987年8月8日
0900402	赵民	男	维吾尔族	09级	企业管理	1987年10月10日
*			汉族			

图 8-59　查询结果

8.6　操作查询

查询除了可由数据表取出记录外，也可更改记录，且是批处理更改，也就是在查询内设置条件后，在指定数据表内，更改所有符合条件的记录。

操作查询共有 4 种类型，生成表查询、更新查询、追加查询与删除查询。

8.6.1 生成表查询

生成表查询从一个或多个表中检索数据，然后将结果添加到一个新表中。用户即可以在当前数据库中创建新表，也可以在另外的数据库中生成该表。

在 Access 数据库系统中，从表中访问比查询中访问数据要快得多。因此，要经常从某几个表中提取数据时，最好的方法是事先将从某几个表中提取的数据生成一个新表并保存起来，便于以后数据的访问。

【例8.16】

查询非助教教师的授课信息，比生成新表。

（1）打开【教学管理系统】数据库，选择【创建】选项卡中【查询】组中的【查询设计】命令，打开图 8-25 所示的查询设计视图窗口和【显示表】对话框。

（2）在【显示表】对话框的【表】列表框中分别选择【教师授课表】、【教师信息表】和【课程信息表】选项，单击【添加】按钮。

（3）关闭【显示表】对话框，分别将所涉及的字段显示在设计网格的字段行中，并在【职称】字段对应的【条件】单元格中输入表达式【Not "In（助教）"】。

（4）在【设计】选项卡中【查询类型】组中选择【生成表】命令，打开图 8-60 所示的【生成表】对话框。

（5）在【生成表】对话框中，在【表名称】组合框中输入所要创建或替换的表名称，这里输入【非助教教师授课信息表】，并选中【当前数据库】单选按钮，将新生成的数据表放入当前打开的数据库中。单击【确定】按钮，关闭此对话框。

（6）选择【设计】选项卡中【结果】组中的【视图】命令，这时就可以预览创建的生产表，如果不符合要求，重新返回设计视图进行修改，直到满意为止。

（7）选择【设计】选项卡中【结果】组中的【运行】命令，系统会弹出图 8-61 所示的提示框。

图 8-60 生成表对话框

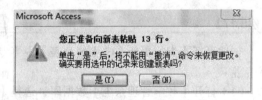

图 8-61 系统提示框

（8）单击【是】按钮，导航窗格的表列表中出现了系统建立【非助教教师授课信息表】数据表，如图 8-62 所示。

（9）双击【非助教教师授课信息表】数据表，并可查询到最后的结果。

用户可使用任意查询，将其转变为产生数据表查询。图 8-60 的数据表名称必须是新数据表，若指定现有数据表，则会先删除数据表再新增，所以产生数据表查询只可建立新数据表，无法在现有数据表新增记录。

另本例的目的是将非助教的授课信息结果，产生新数据表，而新数据表的字段，就等于查询所含字段，此查询及其结果如图 8-63 所示。

图 8-62 导航窗格的表列表

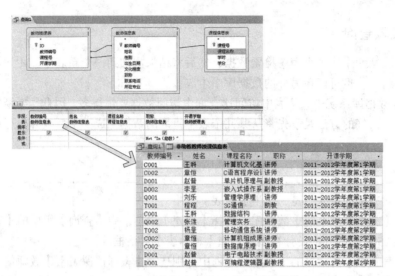

图 8-63   产生数据表查询及其产生的数据表

如图 8-63 所示，产生数据表查询共使用 5 个字段，故其产生的数据表也会有 5 个字段，字段内所含数据就是查询执行结果。

 说 明

生成表查询把数据复制到目标表中，源表和查询都不受影响。生成表中的数据不能与源表动态同步。如果源表中的数据发生更改，必须再次运行生成表查询才能更新。

8.6.2   更新查询

更新查询就是利用查询的功能，批量地修改一组记录的值。在数据库的使用过程中，当需要更新的记录非常多时，如果用手工方法逐条修改时，费时费力而且还无法保证正确率。此时就需要使用【更新查询】来批量修改数据记录。

【例8.17】

创建更新查询，更新【学生信息表】中【专业】字段，使计算机专业更新为计算机科学与技术专业。

（1）打开【教学管理系统】数据库，选择【创建】选项卡中【查询】组中的【查询设计】命令，打开图 8-25 所示的查询设计视图窗口和【显示表】对话框。

（2）在【显示表】对话框的【表】列表框中选择【学生信息表】选项，单击【添加】按钮。

（3）关闭【显示表】对话框，将【专业】字段显示在设计网格的字段行中。

（4）在【设计】选项卡中【查询类型】组中选择【更新】命令，这时查询设计表格中会添加一个【更新到】行。在【条件】单元格中输入【计算机】，在【更新到】单元格中输入【计算机科学与技术】，如图 8-64 所示。

（5）选择【设计】选项卡中【结果】组中的【视图】命令，这时就可以预览创建的更新表，如果不符合要求，重新返回设计视图进行修改，直到满意为止。

（6）选择【设计】选项卡中【结果】组中的【运行】命令，系统会弹出图 8-65 所示的提示框。

（7）单击【是】按钮，系统将更新满足条件的记录。单击【否】按钮则不更新记录。

Access 不仅可以更新一个字段的值，还可以更新多个字段的值。只要在查询设计表格中同时为几个字段输入修改内容，就可以同时修改多个字段。

图 8-64　更新设置　　　　　　　　　　　图 8-65　系统提示框

 说明

更新查询可以更改很多条记录，并且在更改之后不能撤销。因此，用户在使用更新查询时需要注意，在执行更新查询之前，最好单击工具栏上的【视图】按钮，预览即将更改的记录，如果对于更新的记录满意，再执行操作。

8.6.3　追加查询

追加查询用于将一个或多个表中的一组记录添加到另一个表的结尾。

【例8.18】

在【学生信息表】中追加所有新生的记录。

（1）打开【教学管理系统】数据库，选择【创建】选项卡中【查询】组中的【查询设计】命令，打开图 8-25 所示的查询设计视图窗口和【显示表】对话框。

（2）在【显示表】对话框的【表】列表框中选择【新生信息表】选项，单击【添加】按钮。

（3）关闭【显示表】对话框，将所有字段添加到设计网格的字段行中。

（4）在【设计】选项卡中【查询类型】组中选择【追加】命令，这时弹出如图 8-66 所示对话框。

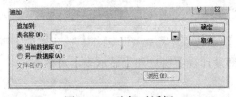

图 8-66　追加对话框

（5）在图 8-66 所示的对话框中，在【表名称】下拉列表中选择【学生信息表】选项。

（6）单击【确定】按钮，此时设计视图窗口中添加【追加到】一行，如图 8-67 所示。

 说明

如果已经在两个表中选择了相同名称的字段，Access 将自动在【追加到】行中填入相同的名称。如果在两个表中没有相同名称的字段，可将光标定位于该行，这时在每一个单元格的下拉列表框中列出了目标表中所有的字段以供选择。

用户还可以在字段的【条件】栏中输入用于生成追加内容的查询条件。

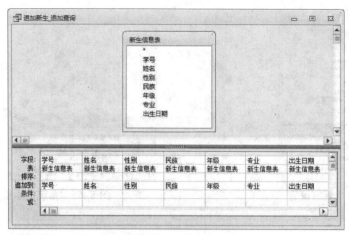

图 8-67 追加条件设置

（7）选择【设计】选项卡中【结果】组中的【视图】命令，这时就可以预览将要追加的一组记录。如果不符合要求，重新返回设计视图进行修改，直到满意为止。

（8）选择【设计】选项卡中【结果】组中的【运行】命令，系统会弹出图 8-68 所示的提示框。

（9）单击【是】按钮，就可以执行记录的添加。再次打开【学生信息表】，就可以发现该表添加了 5 行新记录，如图 8-69 所示。

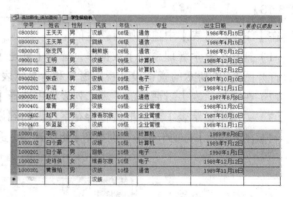

图 8-68 系统提示框　　　　　　　　　　图 8-69 追加结果

8.6.4 删除查询

删除查询可以从一个或多个表中删除符合指定条件的纪录。使用删除查询将删除整个记录，而不是删除记录中的所选字段。查询所使用的字段只是用来作为删除查询的条件。

在数据库的使用过程中，一方面是数据的增加，另一方面必然要产生大量的无用数据。对于这些数据，应该及时从数据表中删除，以便提高数据库的效率。

删除查询可以从单个表删除记录，也可以从多个相互关联的表中删除记录。如果要从多个表中删除相关记录必须满足以下条件。

（1）在【关系】窗口中定义表之间的关系。

（2）在【编辑关系】对话框中选中【实施参照完整性】复选框。

（3）在【编辑关系】对话框中选中【级联删除相关记录】复选框，如图 8-70 所示。

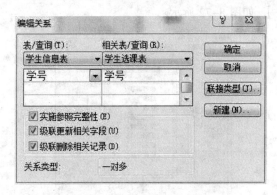

图 8-70 编辑关系对话框

【例8.19】

在【教师信息表】中删除杨呈教师的所有信息。

（1）打开【教学管理系统】数据库，选择【创建】选项卡中【查询】组中的【查询设计】命令，打开图 8-25 所示的查询设计视图窗口和【显示表】对话框。

（2）在【显示表】对话框的【表】列表框中选择【教师信息表】选项，单击【添加】按钮。

（3）在【设计】选项卡中【查询类型】组中选择【删除】命令，进入删除查询【设计视图】，如图 8-71 所示。此时在设计网格中将隐藏【排序】和【显示】行，而新增【删除】行。

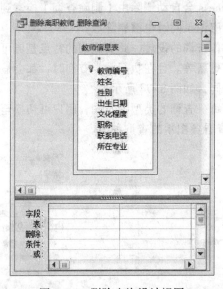

图 8-71 删除查询设计视图

（4）在图 8-71 中，选择【教师信息表】的所有字段作为查询字段，单击【教师信息表】字段列表中的【 * 】号，并将其拖到查询设置表格中的【字段】行上，在【删除】行上显示【From】字段，表示从何处删除记录。

（5）将要为其删除设置删除记录条件的字段从表中拖到设计网格中。如本例中双击【姓名】字段，该字段便会出现在查询设计表格的第 2 列，同时，在该字段的【删除】单元格中出现【Where】，它表示哪里的记录。

（6）对于已经拖到网格的字段，在其【条件】单元格中输入条件。这里在【姓名】字段的【条件】单元格中输入【杨呈】，如图8-72所示。

图8-72 删除条件设置

（7）选择【设计】选项卡中【结果】组中的【视图】命令，这时就可以预览将要删除的记录。如果不符合要求，重新返回设计视图进行修改，直到满意为止。

（8）选择【设计】选项卡中【结果】组中的【运行】命令，系统会弹出图8-73所示的提示框。

（9）单击【是】按钮，Access会自动删除由【删除查询】检索到的记录。同时在【教师授课表】中，由杨呈所授课程的相应记录同时也被删除。

以上4个例子就是4种动作查询的设计，此类查询的特点是皆可针对数据表的多笔记录，进行更新，可以是新增、删除、更新等。且在执行此类查询时，都会显示系统提示对话框。除此之外，此类查询的图示亦稍有不同，如图8-74所示。

图8-74共有6个查询，每一查询的类型皆不同，用户可切换至详细数据视图模式（单击按钮），即可在【查询类型】中查看各图示的查询种类。

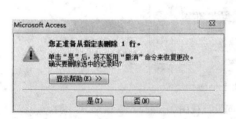

图8-73 系统提示框

图8-74 多种不同类型的查询

习 题

一、选择题

1. 以下有关查询的叙述，（　　　）有误。

（A）查询与数据表不可同名　　　　　（B）查询只可以数据表为来源

（C）查询结果视记录变动而定　　　　（D）查询可作为窗体来源

2. 若使用多个数据表作为查询来源，则数据表间需有（　　　）。

（A）关系　　　　（B）主索引　　　　（C）索引　　　　（D）以上皆非

3. 以下有关查询中关系的叙述，（　　　）正确。

（A）每一数据表均需有关系

（B）若关系不够，则执行结果笔数会过少

（C）若关系太多，则执行结果笔数会过多

（D）以上皆非

4. 若有多个字段设置排序，则以（　　　）具有排序最高优先权。

（A）最右方的字段

（B）最左方的字段

（C）最早设置排序的字段

5. 数字类型字段可使用的运算符有（　　　）。

（A）Like　　　　　　　　　　　　　（B）Not Like

（C）Between…And…　　　　　　　　（D）以上皆是

6. 若要在文本类型字段执行全文检索，检索"桂思强"3字，则下列条件（　　　）正确。

（A）Like"桂思强*"　　　　　　　　（B）Like"桂思强*"

（C）Like"*桂思强*"　　　　　　　　（D）以上皆是

7. 以下有关条件的叙述，（　　　）有误。

（A）同行者为 And，不同行者为 Or

（B）只有日期类型须加上#符号

（C）Null 表示空白的意，可使用在任意类型的字段

（D）数字类型的条件需加上"符号

8. 若使用 "<40 Or >60"的条件，则下列（　　　）有误。

（A）寻找小于 40 及大于 60 之数据　　（B）寻找小于 40 或大于 60 的数据

（C）排除 41 至 59 的数据　　　　　　（D）以上皆非

9. 若要制作查询，目的是"计算各客户订单总额及笔数"，则下列叙述（　　　）正确。

（A）须使用总计功能　　　　　　　　（B）须使用排序功能

（C）须使用临界数值功能　　　　　　（D）以上皆非

10. 以下有关查询总计功能的叙述，（　　　）有误。

（A）可以组做各种计算

（B）作为条件的字段亦可显示在查询结果

（C）计算方式有总计、笔数、平均、最大值、最小值等

（D）任意字段皆可作为组

11. 若要上调产品建议售价，最方便的方法是使用以下哪一个（　　　）。

（A）追加查询　　（B）更新查询　　（C）删除查询　　（D）以上皆非

12. 以下（　　　）是交叉分析的必要组件。

（A）行标题　　（B）列标题　　（C）值　　（D）以上皆是

13. 以下（　　　）是交叉分析查询必须搭配的功能。

（A）总计　　（B）临界数值　　（C）参数　　（D）以上皆非

二、填空题

1. 假设成绩数据表有 10 笔记录，现欲筛选前 5 名记录，可在临界数值中输入_____或_____。

2. 条件的多种运算符中，大部分皆可使用在多种类型中，唯有_____只可使用在文本类型。

3. 文本类型的通配符符号是_____。

4. 在查询内建立新字段时，_____之前的字符会视为新字段名称，其后为表达式。

5. 使用_____的目的是让条件具有灵活性，在不同时机，使用不同条件，可获得不同查询结果。

6. 只要是_____，Access 会先在数据表中寻找字段，若找不到，即视为参数，在执行时要求输入参数值。

7. _____是可传回结果的系统资源，其后必须加上小括号。

8. 若要获得今天的日期，可使用_____函数，若要获得目前的日期及时间，可使用_____函数。

9. 在交叉分析查询中，只可使用一个_____及_____，但_____则可使用多个。

第**9**章

SQL 语法

SQL 是目前所有数据库软件共通的"查询语言"，这个语言会在执行查询操作时，向数据库引擎发出指令，要求执行及取得结果。SQL 是一种结构化查询语言，也是一种功能极其强大的关系数据库语言。本章将介绍在 Access 中创建 SQL 查询的方法。

学习目标：
- 了解 Access 与 SQL 语法的关系
- 掌握 SQL 查询的创建方法
- 掌握数据查询的各种语句
- 掌握对数据表的数据操作

9.1 Access 与 SQL 语法

SQL 查询是使用 SQL 语句创建的结构化查询，也是一种功能极其强大的关系数据库语言。实际上，在 Access 数据库系统中，所有的查询都是以 SQL 语句为基础来实现查询功能。

9.1.1 何谓 SQL 语法

SQL 的全名是 Standard Query Language，也就是标准查询语言，它是在 20 世纪 70 年代，随着关系型数据库系统一并发展而来，因为关系型数据库系统将一个数据库"切割"为多个表，表与表之间的结合及查询动作，必须借助一种语法，以便执行取出记录的动作。

经过许多个人及计算机公司的发展，SQL 在 20 世纪 80 年代成形，并成为关系型数据库的标准查询语言。现在几乎所有市面可见的数据库，其内部都是以 SQL 语法执行查询，Access 亦不例外。

SQL 具有四个特点：

（1）两种使用方式，统一的语法结构。这两种使用方式，一是联机交互式使用方式，另一种是嵌入式使用方式。

（2）高度非过程化。SQL 使用的是集合的操作方式，操作对象和结果都是行的集合，用户只需知道"做什么"，无须知道"怎么做"。

（3）一体化的特点。SQL 集数据查询、数据定义、数据操纵、数据控制为一体，功能强大。

（4）结构简洁，易学易用。SQL 结构简单，非常易于用户学习，并能够使用户灵活掌握和运行。

但就像有标准的 UNIX，各计算机公司又发展自己的 UNIX 系统一样，SQL 仅提供标准语法，各个数据库又在其上予以扩充发展，加上自己的新功能。还好 SQL 语法的底层均相同，同时是重要的数据库理论，尤其在关系型数据库环境中，一个数据库可能有相当多的数据表，如何以正确而有效率的 SQL 语法取出记录，是数据库管理及设计人员的重要课题。

就结构而言，SQL 语法又分为表 9-1 所示的 3 类。

表 9-1　SQL 语法的分类

语 言 种 类	说　　明
数据定义语言（DDL）	管理数据库对象（数据表及字段）的语句，主要用于定义表、定义视图、定义索引、删除表、删除视图、删除索引、修改表结构等对数据库对象的操作。例如，CREATE TABLE、ALTER TABLE 和 DROP TABLE 等
数据操作语言（DML）	针对记录的选取、追加、删除、更新等语句。它使用 SELECT、INSERT、UPDATE、DELETE 语句
数据控制语言（DCL）	用于控制对数据库对象操作的权限，它使用 GRANT 和 REVOKE 语句对用户或用户组授予或回收数据库对象的权限

SQL 特别适用于 Client/Server 体系结构，Client 用 SQL 语句发出请求，Server 处理 Client 发出的请求。客户与服务器之间的任务划分明确，SQL 本身不是独立的程序设计语言，不能进行屏幕界面设计、控制打印格式，因此，通常将 SQL 嵌入到程序设计中使用。

9.1.2　显示 SQL 语法

Access 的系统核心也是使用 SQL 语法，执行取出记录的动作，且目前为止，Access 算是自动产生 SQL 语法的较佳工具，用户可在查询设计窗口中选择【设计】选项卡【结果】组中的【视图】菜单中的【SQL 视图】命令，如图 9-1 所示。

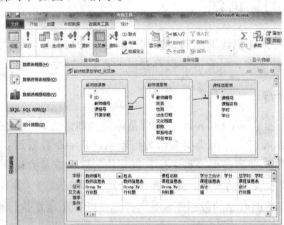

图 9-1　切换至 SQL 视图

如图 9-1 所示，【设计视图】就是设计窗口，【数据表视图】是以目前的设计取出记录（不是执行查询），【SQL 视图】就是切换至 SQL 语法，结果如图 9-2 所示。

```
教师授课总学时_交叉表
TRANSFORM Sum (课程信息表.学分) AS 学分之合计
SELECT 教师信息表.教师编号, 教师信息表.姓名, Sum (课程信息表.学时) AS 总学时
FROM 课程信息表
INNER JOIN (教师信息表 INNER JOIN 教师授课表 ON 教师信息表.教师编号 = 教师授课表.教师编号)
ON 课程信息表.课程号 = 教师授课表.课程号
GROUP BY 教师信息表.教师编号, 教师信息表.姓名
PIVOT 课程信息表.课程名称;
```

图 9-2　查询的 SQL 语法

　　图 9-2 就是查询的 SQL 语法，也是 Access 执行此查询时，在系统核心的执行内容，每一个查询皆可转换至 SQL 语法窗口，若用对 SQL 语法熟悉，也可直接在视图中直接编写语法。

　　换言之，Access 的查询设计窗口是图形化界面的设计工具，其后有一个 SQL 语法转换引擎，将设计窗口的内容转换为 SQL 语法，再交由 Access 系统核心执行。

9.1.3　创建 SQL 特定查询

　　在 Access 中，某些 SQL 查询不能在查询对象的设计网格中创建，这些查询称为 SQL 特定查询，包括联合查询、传递查询、数据定义查询和子查询。对于联合查询、传递查询和数据定义查询，必须直接在 SQL 视图中创建 SQL 语句。对于子查询，则要在查询设计网格的【字段】行或【条件】行中输入 SQL 语句。.

　　1．联合查询

　　联合查询将两个或多个表或查询中的字段合并到查询结果的一个字段中。使用联合查询可以合并两个表中的数据。

　　2．传递查询

　　传递查询使用服务器能接受的命令并且直接将命令发送到 ODBC 数据库，如 Microsoft SQL Server。例如，可以使用传递查询来检索记录或更改数据。使用传递查询可以不必连接服务器上的表而直接使用它们。传递查询对于在 ODBC 服务器上运行存储过程也很有用。

　　3．数据定义查询

　　数据定义查询可以创建、删除或改变表，也可以在数据库表中创建索引。例如，下面的数据定义查询使用 CREATE TABLE 语句创建名为 "员工" 的表：

```
create table  tbl_employee
(
   Employee_Id varchar(4) not null,
   Employee_Name varchar(8) not null,
   Employee_Sex  char(2) not null,
   Birth_Date datetime not null,
   Hire_Date datetime not null,
   Employee_Address varchar(50),
   Employee_Tel varchar(8),
   Employee_Wag money,
   Department_Id int  not null,
   Employee_Resume text not  null
)
```

　　4．子查询

　　子查询由另一个查询或操作查询之内的 SQL SELECT 语句组成。用户可以在查询设计网格的【字段】行输入这些语句来定义新字段，或在【条件】行来定义字段的条件。

9.2　查询指令

　　查询指令是 SQL 语法中最多及复杂的部分，目的就是取出记录，所有查询动作皆可在一行查询指令中完成。由于 SQL 语法相当多，本书无法完整叙述，以下将仅说明可在 Access 查询设计窗口中完成的部分。

9.2.1 SELECT 基本结构

查询指令皆是以 SELECT 为首的语法，其后的变化相当多。SELECT 语句可以从数据库中按用户的要求查询行，而且允许从一个表或多个表中选择满足给定条件的一个或多个行或列，并将数据以用户规定的格式进行整理后返回给客户。

SELECT 语句的主要子句格式如下：

```
SELECT [ALL|DISTINCT]
FROM
[WHERE …]
[GROUP BY …]
[HAVING …]
[ORDER BY …]
```

其中 SELECT 子句和 FROM 是必选的，其他子句都是可选的。

下面具体说明语句中各参数的含义。

● SELECT 子句：用于指定由查询返回的列，各列在 SELECT 子句中的顺序决定了它们在结果表中的顺序。

● FROM 子句：用来指定从中查询行的源表。

● WHERE 子句：用来指定限定返回的行的搜索条件。

● GROUP BY 子句：用来指定查询结果的分组条件。

● HAVING 子句：用来指定组或聚合的搜索条件。

● ORDER BY 子句：用来指定结果集的排序方式。

1．取出表及部分字段

查询的第一个要素是 "告诉" Access，将由哪一个数据表取出哪些字段，语法如：

```
SELECT 学号,姓名,年级,专业
FROM 学生信息表
```
或
```
SELECT 学生信息表.学号, 学生信息表.姓名,学生信息表.年级, 学生信息表.专业
FROM 学生信息表
```

以上列出两种语法，二者功能相同，都是由【学生信息表】取出学生的学号、姓名、年级及专业 4 个字段，两个语法的差别为是否在字段名之前加上字段所在的数据表名称，以后者较为 "正规"。因为若使用多个数据表为来源，且有同名字段时，就必须明确指定字段所在的数据表名称。这两种语法对应的设计窗口如图 9-3 所示。

所有选取查询皆是以 SELECT 为首，SELECT 是选取、取出之意，此类语法的基本结构如：

```
SELECT 一或多个字段 FROM 数据表 …
```
SELECT 之后是字段名称，FROM 之后则是数据表，再其后还有其他变化，总之最基本的查询指令就是 SELECT 及 FROM 的结合。

2．取出数据表及全部字段

若要取出一个数据表的全部字段，可使用*符号，如：

```
SELECT * FROM 学生信息表
```
或

SELECT 学生信息表.* FROM 学生信息表

　　*符号在此不是条件，而是代表所有字段，执行后会所将有字段显示于结果中，对应的设计窗口如图 9-4 所示。

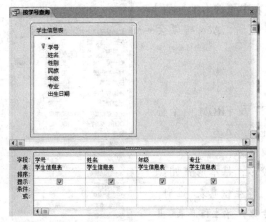

图 9-3　取出部分字段

图 9-4　取出所有字段

　　用户可在设计窗口中拖曳*符号至设置区，就可在执行后显示所有字段。

3．别名

　　别名是指字段名称在执行后，可更改为另一名称，语法如：

SELECT 学生信息表.学号，学生信息表.姓名，学生信息表.年级 AS 入校年份，学生信息表.专业 AS 所属院系，学生信息表.出生日期

FROM 学生信息表；

　　以上语法表示在执行查询后，【专业】字段显示为【所属院系】，【年级】字段显示为【入校年份】，其设计窗口如图 9-5 所示。

　　如图 9-5 所示，在【字段】行中使用冒号，即代表为该字段定义别名，冒号左侧为别名，右方为字段名称或表达式。

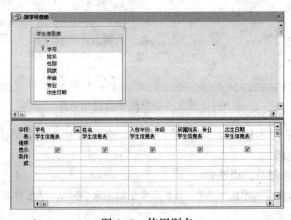

图 9-5　使用别名

4．唯一值

　　唯一值之意是以取出的字段为准，若其值重复，则只在执行结果显示一笔，语法如下：

SELECT DISTINCT 学生信息表.专业

FROM 学生信息表；

以 SELECT DISTINCT 为首即表示显示唯一值,以上语法表示在学生信息表中取出学生专业字段,目的是查看所有在校学生的专业,但每一专业只需显示一次即可(因为一个专业里会有很多学生)。在设计窗口中,需使用【设计】选项卡【显示/隐藏】组中的【属性表】命令,在属性表中更改【唯一值】属性为【是】,如图 9-6 所示。【唯一值】为【是】之后,Access 就会自动在 SQL 语法中加入 DISTINCT。

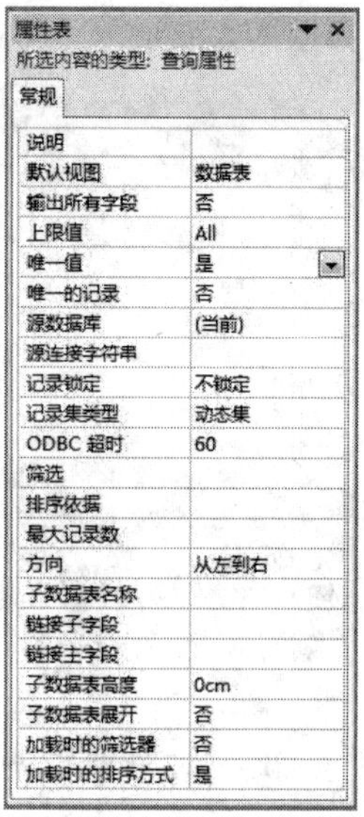

图 9-6 更改惟一值属性

9.2.2 WHERE 条件及排序

WHERE 条件可说是查询指令中,除了 SELECT 及 FROM 两个必要单元外,最重要而常用的单元,目的是加入条件。

1. 字符串的完全比较

字符串最常使用条件这一字段类型,变化亦较多,基本形式如:

SELECT 学生信息表.学号,学生信息表.姓名,学生信息表.性别,学生信息表.民族,学生信息表.年级,学生信息表.专业,学生信息表.出生日期

FROM 学生信息表

WHERE 学生信息表.学号="0800303";

以上语法之意是由学生信息表取出【学号】字段等于【0800303】的记录,其设计窗口如图 9-7 所示。

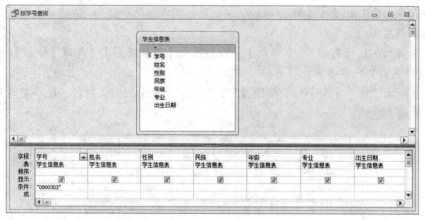

图 9-7 在文本类型的字段使用条件

如图 9-7 所示,用户可不输入"="符号,Access 会自动加入 SQL 语法中。

2. 字符串的部分比较

部分比较就是使用通配符,语法如:

SELECT 学生信息表.学号,学生信息表.姓名,学生信息表.年级,学生信息表.专业
FROM 学生信息表
WHERE 学生信息表.姓名 Like "王*" ;

以上语法表示查找所有姓王的学生记录,其设计窗口如图 9-8 所示。

图 9-8 表示以*符号作为通配符执行搜索,用户只需输入 "王*"即可,Access 会自动加上 Like。

图 9-8 使用部分比对

 说 明

此处的重点是=与 Like 的差别，=是完全比较，Like 是部分比较或模糊比较，只有在使用 Like 时，方可识别通配符。若使用=及*符号，就不会将*视为通配符。

3．关于通配符

对于可使用的通配符，内置模式匹配提供了一个功能丰富的工具用于比较字符串。表9-2列出可以与 Like 运算符一起使用的通配符以及它们匹配的数字或字符串的数目。

可以使用括在方括号（[ ]）中的一个字符或一组字符（字符列表）来匹配表达式中的任意单字符，并且字符列表可以包括 ANSI 字符集中的几乎所有字符（包括数字）。只有在用括号括起的情况下，才能使用左方括号（[）、问号（?）、数字符号（#）和星号（*）等特殊字符来直接匹配它们自身。不能使用组中的右方括号（]）来匹配其自身，但可以在组外部使用右方括号作为单个字符。

表 9-2 Access 通配符

通配符	功能说明
*	符合任何长度的字符
?	任何的单一字符
#	任意一位数字（0～9）
[字符列表]	字符列表中的任意单字符
[!字符列表]	不在字符列表中的任意单字符

除了用方括号括起的简单字符列表外，字符列表还可以通过用连字符（–）分隔范围的上限和下限来指定字符范围。例如，如果在模式中使用[A–Z]，当表达式中的相应字符位置包含范围 A～Z 中的任意大写字母时，则生成一个匹配。用户可以在方括号中包括多个范围，且无需分隔各个范围。例如，[a–zA–Z0–9] 匹配任意字母数字字符。

模式匹配的其他重要规则包括：

（1）字符列表开头的感叹号（!）表示如果表达式中发现除字符列表中字符以外的任何字符，将生成一个匹配。在方括号外面使用时，感叹号匹配其自身。

（2）用户可以在字符列表的开头（如果使用了感叹号，则在感叹号之后）或结尾使用连字符（–）来匹配连字符自身。在任何其他位置，连字符标识某一范围的 ANSI 字符。

（3）指定某一范围的字符时，字符必须以升序（A～Z 或 0～100）显示。[A–Z] 是有效模式，而[Z–A]是无效模式。

（4）字符序列[ ]将被忽略，它将被视为零长度字符串（""）。

4．数字与日期

这两种类型的数据作为条件时，可使用的运算符完全相同，语法如：

```
SELECT 学生信息表.*
FROM 学生信息表
WHERE 学生信息表.出生日期 Between [请输入起始日期] And [请输入终止日期];
```

以上语法表示查找在起止日期范围内出生的学生信息，设计窗口如图9-9所示，圈起处即为使用条件的字段。请记得在日期前后加上 "#" 符号。而可使用的运算符包括>=、<=、=、>、<、<>、Between…And 等，请见本书第8章。

5. 空白及非空白

空白就是 Null，空白及非空白的条件是 Is Null 或 Is Not Null，此二者可应用于任意类型的字段，语法如：

```
SELECT 教师信息表.*
FROM 教师信息表
WHERE 教师信息表.职称 Is Null;
```

以上语法表示寻找【职称】字段为空白的记录，设计窗口如图9-10所示。

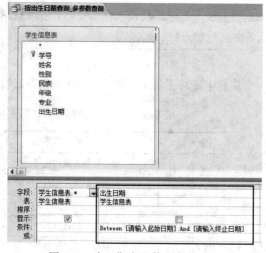

图9-9 在日期字段使用条件

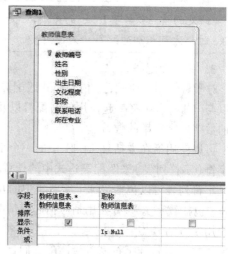

图9-10 使用 Is Null

6. 多重条件

若使用多个条件，条件间必须有 AND 或 OR 的关系，语法如：

```
SELECT 学生信息表.学号，学生信息表.姓名，学生信息表.性别，学生信息表.民族，学生信息表.
年级，学生信息表.专业，学生信息表.出生日期
FROM 学生信息表
WHERE 学生信息表.姓名 Like "王*" AND 学生信息表.出生日期 Between #1/1/1988#
And #12/31/1988# ;
```

或

```
SELECT 学生信息表.学号，学生信息表.姓名，学生信息表.性别，学生信息表.民族，学生信息表.
年级，学生信息表.专业，学生信息表.出生日期
FROM 学生信息表
WHERE 学生信息表.姓名 Like "王*" OR 学生信息表.出生日期 Between #1/1/1988# And
#12/31/1988#;
```

以上两个语法的差别是分别为 AND 及 OR，在设计窗口中，同行条件为 AND，不同行者为OR，这两种情况的设计窗口如图8-35和图8-37所示。

7. 关于小括号

Access 查询设计窗口转换的 SQL 语法会有许多小括号，其原理就是，括号内的单元（如条件）

将先被执行，语法如：

SELECT 学生信息表.学号，学生信息表.姓名，学生信息表.性别，学生信息表.民族，学生信息表.年级，学生信息表.专业，学生信息表.出生日期

FROM 学生信息表

WHERE (((学生信息表.姓名) Like "王*") AND ((学生信息表.出生日期) Between #1/1/1988# And #12/31/1988#)) OR (((学生信息表.学号) Is Null));

以上语法共使用 3 个条件，但分为两个单位，第 1 个是【学生信息表.学号 Is Null】，此条件的前后使用小括号，故其为一个单位；第 2 个条件是【学生信息表.姓名 Like "王*" AND 学生信息表.出生日期 Between #1/1/1988# And #12/31/1988#】，其内又有两个条件，关系为 AND，且其前后使用小括号，故这两个条件为一个单位，最后以 OR 结合两个单位所含的条件，其设计窗口如图 9-11 所示。

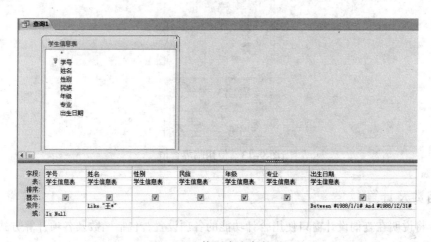

图 9-11　使用多个条件时

9.2.3　排序

有关排序的设计有两种，分别是加入排序及临界数值，请见以下说明。

1．加入排序

排序的语法是在指令最后使用 ORDER BY，再加上字段名称及排序方式，语法如：

SELECT 学生信息表.*

FROM 学生信息表

ORDER BY 学生信息表.专业，学生信息表.出生日期 DESC;

以上语法表示使用两个字段执行排序，先以专业做升序排序，再以出生日期做降序排序。若为升序，只需指定字段名称即可；若为降序，必须加上 DESC，设计窗口如图 9-12 所示。

若使用多个字段进行排序，优先级是由左而右，以图 9-12 为例，就是先以专业执行升序排序，若有相同的专业，再以出生日期执行降序排序。

2．临界数值

如果 SELECT 语句返回的结果集合中的行数太多，可以使用 TOP 关键字，可以从结果集中仅返回前 *n* 行。语法如：

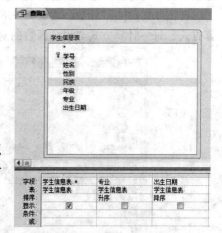

图 9-12　在两个字段使用排序

```
SELECT TOP 25  学生信息表.*
FROM 学生信息表;
```
　或
```
SELECT TOP 25 PERCENT 学生信息表.*
FROM 学生信息表;
```

以上两个语法的差别是有无 PERCENT，若有即表示以百分比为单位，传回前 25% 的记录，设计窗口如图 9-13 所示。

图 9-13　使用临界数值

9.2.4　函数及计算

本小节将说明在查询设计窗口使用合计功能的各项设置，包括函数及各项计算方式。

1.　使用聚合函数

聚合函数是 SQL 语法中，针对字段内数据在集合中的计算方式，此处的集合就是查询结果，语法如：
```
SELECT  Count(学生信息表.学号) AS 学号之计数
FROM 学生信息表;
```

以上的语法表示由学生信息表中，统计在校生的人数，COUNT 是函数，其后的学号是字段，也就是由此列计数，这是所有聚合函数的共同设计方式，其设计窗口如图 9-14 所示。

在图 9-14 中，"计数"就是 COUNT 函数，SQL 聚合函数就是使用 "总计" 功能时的各种计算方式，每一计算方式与聚合函数的对照如表 9-3 所示。

图 9-14　使用计数方式

表 9-3　计算方式与聚合函数

计算方式	聚合函数
总计	SUM
平均	AVG
最小值	MIN
最大值	MAX
笔数	COUNT
标准差	StDev
变异数	VAR
第一笔	FIRST
最后一笔	LAST

表 9-3 共列出 9 个 SQL 聚合函数，这 9 个函数是 SQL 的标准功能，也就是只要支持 SQL 数据库，皆可使用。

 说 明

> 函数是系统提供的资源，故严格来说，Access 的函数可分为两类，一是以上说明的 SQL 聚合函数，二是 Access 本身提供的函数，如 Date、Now 等，二者的差别是 SQL 聚合函数可支持所有 SQL 的数据库，但其他数据库就不一定有 Date 或 Now 函数，视各数据库的原始设计而定。

2．合计的组、表达式及条件

除了 9 个 SQL 聚合函数外，合计中的组、表达式及条件都有特殊表示法。使用 SELECT 语句进行数据查询时，可以使用 GROUP BY 子句对某一列数据的值进行分类，形成结果集，然后在结果集的基础上进行分组。GROUP BY 子句后可以带上 HAVING 子句表达式选择条件，组选择条件为带有函数的条件表达式，它决定着整个组记录的取舍条件。例如：

SELECT 学生信息表.专业, Count(学生信息表.学号) AS
少数民族人数
FROM 学生信息表
WHERE (((学生信息表.民族) Not In ("汉族")))
GROUP BY 学生信息表.专业;

以上表示由学生信息表取出两个字段，包括【专业】和【学号】，其中【专业】为组（GROUP BY），另使用【民族】为条件（WHERE），其设计窗口如图 9-15 所示。

图 9-15 使用表达式及条件的查询

9.2.5 多数据表查询指令

在实际查询应用中，用户所需要的数据并不全部都在一个表或视图中，而可能在多个表中，这时就要使用多表查询。多表查询用多个表中的数据来组合，再从中获取所需要的数据信息。多表查询实际上是通过各个表之间的共同列的相关性来查询数据的，是数据库查询最主要的特征。在 SQL 语法中需使用 JOIN，同时又有不同 JOIN 方式。

1．INNER JOIN

这是最基本的 JOIN 方式，它使用比较运算符进行多个基表间的数据的比较操作，并列出这些基表中与连接条件想匹配的所有的数据行。若未特别设置，所有 JOIN 都是 INNER JOIN，其意是同一数据必须同时存在于两端的连接字段，方会显示在查询结果，语法如：

SELECT 学生信息表.学号, 学生信息表.姓名, 课程信息表.课程名称, 学生选课表.总分
FROM 学生信息表 INNER JOIN (课程信息表 INNER JOIN 学生选课表 ON 课程信息表.课程号 =
学生选课表.课程号) ON 学生信息表.学号 = 学生选课表.学号
ORDER BY 学生信息表.学号;

以上语法表示使用学生信息表、课程信息表及学生选课表 3 个数据表，故会有两个 INNER JOIN，即 FROM 以后的语法，每一个 JOIN 的语法结构是：

数据表 1 INNER JOIN 数据表 2 ON 数据表 1.字段=数据表 2.字段

也就是 JOIN 前后为两个数据表名称，其后再使用 ON，定义两个数据表的连接字段，而使用多个 JOIN 时，必定会先有一个 JOIN 在括号内，表示此二者先 JOIN 后，再以其结果与最后一个数据表建立连接。以本例而言，括号内是课程信息表及学生选课表，此二者先连接之后，再与学

生信息表连接，设计窗口如图 9-16 所示。

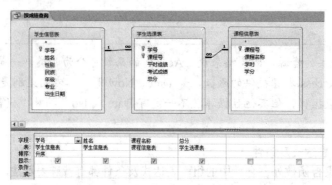

图 9-16　使用多个数据表的查询

在设计窗口中，无法显示哪两个数据表先连接，即看不出括号内的两个数据表为何，Access 会自动判断。

2．LEFT & RIGHT JOIN

当至少有一个同属于两个表的行符合连接条件时，内连接才返回行。内连接消除与另一个表中的任何不匹配的行，而外连接会返回 FROM 子句中提到的至少一个表或视图的所有行，只要这些行符合任何搜索条件。因为在外连接中参与连接的表有主从之分，以主表的每行数据去匹配从表的数据行，如果符合连接条件，则直接返回到查询结果中；如果主表中的行在从表中没有找到匹配的行，在内连接中将丢弃不匹配的行，而在外连接中主表的行仍保留，并且返回到查询结果中。

SQL 支持 3 种类型的外连接：

（1）左外连接：返回所有匹配行并从关键字 JOIN 的左表中返回所有不匹配的行。

（2）右外连接：返回所有匹配行并从关键字 JOIN 的右表中返回所有不匹配的行。

（3）完全连接：返回两个表中所有匹配的行和不匹配的行。

语法如下：

```
SELECT 课程信息表.课程号, 课程信息表.课程名称
FROM 课程信息表 LEFT JOIN 教师授课表 ON 课程信息表.[课程号] = 教师授课表.[课程号]
WHERE (((教师授课表.课程号) Is Null));
```

以上语法的目的是查看所有未开过的课程的信息，以 LEFT JOIN 语法，连接课程信息表及教师授课表，其设计窗口如图 9-17 所示。

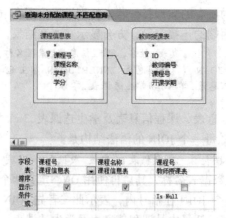

图 9-17　使用 LEFT JOIN 的查询

箭头指向教师授课表，故教师授课表是较小的集合，课程信息表是较大的集合，以课程为准，在查询结果中显示所有课程记录，但因课程号字段的条件为 Is Null，故结果是查看所有未开设过的课程信息。

> **说明**
>
> LEFT 及 RIGHT JOIN 的连接方向，不是以图 9-17 的数据表所在位置为准，假设图 9-17 的两个数据表位置对调，连接方式仍是 LEFT JOIN，因为连接方向是以连接属性设置的为准，如图 9-18 所示。

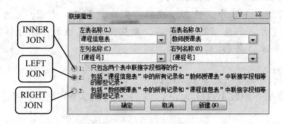

图 9-18　关系及连接方向

9.3　动作查询指令

本节将说明 4 种动作查询指令，这些指令的特点是针对数据表的结构及记录进行处理。

1. 生成表

生成表查询的目的是建立新数据表，查询产生的字段，就是新数据表的字段。使用 SELECT INTO 语句可以把任何查询结果集放置到一个新表中，还可以把导入的数据填充到数据库的新表中。语法为：

SELECT 教师信息表.教师编号，教师信息表.姓名，课程信息表.课程名称，教师信息表.职称，教师授课表.开课学期 INTO 非助教教师授课信息表

FROM 课程信息表 INNER JOIN (教师信息表 INNER JOIN 教师授课表 ON 教师信息表.教师编号 = 教师授课表.教师编号) ON 课程信息表.课程号 = 教师授课表.课程号

WHERE (((教师信息表.职称)<>"In（助教)"));

以上表示由课程信息表、教师信息表及教师授课表三个数据表取出 5 个字段，再新增至【非助教教师授课信息表】数据表，关键语法是 "INTO 非助教教师授课信息表"，表示【非助教教师授课信息表】是由此查询新建的数据表，其设计窗口如图 9-19 所示。

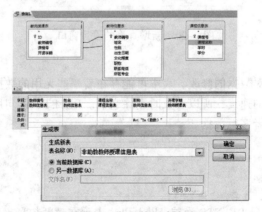

图 9-19　产生数据表查询

如图 9-19 所示，在【设计】选项卡上单击【查询类型】组中的【生成表】命令，弹出【生成表】对话框，产生数据表查询的新数据表名称，必须输入在【生成表】的对话框中，若输入现有数据表名称，则会先删除现有数据表，再追加。

2. 追加查询

通过 SELECT 语句生成的结果集，再结合 INSERT 语句，可以把结果集插入到指定的表中，这种方法用于插入的数据不确定，并且都具有一些特性。追加查询的功能是追加记录至现有数据表，除需指定数据表外，尚需为各字段指定对应的字段。如果要插入的多条数据具有相同的特性，可以使用带 WHERE 子句指定条件，语法如：

```
INSERT INTO 学生信息表 (学号, 姓名, 性别, 民族, 年级, 专业, 出生日期 )
SELECT 新生信息表.学号, 新生信息表.姓名, 新生信息表.性别, 新生信息表.民族, 新生信息表.
年级, 新生信息表.专业, 新生信息表.出生日期
FROM 新生信息表
WHERE (((新生信息表.学号) Is Not Null));
```

新增查询的语法是以 INSERT INTO 为首，其后分为两大部分，分别是目的及原始数据、字段等，其结构为：

```
INSERT INTO 目的数据表(字段1,字段2...) SELECT 字段1,字段2... FROM 原始数据表
WHERE 原始数据表搜索条件
```

如以上结构所示，INSERT INTO 之后是目的数据表及字段，SELECT 之后是原始数据表及字段，表示以 SELECT 取出记录，再置入 INSERT INTO 之后的数据表及字段，重要的是字段顺序，即 INSERT 及 SELECT 之后的字段必须成对，方可追加，在本例中，表示原始数据表中已分配学号的数据，将新增至目的数据表的同名字段，本例的设计窗口如图 9-20 所示。

追加查询的限制是目的数据表必须是现有数据表，不可以是不存在的数据表。

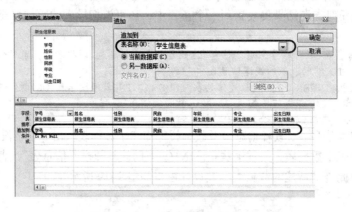

图 9-20 新增查询的设计窗口

3. 删除查询

随着数据库的使用和对数据的修改，表中可能存在着一些无用的数据，这些数据不仅占用空间，还会影响修改和查询的速度，所以要及时删除它们。DELETE 语句用来从表中删除数据，可以一次从表中删除一行或者多行数据。

删除查询的语法为：

```
DELETE 教师信息表.*
FROM 教师信息表
WHERE (((教师信息表.姓名)="杨呈"));
```

删除查询的 SQL 语法以 DELETE 为首，以上语法表示在教师信息表中，删除离职教师杨呈的

记录，其设计窗口如图 8-72 所示。

 说　明

　　只有在使用 Access 删除查询时，才会使用*符号，标准 SQL 语法的删除查询应如 "DELETE FROM 教师信息表 WHERE 教师信息表.姓名="杨呈""，也就是没有*符号。

4．更新查询

　　UPDATE 语句用来修改表中已经存在的数据，UPDATE 语句即可以一次修改一行数据，也可以一次修改多行数据，甚至可以一次修改表中的全部数据行。UPDATE 语句使用 WHERE 子句指定要修改的行，使用 SET 子句给出新的数据。

　　在使用 UPDATE 语句时，如果没有使用 WHERE 子句，那么就对表中所有的行进行修改。如果使用 UPDATE 语句修改数据时与数据完整性约束有冲突，修改就不会被执行。

　　更新查询语法为：

UPDATE 学生信息表 SET 学生信息表.专业 = "计算机科学与技术"
WHERE (((学生信息表.专业)="计算机"));

　　更新查询的 SQL 语法以 UPDATE 为首，其后是被更新的数据表及字段，结构为：

UPDATE 数据表 SET 字段 1=表达式,字段 2=表达式… WHERE…

　　数据表就是将更新的数据表，SET 之后是被更新的一或多个字段及表达式，字段间以半角逗号相隔（,），WHETE 以后的条件可有可无。

　　本例语法表示在学生信息表中，更新计算机专业名称为计算机科学与技术。设计窗口如图 8-64 所示。

 说　明

　　本节说明 4 种动作查询的 SQL 指令，其实每一种语法尚有多种变化，同时 SQL 语法亦不止本章所述的内容，因为不是所有数据库均支持所有 SQL 语法，本章所述仅止于 Access 支持的 SQL 语法，即查询设计窗口可完成的部分。

习　题

一、选择题

1．若要取得【学生】数据表的所有记录及字段，其 SQL 语法应是（　　　）。

　　（A）SELECT 姓名 FROM 学生

　　（B）SELECT * FROM 学生

　　（C）SELECT * FROM 学生　WHERE 学号 = 12

　　（D）以上皆非

2．下列有关条件的叙述，（　　　）有误。

　　（A）多个条件间需有 AND 或 OR 的关系

　　（B）条件是查询的必要成分

　　（C）括号内的条件会先行比较

3．下列有关 SQL 聚合函数的叙述，（　　　）有误。

　　（A）此类函数是 Access 所提供

　　（B）此类函数的目的是针对字段内数据进行各种计算

（C）在设计窗口中，此类函数就是合计功能的计算方式

4. 假设数据库中有学生及考试等数据表，二者以学号为一对多关联，学生为一及考试为多，现要查看缺考学生名单，应在查询中使用（　　　）。

（A）RIGHT JOIN　　　　（B）INNER JOIN　　　　（C）LEFT JOIN

5. 下列（　　　）不是 SQL 聚合函数。

（A）DATE　　　　　　（B）SUM　　　　　　　（C）STDEV

二、填空题

A. SELECT	B. ORDER BY	C. GROUP BY	D. DISTINCT
E. TOP	F. WHERE	G. AS	H. INTO
I. FROM	J. UPDATE	K. DELETE	L. INSERT INTO

将以上代码填入以下各题：

1. 一个 SQL 语法查询指令的基本成分是＿＿＿＿＿＿及＿＿＿＿＿＿，若要使用条件，需加上＿＿＿＿＿＿。

2. 若要取得唯一值的记录，需加上＿＿＿＿＿＿。

3. 若要取得本次月考前 3 名名单，需在总分字段使用＿＿＿＿＿＿功能，再于 SELECT 之后加上＿＿＿＿＿＿3。

4. 在查询中使用合计功能时，组在 SQL 中的表示法是＿＿＿＿＿＿。

第 3 篇　操作界面的设计

第⑩章

创建窗体

　　窗体是 Access 数据库的七大对象之一，它是 Access 数据库中为用户提供操作界面的对象。本章将介绍使用更多的控件创建窗体以及根据需要自定义窗体布局的方法，使窗体对象具有操作灵活、界面美观等特点。

　　学习目标：

- 了解窗体的类型及作用
- 了解控件的种类与功能
- 能够使用向导创建窗体

10.1　介绍窗体

　　窗体是一个数据库对象，可用于为数据库应用程序创建用户界面。它通过计算机屏幕窗口将数据库中的表或查询中对的数据显示给用户，并将用户输入的数据传递到数据库中。

　　窗体是组成 Access 数据库应用系统的界面，大多数用户都是通过窗体界面使用、管理数据库的。当在窗体中更改数据时，与之相对应的数据表中的数据也发生了变化。我们也可尝试着对窗体中的数据进行输入、删除等操作，其结果是，对窗体中的数据进行输入、查看、更新、删除等操作，与之相关联的数据表中的数据也会发生相应的变化。

　　用户一般都不是数据库的创建者，所以方便、友好的窗体界面会给用户带来很大的便利，能根据窗口中的提示方便地使用数据库完成自己的工作，而无需专门培训。

　　窗体可以分为绑定窗体和未绑定窗体，其中"绑定"窗体是直接连接到数据源（如表或查询）的窗体，并可用于输入、编辑或显示来自该数据源的数据。另外，用户也可以创建"未绑定"窗体，该窗体没有直接链接到数据源，但仍然包含操作应用程序所需的命令按钮、标签或其他控件。

10.1.1 窗体的功能

虽然可以使用表视图和查询视图来输入数据，但窗体的长处是以一种有组织有吸引人的方式来表示数据，我们可以在窗体上安排字段的位置，以便在编辑单个记录或者进行数据输入时能够按照从左到右、从上到下的顺序进行。以下是关于窗体的几种功能。

（1）显示与编辑数据：通过窗体可以非常直观地显示来自多个数据表中的数据，并且可以对这些数据进行修改、添加和删除操作。

（2）显示提示信息：可以设计一种窗体，用来显示错误、警告等信息，以便及时告诉用户即将发生的事情。

（3）控制应用程序流程：窗体作为程序的导航面板，可提供程序导航功能。用户只需要单击窗体上的按钮，就可以跳转到不同的程序模块，调用不同的程序，如图 10-1 所示。

图 10-1 窗体作为导航面板

（4）打印数据：通过窗体可以创建数据透视表，增强数据的可分析性。并且可以非常灵活地打印数据。

10.1.2 窗体的工作类型

为了能够从各种不同的角度与层面来查看窗体的数据源，Access 提供了多种视图来查看窗体，不同视图的窗体以不同的布局形式来显示数据源。

1. 纵栏式

纵栏式是最常见的窗体工作类型，又称单个窗体，特点是一次只显示一笔记录，各个字段垂直排列，字段较多时分成几列，使用自动产生窗体功能后，新窗体默认也是使用此类型，如图 10-2 所示。

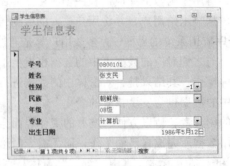

图 10-2 纵栏式窗体

图 10-2 是由学生信息表创建"学生信息表_纵栏式"窗体。每一个白色背景的区域都是一个字段，其左方就是字段名称。

2. 表格式

表格式又称连续窗体，此窗体类似于数据表窗体，也具有行和列。此种类型可一次显示多笔记录，每条记录的所有字段显示在一行上。显示的记录笔数，视屏幕分辨率及窗体大小而定，如图 10-3 所示。

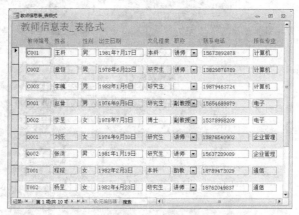

图 10-3　表格式窗体

图 10-3 是教师信息表创建的"教师信息表_表格式"窗体。在此类窗体中，为节省显示空间，通常会将控件予以横向排列，但也因如此，窗体宽度会是连续窗体的另一考虑重点。因若过宽，用户在操作时，势必需左右移动，会造成操作不便。

3. 数据表

此种类型之窗体在执行后，就如同打开数据表，无法显示窗体页眉及窗体页脚，此类型只使用在窗体将作为子窗体时。和 Excel 电子表格类似，它以简单的行列格式一次显示数据表中的许多条记录，每条记录显示为一行，每个字段显示为一列，字段名显示在每一列的顶端，如图 10-4 所示。

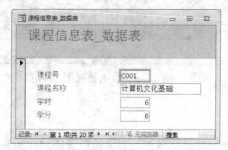

图 10-4　数据表窗体

4. 数据透视表

数据透视表主要用于汇总并分析数据表中的数据，窗体按行和列显示数据，并可按行和列总计数据。读者可打开"各系教师文化程度_数据透视表"窗体，如图 10-5 所示。

图 10-5 是由教师信息表创建的"各系教师文化程度_数据透视表"窗体，其外观就是数据透视表，既然是分析，就必须有数字，此窗体的数据来源是"教师信息表"的查询。在此窗体中，左方的行字段是【所在专业】，上方的列字段是【文化程度】，中间的数字则是【教师编号】和【姓名】。

5. 数据透视图

顾名思义，数据透视图是显示为图表的分析功能，它是以交互式的图形方式显示数据的统计信息，如图 10-6 所示。

图 10-6 即为数据透视图，其实就是图表，可显示多种不同变化旳图表，图 10-6 所示为显示所有不同专业的教师文化程度，此窗体的数据来源是【教师信息表】的查询。

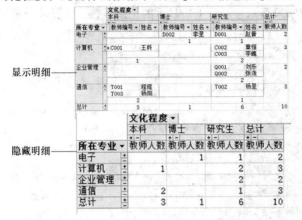

图 10-5 显示为数据透视表的窗体

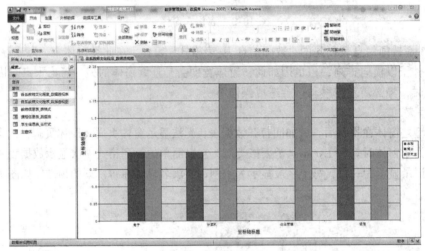

图 10-6 数据透视图

10.1.3 窗体的组成

窗体由多个部分组成，每一个部分称为一个节。在窗体设计窗口中，至多可使用 5 个节，如图 10-7 所示。

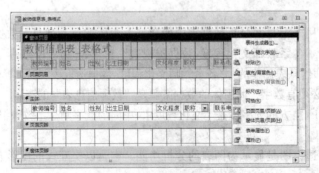

图 10-7 窗体的 5 个节

除了窗体外，报表也可使用至少 5 个节。用户可在空白区域右击，在弹出的快捷菜单中选择【页面页眉/页脚】及【窗体页眉/页脚】命令打开其他 4 个节。

图 10-7 所示的窗体已打开 5 个节，各节特性如下：

（1）窗体页眉：其位置在设计窗口的最上方，通常用来显示窗体名称、提示信息或放置按钮下拉列表等控件。在视图窗口中，它会在切换不同记录时显示相同内容，打印时则会印在第一页。

（2）页面页眉：在设计窗口的位置是在窗体首的下方、详细数据的上方，但只有在设计窗口及打印后才会出现，不会显示在窗体视图窗口。

（3）主体：即记录显示区，所有有关记录显示的设置皆置于此，通常为使用结合至字段的多个控件。

（4）页面页脚：只有在设计窗口及打印后才会出现，通常用来显示日期及页码。

（5）窗体页脚：位置在窗体设计窗口的最下方，与窗体页眉功能类似，亦可放置汇总主体内各控件的数值数据。

每一节皆可放置控件，但在窗体中，较少使用页首及页尾，此二者常使用在报表。

10.2　创建窗体

Access 2010 提供了许多创建窗体的方法，比低版本更加强大而简便。在【创建】选项卡中的【窗体】组中可以看到创建的多种方法，如图 10-8 所示。

图 10-8　创建窗体的种类

10.2.1　利用【窗体】工具创建窗体

利用窗体工具，只需单击一次鼠标便可以创建窗体。使用此工具时，来自基础数据源的所有字段都放置在窗体上。用户可以立即开始使用新窗体，也可以在布局视图或设计视图中修改该新窗体以更好地满足用户的需要。

【例10.1】

使用【窗体】工具，对各专业男女生人数建立窗体。

（1）在导航窗格中，单击包含用户希望在窗体上显示的数据的表或查询。在这里选择【查询】组中的【各专业男女生人数_交叉表】。

（2）在【创建】选项卡上的【窗体】组中选择【窗体】命令，生成图10-9所示的窗体。

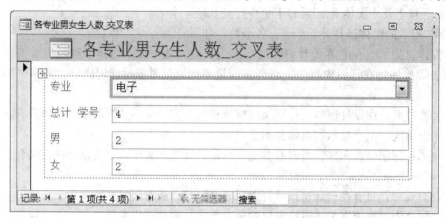

图10-9　使用【窗体】工具新建窗体

（3）单击【保存】按钮，打开【另存为】对话框，将窗体以【各专业男女生人数_交叉表_窗体】进行保存，如图10-10所示。

（4）此时在导航窗格窗体组中，便会显示刚才所建立的窗体名称。

Access 将创建窗体，并以布局视图显示该窗体。在布局视图中，可以在窗体显示数据的同时对窗体进行设计方面的更改。例如，可以根据需要调整文本框的大小以适合数据。

图10-10　另存为对话框

 说 明

　　如果 Access 发现某个表与您用于创建窗体的表或查询具有一对多关系，Access 将向基于相关表或相关查询的窗体中添加一个数据表。例如，如果创建一个基于【雇员】表的简单窗体，并且【雇员】表与【订单】表之间定义了一对多关系，则数据表将显示【订单】表中与当前的【雇员】记录有关的所有记录。如果您确定不需要该数据表，可以将其从窗体中删除。如果有多个表与您用于创建窗体的表具有一对多关系，Access 将不会向该窗体中添加任何数据表。

10.2.2　利用【多个项目】工具创建窗体

使用【窗体】工具创建窗体时，Access 创建的窗体一次显示一个记录。如果需要一个可显示多个记录、但可自定义性比数据表强的窗体，可以使用【多项目】工具。

【例10.2】

使用【多个项目】工具，对教师授课总学时建立窗体。

（1）在导航窗格中，单击包含用户希望在窗体上显示的数据的表或查询。在这里选择【查询】组中的【教师授课总学时_交叉表】。

（2）在【创建】选项卡上的【窗体】组中选择【其他窗体】命令，然后在级联菜单中选择【多项目】命令，生成图10-11所示的窗体。

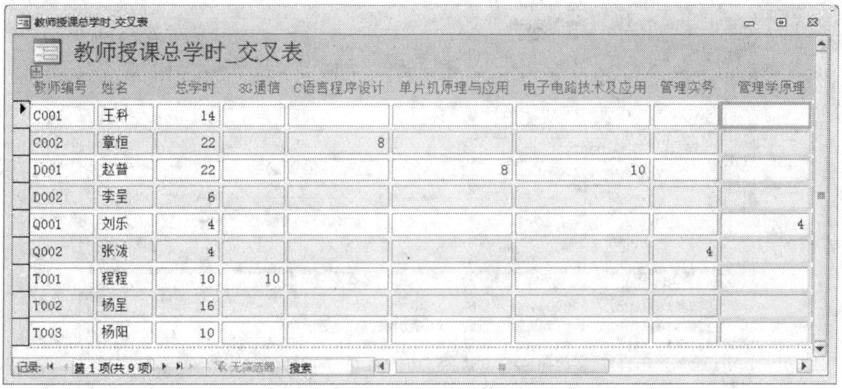

教师编号	姓名	总学时	3G通信	C语言程序设计	单片机原理与应用	电子电路技术及应用	管理实务	管理学原理
C001	王科	14						
C002	章恒	22		8				
D001	赵普	22			8	10		
D002	李呈	6						
Q001	刘乐	4						4
Q002	张泼	4					4	
T001	程程	10	10					
T002	杨呈	16						
T003	杨阳	10						

图 10-11　使用【多项目】工具新建窗体

（3）单击【保存】按钮，打开【另存为】对话框，将窗体以【教师授课总学时_交叉表_多项目】进行保存。

Access 将创建窗体，并以布局视图显示该窗体。在布局视图中，可以在窗体显示数据的同时对窗体进行设计方面的更改。例如，可以根据数据调整文本框的大小。

使用“多项目”工具时，Access 创建的窗体类似于数据表。数据排列成行和列的形式，用户一次可以查看多个记录。但是，多项目窗体提供了比数据表更多的自定义选项，例如添加图形元素、按钮和其他控件的功能。

10.2.3　利用【分割窗体】工具创建窗体

分割窗体可以同时提供数据的两种视图：窗体视图和数据表视图。分割窗体不同于窗体/子窗体的组合，它的两个视图连接到同一数据源，并且总是相互保持同步。如果在窗体的一个部分中选择了一个字段，则会在窗体的另一部分中选择相同的字段。可以从任一部分添加、编辑或删除数据。

使用分割窗体可以在一个窗体中同时利用两种窗体类型的优势。例如，可以使用窗体的数据表部分快速定位记录，然后使用窗体部分查看或编辑记录。

【例10.3】

使用【分割窗体】工具，对该校同年同月出生的学生建立窗体。

（1）在导航窗格中，单击包含用户希望在窗体上显示的数据的表或查询。在这里选择【查询】组中的【查询同年同月出生的学生信息_相同记录】。

（2）在【创建】选项卡上的【窗体】组中选择【其他窗体】命令，然后在级联菜单中选择【分割窗体】命令，生成图 10-12 所示的窗体。

（3）单击【保存】按钮，打开【另存为】对话框，将窗体以【查询同年同月出生的学生信息_相同记录_分割窗体】进行保存。

Access 将创建窗体，并以布局视图显示该窗体。在布局视图中，可以在窗体显示数据的同时对窗体进行设计方面的更改。例如，可以根据需要调整文本框的大小以适合数据。

说明

用户可以向 Web 数据库中添加分割窗体，但无法运行该窗体，除非使用 Access 打开该 Web 数据库（换句话说就是，它不能在 Web 浏览器中运行）。

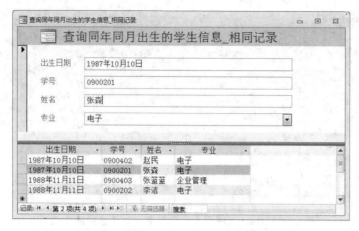

图 10-12 使用【分割窗体】工具新建窗体

以上 3 种方法创建的窗体是最简单的窗体，窗体上的字段和表上的字段是一一对应的，而实际上窗体上不是必须显示表中的每个字段，但在用这些方法创建的窗体中是不能实现的。同时窗体中所有的属性均与相对应的表相同，但窗体也可以设置它的属性，而且窗体的可用属性比表要多。

任意打开一个窗体，选择【设计】选项卡中【工具】组中的【属性表】命令，可以看到窗体上各个控件的属性。如图 10-13 所示。

10.2.4 利用【窗体向导】工具创建窗体

要更好地选择哪些字段显示在窗体上，可以使用【窗体向导】来替代上面提到的各种窗体构建工具。还可以指定数据的组合和排序方式，并且，如果用户事先指定了表与查询之间的关系，还可以使用来自多个表或查询的字段。使用向导创建窗体还可以对窗体中的字段，窗体的布局、样式等作选择。

图 10-13 窗体属性

1. 创建基于一个表或查询的窗体

【例10.4】

使用【窗体向导】工具，对教师信息表建立表格式窗体。

（1）在【创建】选项卡上的【窗体】组中选择【窗体向导】命令，打开图 10-14 所示的对话框。

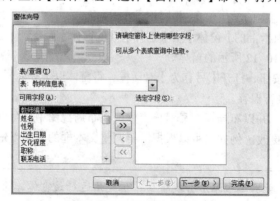

图 10-14 选择表或查询

（2）单击【表/查询】文本框的下拉按钮，会出现本数据库中所有表和查询的列表，从中选择作为窗体数据来源的表或查询的名称，在这里首先选择【表：教师信息表】选项。

这个对话框中有一个下拉列表框，两个列表框，它们的作用如下所述。

①【表/查询】下拉列表框：列出了本数据库中所有的表和查询，在这个列表框中选择窗体中字段所在的表或查询。

②【可用字段】列表框：列出了所选择的表或查询中的所有字段，从这里选择字段，单击  按钮就可以将选定字段添加到【选定字段】列表中。

③【选定字段】列表框：列出了所有要添加到窗体中的字段。如果所选择的字段不合适，可以通过其他按钮来进行修改。

（3）在【可用字段】列表框中有所选中的表或查询中所有的字段，选中窗体中要出现的字段，单击  按钮，将字段添加到【选定字段】列表框。在这里将教师信息表中所有的字段都添加到【选定字段】列表框中，如图 10-15 所示。

（4）全部完成后，单击【下一步】按钮，弹出图 10-16 所示的对话框。

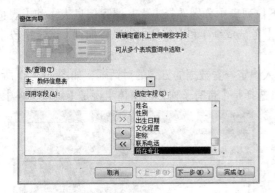

图 10-15　选定字段

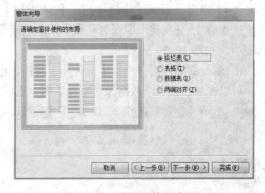

图 10-16　确定窗体的布局

（5）在图 10-16 所示的对话框中，确定窗体的布局。在左侧有这种布局的示例，在这里选中【表格】单选按钮，满意后单击【下一步】按钮，弹出图 10-17 所示的对话框。

（6）在【请为窗体指定标题】文本框中输入窗体的标题【教师信息表_表格式】，选中【打开窗体查看或输入信息】单选按钮，单击【完成】按钮，完成窗体的创建。完成后的窗体如图 10-3 所示。

2．创建基于多个表或查询的窗体

同查询对象可以基于一个表也可以基于多个表一样，窗体对象不仅可以源于单一数据集，还可以源于多重数据集。在创建之前，要确定作为主窗体的数据源与作为子窗体的数据源之间存在着一对多的关系。Access 2010 处理多重数据源的形式有多种，这里主要介绍主/子窗体。

主子窗体的作用是以主窗体的某字段（通常为主索引）为依据，在子窗体显示与此栏相关的记录，同时在主窗体切换记录时，子窗体亦会随着切换，等于是子数据工作表的窗体作业方式。故在原理上，主子窗体的基础是关联，也就是主子窗体背后的两个数据表间，需有一对多关系的设计。

【例10.5】

使用【窗体向导】工具，对学生选课成绩表建立主/子式窗体。

（1）在【创建】选项卡上的【窗体】组中选择【窗体向导】，打开如图 10-14 所示的对话框。

（2）单击【表/查询】文本框的下拉按钮，会出现本数据库中所有表和查询的列表，从中选择作为窗体数据来源的表或查询的名称，在这里首先选择【表：学生信息表】选项。

（3）在【可用字段】列表框中有所选中的表或查询中所有的字段，选中窗体中要出现的字段，单击 > 按钮，将字段添加到【选定字段】列表框。在这里将【学号】和【姓名】字段都添加到【选定字段】列表框中，如图 10-18 所示。

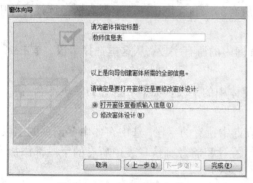

图 10-17　确定窗体名称

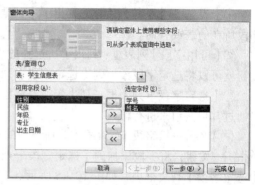

图 10-18　添加【学生信息表】中的字段

（4）重复上面两的步操作，在【表/查询】下拉列表中分别选择【表：课程信息表】和【表：学生选课表】，分别将【课程名称】、【平时成绩】、【考试成绩】和【总分】字段将加到【选定字段】列表中，如图 10-19 所示。

（5）全部完成后，单击【下一步】按钮，进入确定查看数据的方式的对话框，如图 10-20 所示。可以选择通过哪个数据源来查看数据，还可以选择是【带有子窗体的窗体】还是【链接窗体】。

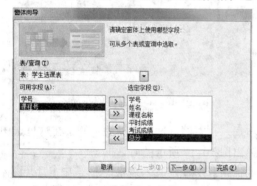

图 10-19　选择选定字段

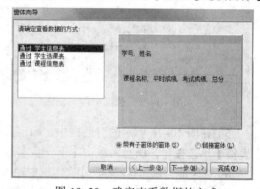

图 10-20　确定查看数据的方式

（6）单击【下一步】按钮，弹出图 10-21 所示的对话框。这里选中【表格】单选按钮。

（7）单击【下一步】按钮，弹出图 10-22 所示的对话框。在这个对话框中分别为窗体和子窗体命名。

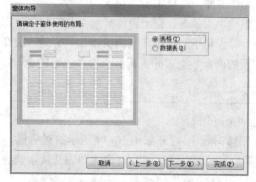

图 10-21　确定子窗体使用布局

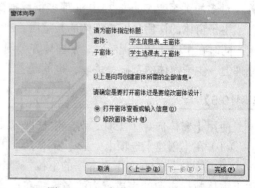

图 10-22　确定主/子窗体的名称

（8）单击【完成】按钮，就可以创建一个带有子窗体的窗体，如图 10-23 所示，同时在导航窗格中还可以看到一个子窗体。

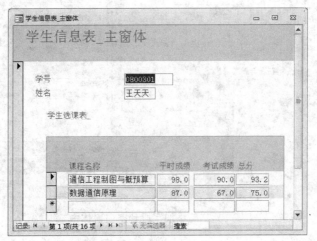

图 10-23 主/子窗体效果图

10.2.5 利用【空白窗体】工具创建窗体

如果向导或窗体构建工具不符合用户的需要，可以使用空白窗体工具构建窗体。这是一种非常快捷的窗体构建方式，尤其是当用户计划只在窗体上放置很少几个字段时。

【例10.6】

使用【空白窗体】工具，对课程信息表建立窗体。

（1）在【创建】选项卡上的【窗体】组中选择【空白窗体】命令，Access 将在布局视图中打开一个空白窗体，并显示【字段列表】窗格，如图 10-24 所示。如果【字段列表】窗格不显示，则选择【格式】选项卡中【控件】组中的【添加现有字段】命令，使其处于选中状态。

图 10-24 空白窗体

（2）在【字段列表】窗格中，单击要在窗体上显示的字段所在的一个或多个表旁边的加号（+）。若要向窗体添加一个字段，请双击该字段，或者将其拖动到窗体上，如图 10-25 所示。

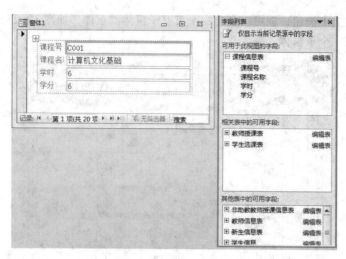

图 10-25　添加字段到空白窗体中

　　在添加第一个字段后，可以一次添加多个字段，方式是在按住【Ctrl】键的同时单击所需的多个字段，然后将它们同时拖动到窗体上。

　　（3）使用【设计】选项卡上的【页眉/页脚】组中的工具可向窗体添加徽标、标题或日期和时间。这里选择【标题】命令，命名该窗体标题为【课程信息窗体_空白窗体】。选择【日期和时间】命令，弹出图 10-26 所示的对话框。

　　（4）单击【确定】按钮，此时窗体如图 10-27 所示，同时对该窗体进行保存。

图 10-26　日期和时间对话框

图 10-27　课程信息窗体_空白窗体

　　使用【设计】选项卡上的【控件】组中的工具可向窗体添加更多类型的控件。

10.2.6　利用【数据透视表】工具创建窗体

　　顾名思义，数据透视表及数据透视图均有分析功能，将数据分析后显示为易读、易懂的表及图，通过表及图，可一目了然数据分析结果。

　　既是"分析"，用户在建立数据透视表及图前，必须先"想"好欲分析哪些数据，同时将数据准备好。

　　数据透视表是一种交互式的表，它可以按设定的方式进行计算，如求和、计算等。数据透视表可以水平显示或垂直显示字段的值，然后对每一行或者列进行合计。

1. 建立及保存数据透视表

【例10.7】

　　使用【数据透视表】工具，建立各系教师文化程度的数据透视表。

　　（1）在导航窗格中，单击包含用户希望在窗体上显示的数据的表或查询。在这里选择【表】组中的【教师信息表】。

　　（2）在【创建】选项卡上的【窗体】组中，选择【其他窗体】命令，然后在级联菜单中选择【数据透视表】命令，打开数据透视表设计界面和【数据透视表字段列表】窗格，如图 10-28 所示。如果【数据透视表字段列表】窗格未显示，则选择【设计】选项卡上【显示/隐藏】组中的【字段列表】命令，使其为选中状态。

图 10-28　空白的数据透视表视图

　　（3）进入数据透视表窗口后，在【数据透视表字段列表】窗格中选取【所在专业】字段，再打开下拉列表，选择【行区域】选项，最后单击【添加到】按钮，将【所在专业】添加到数据透视表中，如图 10-29 所示。

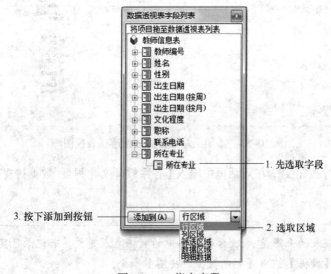

图 10-29　指定字段

　　或者直接将【所在专业】字段拖到【行区域】上，如图 10-30 所示，此时会显示蓝色框线，放开左键后即可完成设置。如图 10-31 所示。

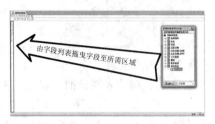

图 10-30　拖曳所需字段　　　　　　　　　图 10-31　视图中显示所有的行

　　若用户的图 10-30 未显示蓝色线条，表示拖曳区已被隐藏，选择【设计】选项卡中【显示/隐藏】组中的【拖放区域】命令，使其选中为选中状态，以便操作。

　　（4）重复前步骤，将【文化程度】指定至【列区域】，将【教师编号】和【姓名】字段指定至【明细数据】中，得到图 10-32 所示的视图。

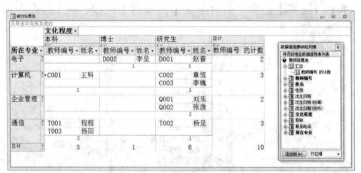

图 10-32　数据透视表视图

　　（5）由于【教师编号】具有唯一性，所以把该字段添加到【数据区域】，得到统计信息，如图 10-33 所示。

图 10-33　添加汇总数据的数据透视表视图

　　（6）单击【保存】按钮■，在对话框中输入【各系教师文化程度_数据透视表】，单击【确定】按钮。

 说　明

　　另由于数据透视表的来源是 Access 数据库中的数据表或查询，若记录已变更，用户必须在数据透视表中执行【数据】组中【刷新数据透视图】命令。

2．数据透视表的 5 个区域

在此需说明数据透视表的各部区域，即图 10-29 中下拉列表各选项的意义：

（1）行区域：作为每列最左方的分组字段，在交叉表查询中为行名。

（2）列区域：列在视图的顶端，由左往右显示，在交叉表查询中称为列名。

（3）筛选区域：置于最顶端，作为筛选依据的字段。

（4）明细数据：此区不在数据透视表中，而是字段列表中的一个计算型字段。

（5）数据区域：置于数据透视表正中央的字段，在 Excel 中称为数据区域，在交叉表查询中称为值。

3．显示及隐藏明细

数据透视表中有许多 ⊞ 及 ⊟ 按钮，功能是针对此按钮所在的行或列的详细数据，予以显示或隐藏。如图 10-34 所示，隐藏电子行和本科列。

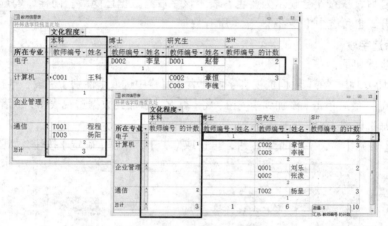

图 10-34　隐藏详细数据

用户也可先按住【Ctrl】或【Shift】键，以鼠标选取多个字段后，再使用【设计】选项卡上【显示/隐藏】组中的【隐藏详细数据】或【显示详细数据】命令，对多列或多行数据进行显示与隐藏。

4．筛选数据

具体操作步骤如下：

（1）在图 10-33 中，单击【所在专业】右方的 ▾ 按钮，如图 10-35 所示。▾ 按钮打开的列表会显示该栏所有数据值，每一项左方又有复选框，有 ✓ 符号者表示将显示在数据透视表中，未选取者则将隐藏。

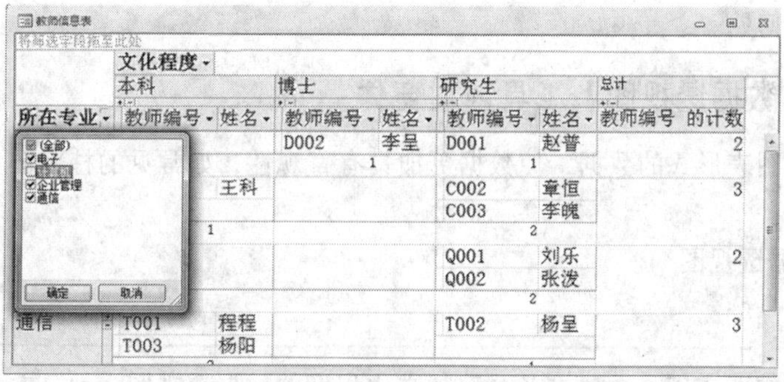

图 10-35　筛选数据

（2）清除【计算机】左方的✓符号，再单击【确定】按钮，如图10-36所示。

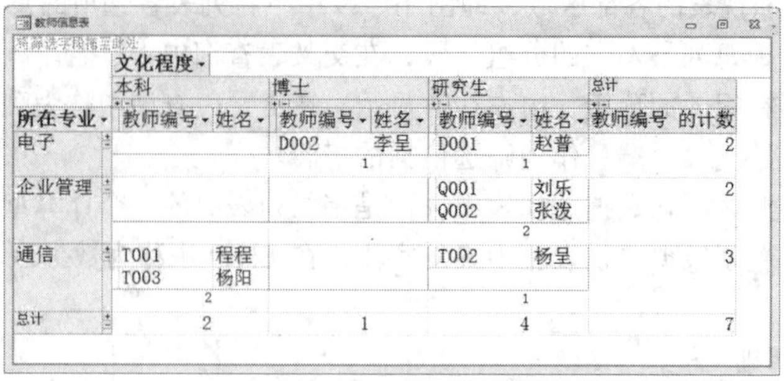

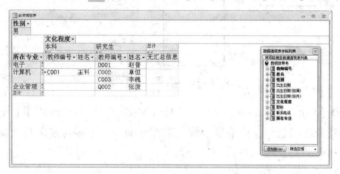

图10-36 筛选之后的效果图

执行筛选之后，▼按钮会显示为蓝色，表示该字段有数据已隐藏。同样，勾选没有✓符号的字段，即可打开，也可选中【全部】，显示所有数据。

5. 加入筛选字段

具体操作步骤如下：

（1）在图10-33中，在【数据透视表字段列表】窗格中选取【性别】字段，再打开下拉列表，选取【筛选区域】，最后单击【添加到】按钮，将【姓名】添加到数据透视表中，或者直接拖动【性别】字段到【筛选区域】。

（2）单击【性别】筛选字段的▼按钮，再选取【男】，单击【确定】按钮，如图10-37所示。

图10-37 拖曳字段至筛选区域

要注意的是每一字段在数据透视表中，只能使用一次。用户也可由字段列表，拖曳字段至筛选区域，Access会自动判断该字段是否已使用在其他位置，若是则自动移动。

本例及前例均是筛选处理，操作方式亦大致相同，均使用▼按钮，此按钮的目的就是执行筛选，不论其位置在何处。

10.2.7 利用【数据透视图】工具创建窗体

数据透视图是图表形式的数据，使数据更加具有直观性，如常见的柱状图、饼图等都是数据透视图的具体形式。

1. 建立新数据透视图

【例10.8】

使用【数据透视图】工具，建立各系教师文化程度的数据透视图。

（1）在导航窗格中，单击包含用户希望在窗体上显示的数据的表或查询。在这里选择【表】

组中的【教师信息表】。

（2）在【创建】选项卡上的【窗体】组中选择【其他窗体】命令，然后在级联菜单中选择【数据透视图】命令，打开数据透视图设计界面和【图表字段列表】窗格，如图 10-38 所示。如果【图表字段列表】窗格未显示，则选择【设计】选项卡上【显示/隐藏】组中的【字段列表】命令，使其为选中状态。

图 10-38 空白的数据透视图视图

（3）显示图表后，在【图表字段列表】窗格中选取【所在专业】字段，再打开下拉列表，选取【分类区域】，最后单击【添加到】按钮，将【所在专业】添加到数据透视图中。或者在【图表字段列表】中，将【所在专业】字段拖动至下方的【分类区域】中，并释放鼠标，如图 10-39 所示。

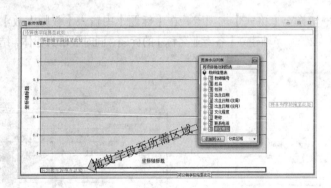

图 10-39 拖曳字段至分类

（4）用同样的方法，将【文化程度】字段拖曳至【系列区域】，将【教师编号】拖动至【数据区域】，如图 10-40 所示。如果数据图表的图列没有显示出来的话，则选择【设计】选项卡上【显示/隐藏】组中的【图例】命令，使其为选中状态。

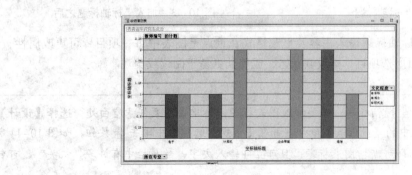

图 10-40 完成的数据透视图

（5）单击【保存】按钮 🖫，在对话框中输入【各系教师文化程度_数据透视图】，单击【确定】按钮。

这是最简单的数据透视图，只有一个数据字段、分类字段及图例字段，图表类型是柱形图，这是数据透视图的默认类型。

2．加入坐标轴标题及更改字体

具体操作步骤如下：

（1）打开【各系教师文化程度_数据透视图】文件，选取 Y 轴标题后，选择【设计】选项卡上【工具】组中的【属性表】命令，打开【属性】对话框，如图 10-41 所示。

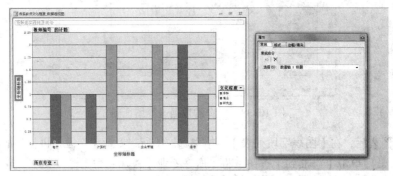

图 10-41　打开坐标轴标题的属性

（2）在对话框中切换至【格式】选项卡，在【标题】中输入【教师人数】，如图 10-42 所示。

（3）重复步骤 1～2，为 X 轴建立【各专业名称】的标题，同时显示为粗体，结果如图 10-43 所示。

图 10-42　输入坐标轴标题

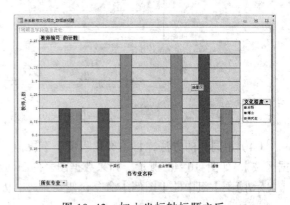

图 10-43　加入坐标轴标题之后

本例目的是为坐标轴标题输入内容及更改格式，重点是图表中每一项目皆可更改属性，即图 10-42，用户可针对所选项目，更改其状态，或使其更易于阅读或美观。

 说 明

本小节处理的是坐标轴标题，若要加入图表标题，请单击图表任意空白处，选择【设计】选项卡上【工具】组中的【属性表】命令，并在【常规】选项卡中单击 🖫 按钮，如图 10-44 所示。单击 🖫 按钮后，即可新增图表标题，且可立即输入文字，故属性中有许多“机关”，可针对图表做更多设置。

图 10-44　添加图表标题

3. 使用多重绘图

多重绘图有点类似分页设计，目的是以一或多个字段为依据，显示为多张图表。

具体操作步骤如下：

（1）打开【各系教师文化程度_数据透视图】文件，单击图表任意空白处，选择【设计】选项卡中【工具】组中的【属性表】命令。

（2）在【属性表】对话框中，单击【常规】选项卡中多图标 按钮，如图 10-44 所示，表示要绘制多个图表。

（3）将【性别】字段拖动至上方的【多图表字段】，再放开左键，如图 10-45 所示。

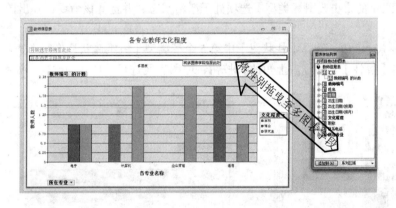

图 10-45　使用多图表字段

（4）单击图表任意空白处，再选择【设计】选项卡中【工具】组中的【属性表】命令。

（5）单击图 10-46【图表布局】的 按钮，选择【垂直】选项，再于【每行/列的最大图表数】文本框中输入【2】，完成后单击 按钮，如图 10-47 所示。

如图 10-47 所示，由于本例在多图形时，使用【性别】字段，故图 10-47 的结果是不同性别各显示一个图表，各图表反映的内容即为该性别的不同专业教师文化程度。

图 10-46　更改图表配置及每行/列图表数　　　　图 10-47　显示为多图形区的图表

说 明

多图形是数据透视图的特殊显示模式，若要恢复为一张图表，最快的操作是再打开【属性表】对话框，单击【常规】选项卡内的多图标按钮，此选项的功能是非开即关的双向切换。

4．更改图表类型

在数据透视图窗体中还有一个很重要的选项没有介绍，即图表的【类型】选项，系统默认创建的是直方图图表，而实际上，用户还可以创建多种类型的图表。

具体操作步骤如下：

（1）打开【各系教师文化程度_数据透视图】文件，单击图表任意空白处，使【设计】选项卡中【类型】组中的【更改图标类型】选项处于激活状态，并选择该命令，弹出图 10-48 所示的对话框。

（2）在图 10-48 中，选择【柱状图】中第 5 个子类型【三维簇状柱形图】选项。

（3）单击【属性】对话框右上角的按钮，原图表便进行了形状的改变，如图 10-49 所示。

图 10-48　更改图表类型

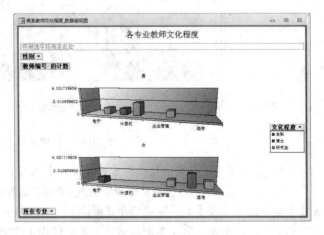

图 10-49　完成的三维簇状柱形图

说 明

以上几小节中多数步骤均使用【属性】对话框，此对话框的特点是可一直显示在屏幕上，直到单击右上角的▣按钮。

而在显示【属性】对话框时，用户可在图表内任意项目单击，【属性】对话框可立即切换至该项目的属性项目。

10.3 使用控件设计窗体

控件是就是由工具栏拖出的窗体上的图形化对象，如文本框、复选框、滚动条等，协助用户完成显示数据和执行操作。

编辑数据的位置是窗体，报表则只可显示数据，控件可放置在窗体及报表中，但由于二者的功能不同，故控件在窗体上，可以编辑及显示数据，在报表上就只可显示数据。

10.3.1 控件概述

1. 控件来源属性

可编辑及显示数据的控件有文本框、列表框、组合框、复选框、选项按钮、切换按钮等。这些控件的特点是皆有【控件来源】属性，如图 10-50 所示。

【控件来源】是相当重要的属性，如图 10-50 表示在文本框打开此属性的列表，列表内就是数据来源提供的所有字段。

若在可编辑及显示数据的控件，指定【控件来源】属性，就表示此控件已 "绑定" 至来源；若此属性为空白，表示其为"未绑定"，在控件上便表示为如图 10-51 所示的区别。

图 10-50 设置控件来源属性

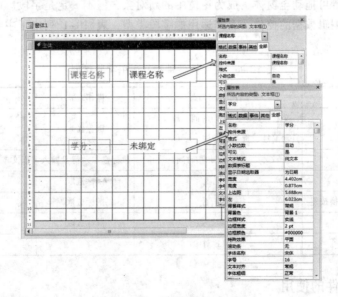

图 10-51 两种控件的区别

绑定与否的差别是在结合时执行窗体或报表后,该控件会自动由【控件来源】属性代表的字段取出数据并予以显示。若在窗体中,在控件内编辑完数据后,亦会回存至【控件来源】属性代表的字段。

2.控件类型

通常,可以将控件分为绑定型、非绑定型和计算型3种。

(1)绑定型控件:以表或者查询作为数据源,用于显示、输入及更新数据表的字段。

(2)非绑定型控件:无数据源的控件,使用未绑定型控件可以显示信息、线条和图像控件等。

(3)计算型控件:数据源是表达式而不是字段的控件,表达式是运算符、控件名称、字段名称、返回单个值的函数及其常量的组合。表达式所使用的数据可以来自窗体的数据表或查询中的字段,也可以来自窗体上的其他控件。

3.控件工具

在窗体的设计视图下,【设计】选项卡中【控件】组中显示了可使用的控件按钮,如图10-52所示。

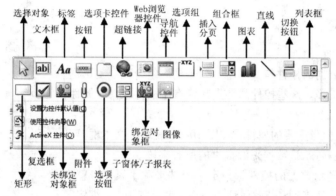

图 10-52 窗体设计窗口的工具箱

工具箱各按钮皆可拖动至窗体,成为窗体中的新对象,但不一定是字段。由于每一控件的任务不同,故各种可编辑数据的控件,有其适用的字段类型,表 10-1 列出了主要控件所适用的字段类型及操作方式。

表 10-1 主要控件种类及适用字段类型

控 件	适用字段类型	操作方式	说 明
文本框	文本、数字、日期/时间、超级链接、自动编号、货币、备注	键盘输入	适用范围最大的控件
组合框	文本、数字、日期/时间、货币	鼠标选取及键盘输入	以文本及日期/时间较为常用
列表框	同上	鼠标选取	同上
复选框、选项按钮、切换按钮	是/否	鼠标选取	
选项组	是/否、数字	鼠标选取	
绑定对象框	OLE 对象		

10.3.2 常用控件的使用

在窗体【设计视图】中设计窗体时,需要用到各种各样的控件。下面结合实例介绍如何创建控件。

1．创建文本框控件

文本框是一个交互式的控件，既可以显示数据，又可以接受数据的输入，是最常用的控件，它可以分成绑定文本框、未绑定文本框和计算文本框 3 种类型。绑定文本框是在窗体中用来显示和修改数据源的某个字段，非绑定文本框通常用于显示信息性文本，计算文本框用来显示计算结果。

【例10.9】

在窗体【设计视图】中，创建窗体，窗体名为【输入学生基本信息】窗体。

（1）打开【教学管理系统】数据库，选择【创建】选项卡下的【空白窗体】命令，新建一个空白窗体。

（2）右击鼠标，在弹出的快捷菜单中选择【设计视图】命令，进入该窗体的【设计视图】。或者选择【设计】选项卡下的【视图】组中的【视图】命令，在下拉列表中选择【设计视图】选项。

（3）选择【设计】选项卡中【工具】组中的【添加现有字段】选项，打开字段列表。

（4）将【学生信息表】中的【学号】、【姓名】、【性别】等字段依次拖到窗体内适当的位置，即可在该窗体中创建绑定型文本框。Access 根据字段的数据类型和默认的属性设置，为字段创建相应的控件并设置特定的属性，如图 10-53 所示。

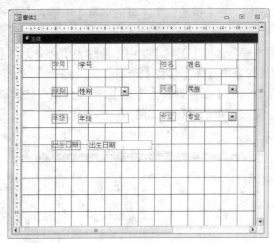

图 10-53　创建绑定型文本框

如果要选择相邻的字段，单击其中的一个字段，按住【Shift】键，然后单击最后一个字段。如果要选择不相邻的字段，按住【Ctrl】键，然后单击要包含的每个字段名称。

创建绑定型文本框还有一种方法是，先在窗体上创建非绑定型文本框，然后在【属性表】中该文本框【空间来源】属性框中选择该字段。

【例10.10】

通过非绑定型文本框方法完成【例10.9】的设计。

（1）打开【教学管理系统】数据库，选择【创建】选项卡下的【空白窗体】命令，新建一个空白窗体。

（2）右击鼠标，在弹出的快捷菜单中选择【设计视图】命令，进入该窗体的【设计视图】。或者选择【设计】选项卡中【视图】组中的【视图】命令，在下拉列表中选择【设计视图】选项。

（3）选择【设计】选项卡中【工具】组中的【属性表】命令，在【所选内容的类型】列表框中选择【窗体】选项，在【数据】选项卡下【记录源】列表框中选择【学生信息表】。

（4）在【窗体设计工具】的【设计】选项卡下中选择【控件】组中的【文本框】命令，在窗体主体节单击或拖动鼠标，出现一个未绑定型文本框和附加标签，同时弹出【文本框向导】对话框，如图10-54所示，可以设计文本框的一些属性，如字体的大小，颜色等。

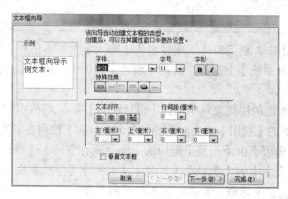

图 10-54 文本框向导

（5）单击【下一步】按钮，在【请输入文本框的名称】中输入【学号】，以便以后进行访问。单击【完成】按钮。

（6）选中【学号】文本框，选择【工具】组中【属性表】命令，在【属性表】的【数据】选项卡下的【控件来源】框的列表中选择【学号】选项。

（7）将文本框的【是否锁定】属性设置为【是】，不允许用户修改该项数据。

（8）重复以前步骤，完成窗体的设计，如图10-55所示。

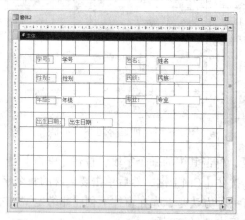

图 10-55 通过非绑定型文本框创建窗体

2．创建标签控件

标签控件用于在窗体、报表中显示一些描述性的文本，如标题等。它没有数据源，不会随着记录的变化而变化，标签一般是附加到其他控件上。

如果希望在窗体上显示该窗体的标题，可在窗体页眉处添加一个标签。

【例10.11】

下面将在图10-53所示的【设计视图】中，添加【标签】控件作为窗体标题。

（1）在【主体】节中，右击，在弹出的快捷菜单中选择【窗体页眉/页脚】命令，这时在窗体【设计视图】中添加了一个【窗体页眉】页。

（2）单击工具箱中【标签】按钮 **Aa**。在窗体页眉处单击要放置标签的位置，然后输入标签内容【输入学生基本信息】，如图 10-56 所示。

（3）打开该标签的【属性表】，在【格式】选项卡中可以修改该标签的一些常用属性。如【字号】、【文本对齐】、【字体粗细】等属性，如图 10-57 所示。

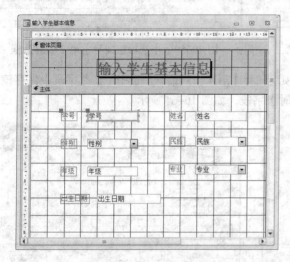

图 10-56　创建【标签】

图 10-57　标签的属性

3．创建选项组控件

【选项组】控件提供了必要的选项，用户只需进行简单的选取即可完成参数设置。【选项组】中可以包含复选框、切换按钮或选项按钮等控件，这些控件位于同一个选项组中，同一时刻只能选中其中的一个。选项组的值只能是数字，不能是文本。一般来说，常使用复选框来表示【是/否】字段，而使用选项按钮或切换按钮来表示选项组。用户可以利用向导来创建【选项组】，也可以在窗【设计视图】中直接创建。

【例10.13】

使用向导创建课程信息表中的【学时】和【学分】的【选项组】。

（1）参照以前的方法，在【设计视图】中加入【课程号】和【课程名称】文本框，并修改其属性。

（2）选择【设计】选项卡中【控件】组中的【选项组】命令 。在窗体上单击要放置选项组的左上角位置，打开【选项组向导】第 1 个对话框。在该对话框中要求输入选项组中每个选项的标签名。此例在【标签名称】文本框内分别输入【4 学时】、【6 学时】、【8 学时】和【10 学时】，结果如图 10-58 所示。

（3）单击【下一步】按钮，打开【选项组向导】第 2 个对话框。该对话框要求用户确定是否需要默认选项。选择【是，默认选项是】，并指定【4 课时】为默认项，如图 10-59 所示。

（4）单击【下一步】按钮，打开【选项组向导】第 3 个对话框。此处分别设置各标签的值为【4】、【6】、【8】和【10】，如图 10-60 所示。

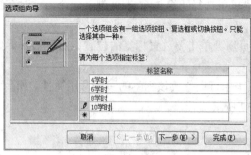

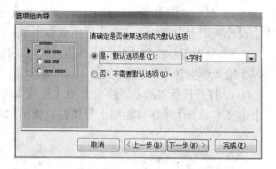

图 10-58 【选项组向导】第1个对话框   图 10-59 【选项组向导】第2个对话框

（5）单击【下一步】按钮，打开【选项组向导】第4个对话框。选中【在此字段中保存该值】单选按钮，并在右侧的组合框中选择【学时】字段，如图10-61所示。

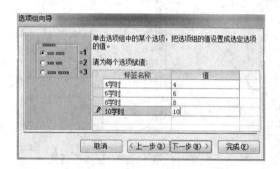

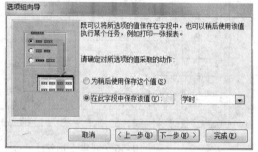

图 10-60 【选项组向导】第3个对话框   图 10-61 【选项组向导】第4个对话框

（6）单击【下一步】按钮，打开【选项组向导】第5个对话框。选项组可选用的控件为：【选项按钮】、【复选框】和切换按钮。本例选择【选项按钮】及【阴影】按钮样式，选择结果如图10-62所示。

（7）单击【下一步】按钮，打开【选项组向导】最后一个对话框，在【请为选项组指定标题】文本框中输入选项组的标题：【学时：】，然后单击【完成】按钮。

（8）参照以上方法建立【学分】字段的【选项组】，对所建的两个选项组进行调整，结果如图10-63所示。

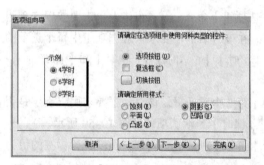

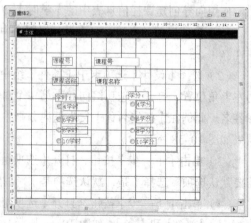

图 10-62 选择【选项组】中使用的控制类型   图 10-63 创建【选项组】

4．创建组合框和列表框控件

【组合框】和【列表框】能够将一些内容罗列出来供用户选择，它也分为绑定型与未绑定型两种。如果要保存选择的值，一般创建绑定型；如果要使用【组合框】或【列表框】中选择的值来决定其他控件内容，就可以建立一个未绑的控件，用户可以利用向导来创建，也可以在窗体的【设计视图】中直接创建。

使用列表框，所有数据都可显示在界面中，但只能从列表中选择数据，而组合框类似于文本框和列表框的组合，即可以输入新的数据，也可以从列表中选择数据，不过要通过打开下拉列表才能看到所有的数据。

总之，若窗体有足够的空间来显示列表，可以使用列表框；否则，为了节省空间，突出当前选定的数据，则可使用组合框。创建组合框还是列表框，要考虑如何显示数据以及用户如何使用。

【例10.14】

使用向导创建学生信息表中的列表框和组合框。

（1）在图 10-53 所示的【设计视图】中，首先删除【专业】文本框。

（2）选择【设计】选项卡中【控件】组中的【组合框】命令 ，在窗体上单击要放置【组合框】的位置，打开【组合框向导】第 1 个对话框，在该对话框中选中【自行键入所需的值】单选按钮，如图 10-64 所示。

（3）单击【下一步】按钮，打开【组合框向导】第 2 个对话框，在【第 1 列】列表中依次输入【通信】、【计算机】、【电子】和【企业管理】，每输入完一个值，按【Tab】键，设置后的结果如图 10-65 所示。

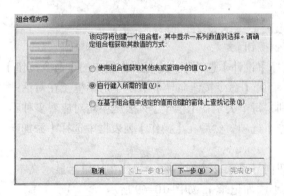
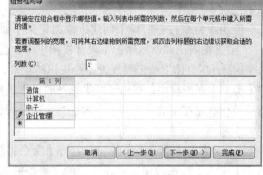

图 10-64　确定【组合框】获取数据的方式　　　　图 10-65　设置【组合框】中显示值

（4）单击【下一步】按钮，打开【组合框向导】第 3 个对话框，选中【将该数值保存在这个字段中】单选按钮，并单击右侧向下拉按钮，从打开的下拉列表中选择【专业】字段，设置结果如图 10-66 所示。

（5）单击【下一步】按钮，在打开的对话框的【请为组合框指定标签】文本框中输入【专业：】，作为该组合框的标签，单击【完成】按钮。

（6）至此，组合框创建完成。用户可以参照上述方法创建【民族】和【年级】组合框控件，创建【性别】列表框控件，进行适当的调整即可。得到图 10-67 所示的窗体。

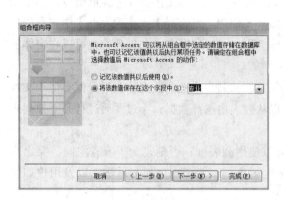

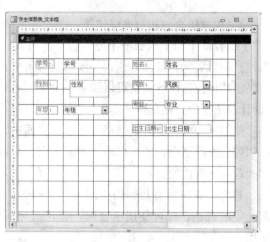

图 10-66 选择保存的字段　　　　　图 10-67 创建【组合框】和【列表框】控件

如果用户在创建【性别】列表框控件中选择了【使用列表框查阅表或查询中的值】选项,那么接下来的创建步骤与此例介绍的步骤有差异。在具体创建时,是选中【自行键入所需的值】单选按钮,还是选中【使用列表框查阅表或查询中的值】单选按钮,需要具体问题具体分析。如果用户创建输入或修改记录的窗体,一般情况下应选中【自行键入所需的值】单选按钮,这样列表框中列出的数据不会重复,此时从列表中直接选择即可;如果用户创建的是显示记录窗体,可以选中【使用列表框查阅表或查询中的值】单选按钮.这时列表框中将反映存储在表或查询中的实际值。

5. 创建命令按钮

在窗体中单击某个命令按钮可以使 Access 完成特定的操作。例如,【添加记录】、【保存记录】、【退出】等。这些操作可以是一个过程,也可以是一个宏。

【例10.15】

使用【命令按钮向导】创建【添加记录】命令按钮。

(1)在图 10-67 所示的【设计视图】中,选择【设计】选项卡中【控件】组中的【命令按钮】命令 xxxx,在窗体上单击要放置命令按钮的位置,打开【命令按钮向导】第 1 个对话框。在对话框的【类别】列表框中,列出了可供选择的操作类别,每个类别在【操作】列表框中均对应着多种不同的操作。先在【类别】列表框内选择【记录操作】选项,然后在【操作】列表框中选择【添加新记录】选项,如图 10-68 所示。

(2)单击【下一步】按钮,打开【命令按钮向导】第 2 个对话框。为使在按钮上显示文本,选中【文本】单选按钮,并在其后的文本框输入【添加记录】,如图 10-69 所示。

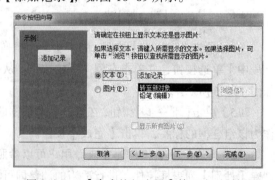

图 10-68 【命令按钮向导】第 1 个对话框　　　图 10-69 【命令按钮向导】第 2 个对话框

（3）单击【下一步】按钮，在打开的对话框中为创建的命令按钮命名为【添加记录】，以便以后引用，单击【完成】按钮。

（4）至此命令按钮创建完成，其他按钮的创建方法与此相同，结果如图 10-70 所示。

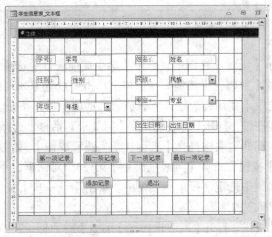

图 10-70 创建【命令按钮】

6．创建选项卡控件

选项卡控件也是最重要的选项控件之一，它可以在一个窗体中呈现多页分类数据，例如文本、命令、图像等。如果要查看选项卡上的某些元素，只需单击相应的选项卡切换到相应的选项卡界面即可。

【例10.16】

创建【学生统计信息】窗体，窗体包含两部分，一部分是【学生信息统计】，另一部分是【学生成绩统计】。使用【选项卡】分别显示两页的内容。

（1）在图10-70所示的【设计视图】中选择【设计】选项卡中【控件】组中的【选项卡控件】命令 ，在窗体上单击要放置【选项卡】位置，调整其大小。单击工具栏中的【属性表】按钮，打开选项卡的【属性】对话框。

（2）单击选项卡【页 1】，单击【属性】对话框中的【格式】选项卡，在【标题】属性行中输入【学生信息统计】。单击【页 2】，按上述方法设置【页 2】的【标题】格式属性为【学生成绩统计】，设置结果如图 10-71 所示。

图 10-71 创建【选项卡】

如果需要将其他控件添加到【选项卡】控件上。可先选中某一页，然后按前面介绍的方法直接在【选项卡】控件上创建即可。

【例10.17】

在【学生成绩统计】选项卡上添加一个【列表框】控件。以显示【学生选课成绩】查询中的内容。

（1）在图 10-71 所示【设计】视图中，选中【学生成绩统计】选项卡，使其为激活状态。

（2）单击工具箱中的【列表框】按钮。在窗体上单击要放置【列表框】位置，打开【列表框向导】第 1 个对话框，选中【使用列表框查阅表或查询的值】单选按钮。

（3）单击【下一步】按钮，打开【列表框向导】第 2 个对话框。选择【视图】选项组中的【查询】单选按钮。然后从查询的列表中选择【查询：学生课程成绩】，如图 10-72 所示。

（4）单击【下一步】按钮，打开【列表框向导】第 3 个对话框，单击 按钮，将【可用字段】列表中的所有字段移到【选定字段】列表框中。单击【下一步】按钮，在【列表框向导】第 4 个对话框中，选择用于排序的字段。

（5）单击【下一步】按钮，打开【列表框向导】第 5 个对话框，其中列出了所有字段的列表。此时，拖动各列右边框可以改变列表框的宽度，如图 10-73 所示。

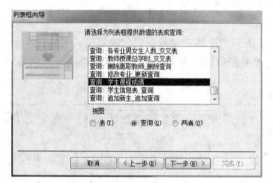

图 10-72 选择【列表框】的数据源

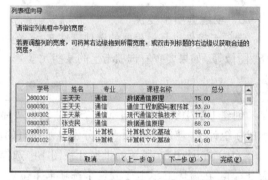

图 10-73 设置【列表框】每列的宽度

（6）单击【下一步】按钮，在打开的对话框中选择保存的字段，此例不选，单击【下一步】按钮，单击【完成】按钮，结果如图 10-74 所示。

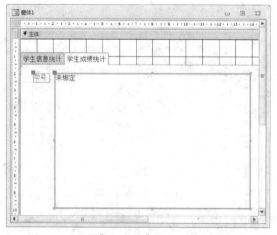

图 10-74 在【选项卡】中创建【列表框】

（7）删除列表框的标签【学号】，并适当调整列表框大小。如果希望将列表框中的列标题显示出来，单击【属性表】对话框中的【格式】选项卡，在【列标题】属性行中选择【是】选项。切换到【窗体视图】，显示结果如图 10-75 所示。

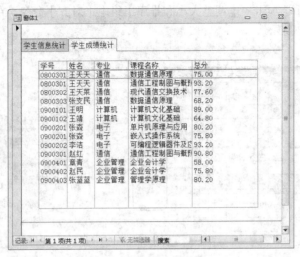

图 10-75　显示结果

10.3.3　控件基本处理

控件是由工具箱拖动至窗体的各式对象，以下将说明控件的基本处理，包括选取、改变大小及控制的左右对齐等设置的使用方式。

1. 选取控件

任何应用软件的选取处理，皆为下一步处理的准备动作，选取内容即为处理对象。在窗体设计窗口的选取动作，较简单的方法是在控件上单击，控件四周显示 8 个控制点时，表示该控件已被选取，如图 10-56 表示已选取文本框。

但图 10-56 有一较特殊的情况，即选取的控件为文本框，此种文本框的左方尚有一个标签控件，其内显示字段名称。此时选取文本框后，标签控件的左上角亦有一个控制点，这是因为文本框实际上由两部分组成。除其本身外，另有左方的标签。此时表示可同时移动文本框及标签控件，若只要选取标签，请在标签上单击即可，这是文本框的特性。另 Access 尚提供多种方式，可选取多个控件，分述如下：

（1）使用【Shift】键：即先按住【Shift】键，再分别以鼠标在多个控件上，单击，即可选取多个控件。

（2）使用水平或垂直标尺：标尺主要作用是查看宽度及高度，默认单位为厘米。在标尺任意处单击，可选取自该点延伸至设计窗口的线条，经过的所有控件。另标尺与【Shift】键亦可配合使用，重点【Shift】键可保留上次选取结果，同时新增下一动作的选取项目。

（3）使用【格式】选项卡上【所选内容】组中【全选】命令：功能为选取窗体设计窗口的所有控件，包括位于窗体首、窗体尾的控件。

（4）使用鼠标拖动：用户可在设计窗口内以鼠标拖动一个矩形，放开左键后，可选取矩形内所有控件，如图 10-76 所示。

图 10-76 的过程是在设计窗口内，拖动鼠标形成一个矩形，放开左键后即可选取矩形内的所有控件。

2．对齐多个控件

Access 可以将多个控件按不同方位对齐，具体步骤如下：

（1）选取窗体内需要对齐的控件。

（2）选择【排列】选项卡中【调整大小和排序】组中【对齐】命令，在级联菜单中选择【靠右】命令，如图 10-77 所示。

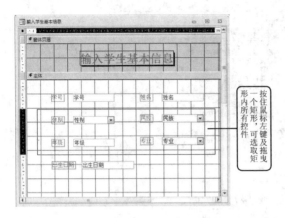

图 10-76　以鼠标选取多个控件

图 10-77　统一右边界

如图 10-77 表示以最右方控件的右边界为基准，将其他选取的控件，移至此处。

同理，使用图 10-77 显示的子菜单各选项前，用户需先调整作为基准的控件位置。【靠上】及【靠下】命令适用于选取左右相邻的多个控件，即以最高或最低者为准，将其他控件移动至最高或最低点。

3．平均上下多个控件的间距

Access 可以对多个控件在水平或垂直方向的间距进行调整，具体步骤如下：

（1）选取窗体内需要调整的控件。

（2）选择【排列】选项卡中【调整大小和排序】组中的【大小/空格】命令，在级联菜单中选择【间距】中的【垂直相等】命令，如图 10-78 所示。

"垂直间距"是上下多个控件间的距离，"相同"可平均各控件的垂直间距。操作时，Access 的处理方式是最上及最下方的控件不动，以此二者的距离为准，平均其他多个控件的间距。

图 10-78 的【垂直增加】及【垂直减少】选项功能为增加或减少垂直间距，同时使用此二者时，Access 将先平均选取的多个控件垂直间距，然后再增加或减少所选取控件之间的间距。【水平间距】的操作亦同，仅适用于选取左右相邻的多个控件。

图 10-78　平均间距

4．统一控件大小

通过菜单命令可以依比例一起调整多个控件的大小，具体步骤如下：

（1）选取窗体内需要调整的控件。

（2）选择【排列】选项卡中【调整大小和排序】组中的【大小/空格】命令，在级联菜单中选择【大小】中的【至最宽】命令，如图 10-78 所示。

在图 10-78 中,【至最高 】、【至最宽 】、【至最短 】及【至最窄 】等, 都是以选取的多个控件中, 最高、最宽、最短及最窄者为准, 调整其他控件至指定高度或宽度。

 说 明

读者也可以鼠标拖动同时改变控件大小, 如图 10-79 所示。

图 10-79 以鼠标更改控件大小

各控件的控制点共有 8 个, 分别位于上下左右及四个角落, 每一个控制点皆可使用鼠标拖曳, 改变控件显示大小。但改变大小的方向不同, 如本例拖曳的是右方控制点, 则指标呈左右箭头, 表示可向左或向右拖曳, 若使用四个角落的控制点, 则可以斜方向, 等比例放大或缩小控件的高度及宽度。

习 题

一、选择题

1. 以下（ ）无法建立数据透视表及图。
（A）数据表 （B）查询 （C）窗体 （D）报表

2. 在数据透视表中, 显示数据的位置称为（ ）。
（A）筛选区域 （B）列区域 （C）行区域 （D）数据区域

3. 以下（ ）不是数据透视表的区域。
（A）筛选区域 （B）列区域 （C）行区域 （D）类别区域

4. 下列有关数据透视表的叙述, （ ）错误。
（A）可在列或行区域使用多个字段
（B）导出至 Excel 后, 可以重新整理, 由数据库取得最新数据
（C）显示在数据区域的字段, 通常为数字类型
（D）分组功能可将一或多个选取的项目予以组合, 并给予名称

5. 下列（ ）不是数据透视图的组件。
（A）坐标轴 （B）数列字段 （C）分组 （D）标题

6. 下列（ ）可作为数据透视表及图的数据来源。
（A）数据表 （B）查询 （C）以上皆是

7. 数据透视表中, 下列（ ）按钮可执行筛选功能。
（A）▼ （B）⊞ （C）⊟ （D）以上皆是

8. 下列（ ）不是多重图区的特点。
（A）可将一个图表显示为多个 （B）可定义绘制方向为水平或垂直

（C）可移除个别图表　　　　　　　（D）以上皆非

9. （　　　）为窗体指定来源后，在窗体设计窗口中，可由何处取出来源的字段。

（A）工具箱　　　　（B）字段列表　　　（C）自动格式　　　　（D）属性表

10. 在窗体的多种节中，记录通常会放在（　　　）。

（A）窗体首　　　　（B）详细数据　　　（C）窗体尾　　　　　（D）以上皆是

11. 若要快速调整窗体格式，如字体大小、颜色等，可使用下列（　　　）功能？

（A）字段列表　　　　　　　　　　　（B）工具箱

（C）自动格式设置　　　　　　　　　（D）属性表

12. 若要在窗体首加入标题，应使用下列（　　　）控件。

（A）标签　　　　　（B）文本框　　　（C）选项组　　　　　（D）图片

13. 若要为窗体指定背景图片，可使用（　　　）。

（A）字段列表　　　（B）工具箱　　　（C）自动格式设置　　（D）属性表

14. 在窗体设计窗口选取多个控件，可使用（　　　）方式。

（A）水平及垂直标尺　　　　　　　　（B）鼠标拖曳一个矩形

（C）按住【Shift】键再以鼠标选取　（D）以上皆是

15. 下列（　　　）不是标尺的功能。

（A）显示厘米或英寸的距离　　　　（B）快速选取多个控件

（C）设置定位点　　　　　　　　　　（D）以上皆非

二、填空题

1. ＿＿＿＿＿＿的主要作用是查看宽度及高度，默认单位为厘米，在此任意处单击，可选取自该点延伸至设计窗口线条，所经过的＿＿＿＿＿＿。

2. 若多个控件经常需要同时更改格式或移动，可建立为＿＿＿＿＿＿。

3. 窗体中所有可被选取者，皆为＿＿＿＿＿，但不一定就是字段。这些可被选取的项目，皆有＿＿＿＿＿，可在此定义其工作状态。

4. 在窗体设计窗口选取对象后，单击 4 个方向键可进行移动，若按住＿＿＿＿＿＿键，再使用 4 个方向键，可进行微调。

第①①章

报表设计

报表是 Access 数据库的第四大数据库对象。报表对象是为了数据的显示和打印而存在的，因此具有专业的显示和打印功能。建立报表的过程和建立窗体基本相同，窗体可以与用户进行信息交互，而报表没有交互功能。本章将介绍与报表设计相关的知识。

学习目标：
- 了解报表的视图和组成
- 掌握创建报表的方法
- 掌握报表的打印设置

11.1　介绍报表

报表对象是 Access 数据库的主要对象之一，其主要作用是专门用来统计、汇总且整理数据，并将他们打印出来。用户可以利用报表，有选择地将数据输出，从中检索有用信息。Access 2010 报表的功能非常强大，也极易掌握并制作出精致、美观的专业性报表。

作为 Access 数据库中的主要接口，窗体提供了新建、编辑和删除数据的最灵活的方法。窗体和报表都是用于数据库中数据的维护，但是其中的作用不同，窗体主要用于数据的输入，报表则用来在屏幕上打印输出的窗体中查阅，虽然数据库中的表、查询和窗体都有打印的功能，但是它们只能打印比较简单的信息，要打印数据库中的数据，最好的方式是使用报表。

报表可以通过报表向导来自动生成，也可以通过报表视图进行自定义。报表的设计是可视化的，通过对数据的仔细组织，可以设计出效果良好的报表。

11.1.1　报表的视图

创建报表和窗体的过程基本相同，在介绍报表的各种创建方法之前首先来介绍报表的各种视图。

打开一个报表，选择【开始】选项卡的【视图】命令，可以弹出级联菜单，如图 11-1 所示的 4 种视图方式，分别是【报表视图】、【打印预览】、【布局视图】和【设计视图】。

下面对各种视图产生方式进行简单的介绍。

（1）报表视图：以一个页面显示报表的所有数据及其样式，如图 11-2 所示。

图 11-1　报表的 4 种视图　　　　　　　　　图 11-2　【报表视图】

（2）打印预览：在【打印预览】中，可以通过审阅报表中的每一页验证实际的数据。即【打印预览】视图用于显示报表打印时的样式与报表上的全部数据。如图 11-3 所示，以纵向双页打印出来的报表样式。

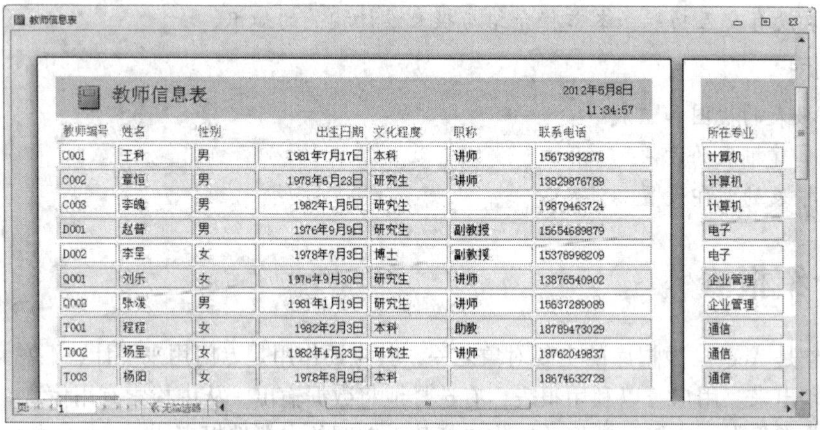

图 11-3　【打印预览】

（3）布局视图：界面和报表视图几乎一样，但是该视图是修改报表最直观的视图。用户可以重新布局各种控件，设计控件的大小、颜色等外观样式及报表属性，同时可以删除不需要的控件。如图 11-4 所示，通过移动各控件之后的效果。

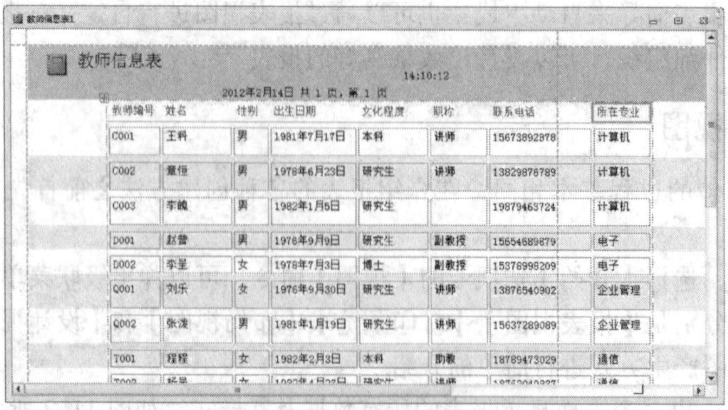

图 11-4　【布局视图】

（4）设计视图：在【设计视图】中查看报表就如同坐在一个四周环绕着可用工具的工作台上工作。【设计视图】用于创建和编辑报表的结构，如图 11-5 所示。

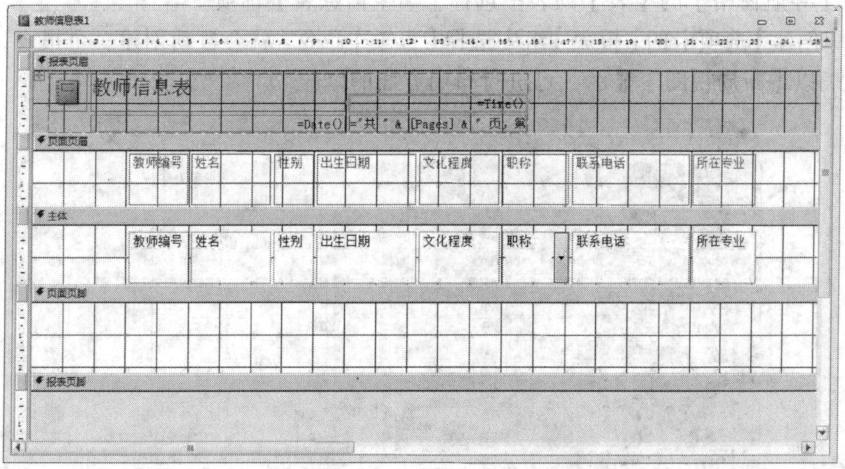

图 11-5 【设计视图】

11.1.2 报表的构成

打开一个报表【设计视图】，如图 11-5 所示，可以看出报表的结构有如下几部分区域组成：

（1）报表页眉在报表的开始处用来显示报表的标题、图形或说明性文字，每份报表只有一个报表页眉。

（2）页面页眉用来显示报表中的字段名称或对记录的分组名称，报表的每一页有一个页面页眉。

（3）主体。打印表或查询中的记录数据，是报表显示数据的主要区域。所有的报表都有主体节。

（4）页面页脚。打印在每页的底部，用来显示本页的汇总说明，通常如页码则显示在页面页脚中，报表的每一页有一个页面页脚。

（5）报表页脚。用来显示整份报表的汇总说明，在所有记录都被处理后，只打印在报表的结束处。

11.2 创建报表

Access 提供了强大的报表建立功能，帮助用户建立专业、功能齐全的报表。如同创建窗体对象一样，报表对象可以通过不同的方式来创建，可使用自动方式、向导方式、设计器方式等。

11.2.1 使用【报表】工具创建报表

自动报表是 Access 提供的创建报表的快捷工具，但它只能创建基于单表或查询的报表，即选择一个数据表或查询作为报表的数据源，并依次显示数据源中的所有字段和记录。对于一般的应用来说，自动报表完全能满足要求，如果其中数据的格式有特殊的要求，仍可以通过报表【设计视图】进行修改。

【例11.1】

以【学生信息表】为数据源，利用【报表】工具创建报表。

（1）打开【教学管理系统】数据库。

（2）在【导航窗格】的【表】列表中选择【学生信息表】选项。

（3）在【创建】选项卡的【报表】组中选择【报表】命令，就会自动创建一个报表，如图 11-6 所示，该报表以【布局视图】显示，可进行布局方面的修改。

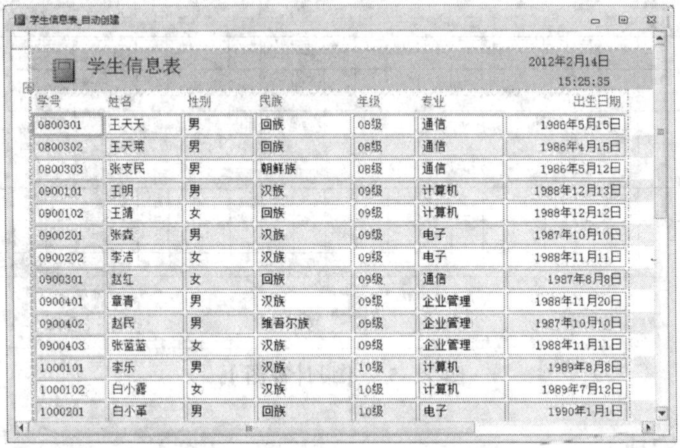
学生信息表_自动创建

学生信息表　2012年2月14日 15:25:35

学号	姓名	性别	民族	年级	专业	出生日期
0800301	王天天	男	回族	08级	通信	1986年5月15日
0800302	王天莱	男	回族	08级	通信	1986年4月15日
0800303	张支民	男	朝鲜族	08级	通信	1986年5月12日
0900101	王明	男	汉族	09级	计算机	1988年12月13日
0900102	王靖	女	回族	09级	计算机	1988年12月12日
0900201	张森	男	汉族	09级	电子	1987年10月10日
0900202	李洁	女	汉族	09级	电子	1988年11月11日
0900301	赵红	女	回族	09级	通信	1987年8月8日
0900401	章青	男	汉族	09级	企业管理	1988年11月20日
0900402	赵民	男	维吾尔族	09级	企业管理	1987年10月10日
0900403	张蓝蓝	女	汉族	09级	企业管理	1988年11月11日
1000101	李乐	男	汉族	10级	计算机	1989年8月8日
1000102	白小露	女	汉族	10级	计算机	1989年7月12日
1000201	白小革	男	回族	10级	电子	1990年1月1日

图 11-6　使用【报表】工具创建报表

（4）将此报表以【学生信息表_自动创建】为名，进行保存。

可以看到，自动创建的报表是按表格的形式显示数据记录的，故又称表格式报表。该类报表通常在对比相同记录的数据时使用。在报表的布局视图中，用户可以改变控件的颜色、字体等，还可以在【设计】选项卡的【分组和汇总】组中选择【分组和排序】命令，对报表中的记录进行排序、分组统计等功能。

说明

使用自动创建报表的方式虽然简单、快捷，但一般都是基于单个表或查询进行创建的，如果要创建基于多个表或查询的数据，要先创建一个查询，再根据这个查询来创建报表。

11.2.2　使用【报表向导】工具创建报表

报表向导为用户提供了报表的基本布局，根据用户的不同需要可以进一步对报表进行修改。利用报表向导可以使报表创建变得更容易，同时利用【报表向导】对来自多个表或查询的数据进行创建，并具有能对记录分组、排序、计算等功能。

分组是报表的重要功能，目的是以某字段为依据，将与此栏有关的记录，打印在一起，与查询中的分组之意相同。通过分组，可以直观地区分各组记录，并显示每个组的基本内容和汇总内容。

【例11.2】

利用【报表向导】工具创建学生成绩报表。

（1）打开【教学管理系统】数据库。

（2）在【创建】选项卡的【报表】组中选择【报表向导】命令，弹出【报表向导】对话框。

（3）在该对话框中，单击【表/查询】下拉按钮，从下拉列表中选择创建报表所需使用的表和窗体，在这里选择【表：学生信息表】选项。在【可用字段】列表框中选择【学号】、【姓名】、【专业】字段，单击 ▶ 按钮，将其添加到右半部分的【选定字段】列表中。

（4）重复步骤 3 的操作，继续在【表/查询】下拉列表中分别选择【表：课程信息表】和【表：学生选课表】选项，并将相关字段添加到【选定字段】列表中，如图 11-7 所示。

（5）单击【下一步】按钮，进入【确定查看数据方式】对话框。由于要建立的报表是基于 3 个数据表，因此该对话框提供了 3 种查看方式。这里选择【通过学生信息表】查看方式，如图 11-8 所示。

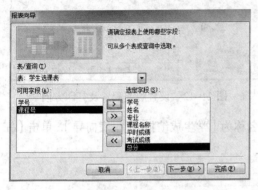

图 11-7 指定将显示在报表的字段

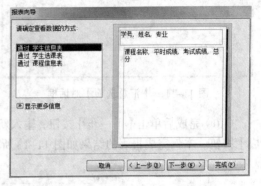

图 11-8 确定查看数据方式

（6）单击【下一步】按钮，进入【分组】页面。选择可以用于分组的字段，将其添加到右边的列表框中。一般来说，只要所有记录的某一字段具有重复值，这一字段就可以作为分组字段。并且还可以选择多个字段进行分级分组，但是该分组具有优先级，先按优先级级别高的分组，然后再按级别低的进行分组。在这里选择【专业】为分组字段，如图 11-9 所示。

（7）单击【下一步】按钮，进入【排序和汇总】页面。在这个对话框中，最多只能对 4 个字段进行排序。排序既可以按升序排列也可以按降序排列，单击排序字段右边的下拉按钮 ▼ ，选择【总分】字段，表示预览及打印时，将以此字段做升序排序，如图 11-10 所示。

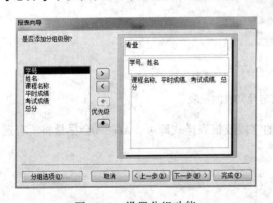

图 11-9 设置分组功能

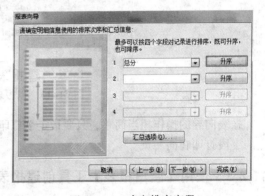

图 11-10 确定排序字段

（8）单击【汇总选项】按钮，弹出【汇总选项】对话框。在对话框中选择对【平均成绩】、【考试成绩】和【总分】3 个字段分别求平均值，如图 11-11 所示，单击【确定】按钮，返回设置排序的对话框。

（9）单击【下一步】按钮，进入【确定报表布局】页面。选择不同的布局和方向，左边的方框里会显出不同的报表布局效果图。在这里选中【大纲】布局及【纵向】打印，如图 11-12 所示。

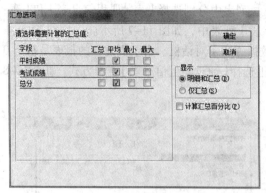

图 11-11 【汇总选项】对话框

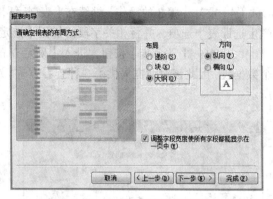

图 11-12 设置版面配置及打印方向

（10）完成后单击【下一步】按钮，输入新报表名称为【学生成绩报表_报表向导】，单击【完成】按钮。本例完成报表的结果如图 11-13 所示。

图 11-13 以报表向导完成的报表

报表向导的操作相当简单，只要指定欲打印的字段及报表样式即可，Access 会尽量将所有选定的字段打印在同一页。

11.2.3 使用【空白报表】工具创建报表

和前面介绍的创建表、窗体等一样，直接拖动字段可以快速创建绑定字段。通过空白报表创建报表时，需要将所需要字段添加到报表中。若想只在报表上放置很少的几个字段时，使用这种方法生成报表将是非常快捷的。

【例10.3】

利用【空报表】工具对【教师信息表】创建报表。

（1）打开【教学管理系统】数据库。

（2）在【创建】选项卡的【报表】组中选择【空报表】命令，在【布局视图】下弹出一个空白报表和【字段列表】窗格。如果【字段列表】窗格没有显示的话，可以通过在【设计】选项卡的【工具】组中选择【添加现有字段】命令，使其激活。

（3）在【字段列表】窗格中将【教师编号】、【姓名】、【文化程度】、【职称】和【所在专业】等字段拖到空报表中，如图 11-14 所示。

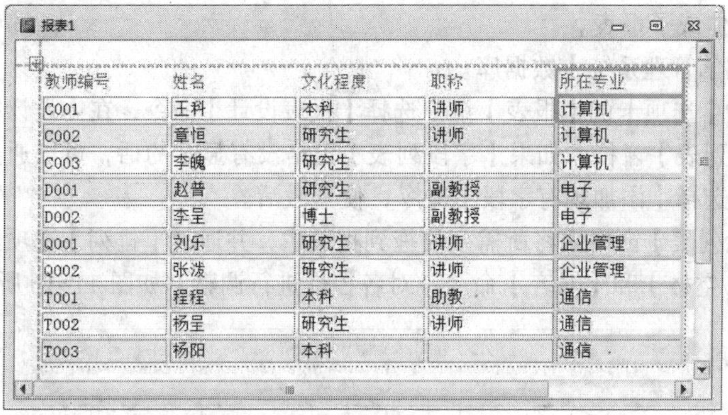

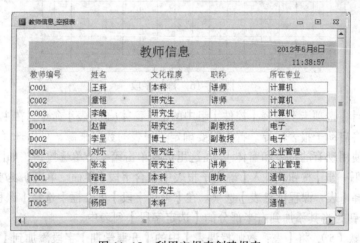

图 11-14 添加字段到报表中

（4）在【设计】选项卡的【页面/页脚】组中选择【标题】命令，在报表中添加【标题】文本框，并输入标题【教师信息】。

（5）在【设计】选项卡的【页面/页脚】组中选择【日期和时间】命令，打开【日期和时间】对话框，对日期和时间进行选择之后，单击【确定】按钮，此时报表中添加了日期和时间控件。

（6）在【布局视图】下对报表上各控件进行调整之后，形成图 11-15 的效果图。

图 11-15 利用空报表创建报表

（7）保存报表，为报名命名为【教师信息_空报表】。

11.2.4 使用【报表设计】工具创建报表

使用报表向导可以简单、快速地创建报表，但创建的报表格式比较单一，有一定的局限性。为了创建具有独特风格、美观实用的报表，要使用【设计视图】来设计报表，而且利用【设计视图】创建报表还可以向报表中添加控件。

【例10.4】

利用【报表设计】工具创建教师授课主子报表。

Access 采用主/子报表的方式将多个报表组合为一个报表。插入子报表的报表称为主报表，子报表是插入到其他报表中的报表。主报表可以是绑定的，也可以是非绑定的，也就是说，报表可以基于数据表、查询或 SQL 语句。主报表中不仅可以插入子报表还可以插入子窗体，主报表最多可以包含两级子窗体或子报表。

（1）打开【教学管理系统】数据库。

（2）在【创建】选项卡的【报表】组中选择【报表设计】命令，在【设计视图】下弹出一个空白报表和【字段列表】窗格。如果【字段列表】窗格没有显示的话，可以通过在【设计】选项卡的【工具】组中选择【添加现有字段】命令，使其激活。

（3）从【字段列表】窗格中将所需字段拖到报表中，并通过【排列】选项卡的【调整大小和排序】组中【大小/空格】和【对齐】命令，对各控件进行调整，如图 11-16 所示。

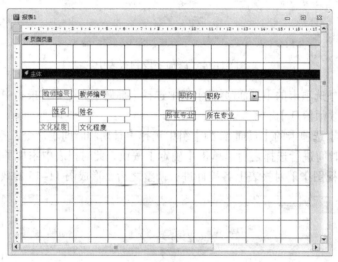

图 11-16　添加字段

（4）在【设计】选项卡上选择【控件】组中的【子窗体/子报表】命令，在主报表上放置子报表的位置单击，将启动子报表向导。首先需要确定子报表的数据来源，可以选择【使用现有的表和查询】或者【使用现有的报表和窗体】。在这里选择单击第一个单选按钮，如图 11-17 所示。

（5）单击【下一步】按钮，进入【确定子报表中包含字段】界面。单击【表/查询】下拉按钮，从下拉列表中选择【表：课程信息表】选项。在【可用字段】列表框中选择【课程名称】、【学时】字段，单击 ⊡ 按钮，将其添加到右半部分的【选定字段】列表中。

（6）重复步骤（5），将【表：教师授课表】中的【开课学期】字段添加到【选定字段】列表中，如图 11-18 所示。

（7）单击【下一步】按钮，进入【主子报表关联字段】界面。如果主子报表的数据源已经建立了关系，则选中【从列表中选择】单选按钮即可。否则选中【自行定义】单选按钮，同时设置【窗体/报表字段】与【子窗体/子报表字段】中相关联的字段，如图 11-19 所示。

（8）单击【下一步】按钮，进入【指定子报表名称】界面。在其文本框中输入【教师授课_主子报表】，如图 11-20 所示。

（9）单击【完成】按钮。

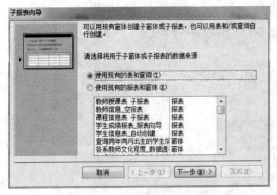

图 11-17 选择子报表的数据来源

图 11-18 确定子报表中包含字段

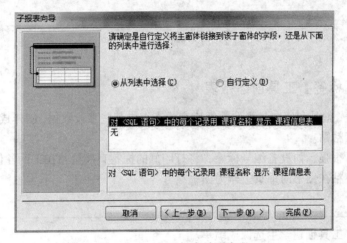

图 11-19 主子报表关联字段

（10）利用【设计】选项卡的【页面/页脚】组中的【标题】命令，为报表中添加标题为【教师授课信息】，并加入当前日期和时间。

（11）在【设计视图】窗口中利用工具对报表各控件进行调整，切换到【打印浏览】视图，创建的报表效果如图 11-21 所示。

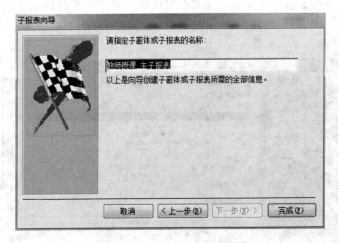

图 11-20 指定子报表名称

图 11-21　创建的报表效果

11.2.5　使用【标签】工具创建报表

所谓标签报表，就是利用向导提取数据库表或查询中某些字段数据，制作成一个小小的标签，以便打印出来进行粘贴。

标签的使用行很强，如设备编号标签，将打印好的标签直接粘贴在工厂各仪器设备上；图书管理标签，将标签粘在图书的扉页上作为图书编号等。

【例10.5】

利用【标签】工具创建学生选课成绩单。

（1）打开【教学管理系统】数据库，在左边的导航窗格中【查询】组的，选定或打开【学生课程成绩】查询表。

（2）选择【创建】选项卡的【报表】组中【标签】命令，弹出【标签向导】对话框，如图 11-22 所示。在对话框中选择要创建的标签的尺寸，在这里选择 Avery 厂商的 C2180 型，这种标签的尺寸为 21mm×15mm，一行显示 3 个标签。

（3）单击【下一步】按钮，弹出设置文本对话框。本步骤为设置字号、字体、颜色等，如图 11-23 所示。

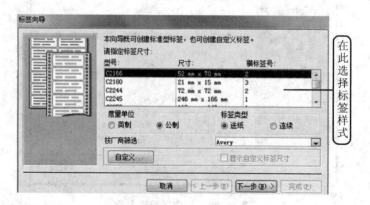

图 11-22　指定标签样式

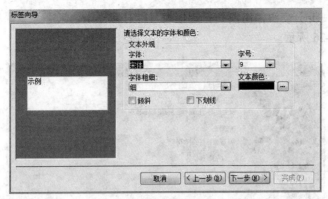

图 11-23　指定标签内文本的格式

（4）单击【下一步】按钮，弹出确定标签显示内容对话框。用户在【可用字段】列表框中选取要显示的文字，单击 ＞ 按钮，将其添加到【原型标签】内，同时也可以直接输入所需要的文字，如图 11-24 所示。

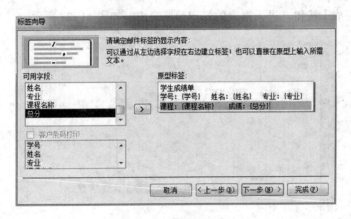

图 11-24　设置标签内容

（5）单击【下一步】按钮，弹出确定排序字段对话框，该步骤为设置打印报表的排序依据，可以选择多个字段作为排序依据。本例选取【学号】字段并单击 ＞ 按钮，使其作为报表打印时的排序依据字段，如图 11-25 所示。

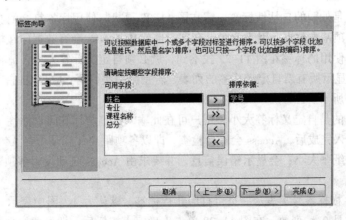

图 11-25　设置排序

（6）单击【下一步】按钮，切换到指定报表名称对话框。输入【学生课程成绩_标签】为新报表名称，如图11-26所示。

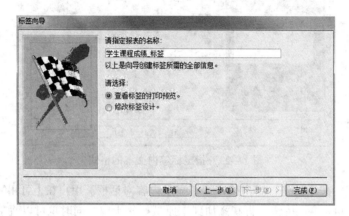

图11-26 指定报表名称

（7）单击【完成】按钮，进入报表的打印预览视图，如图11-27所示。

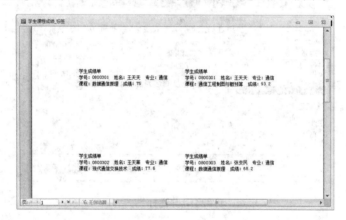

图11-27 标签报表

标签是数据库的重要应用，读者可使用外购标签，或直接将标签打印在一般纸张上，若为前者，表示将使用套印。

若用户的标签是外购的自粘性标签，需在图11-22寻找与使用标签符合的类型，包括行数、列数、宽与高等各项基本数据，因为此时是套印，也就是Access会将数据印在标签上，故需指定正确标签类型。若使用的标签在图11-22找不到，就必须自定义标签大小，请在此图单击【自定义】按钮，此时会显示所有新自定义标签的列表，若是第一次使用，应为空白，请再单击【新建】按钮，如图11-28所示。

图11-28的目的是自定义标签大小，用户可在此输入标签与标签间、标签与文字间的各项距离。在图11-28输入完成后，Access会进行检查，即以各项距离计算是否在A4（默认值）纸张上完整打印，若超出纸张大小，会显示错误信息，并要求由Access自动设置各项数值，如图11-29所示。

图11-28的【横标签号】表示一页可打印几行标签，默认为1，图中表示一页有两行标签，所以一页标签总数是2 * 列数。在图11-28单击【确定】按钮后，即可建立新标签，如图11-30所示。

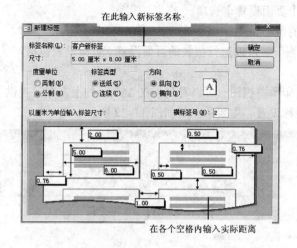

图 11-28　输入自定义标签各式规格

图 11-29　尺寸设置错误对话框

图 11-30　建立完成的新标签

图 11-30 的新标签名称为【客户新标签】，即为图 11-28 所建立。建立自定义标签后，以后每次使用标签向导皆可选择自定义标签，所以用户可在图 11-30 建立多个自定义标签，以后使用标签向导时，就可指定自定义标签，如图 11-31 所示。

如图 11-31 所示，用户需选中【显示自定义标签尺寸】复选框，方可显示及指定自定义标签。

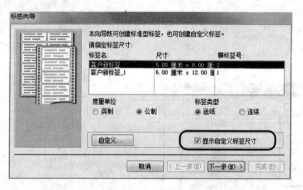

图 11-31　使用自定义标签

11.3　打印报表

了解如何建立报表后，本节将说明报表的打印问题。对报表进行打印，一般要做 3 项准备工作，分别如下：

（1）进入报表的【打印预览】视图，预览报表。

（2）设置报表的【页面设置】选项。

（3）设置打印时的各种设置。

在【打印预览】视图下，可以进行报表的页面设置。页面设置包括定义打印位置、打印列数、选择纸张和打印机等。

进入任意报表的打印预览视图，可以看到，在 Access 的上方专门提供了【打印预览】选项卡用于对报表页面进行各种设置，主要的工具如图 11-32 所示。

图 11-32　打印预览工具

1. 更改报表边界

更改报表边界的具体步骤如下：

（1）选择【页面设置】命令，弹出如图 11-33 所示的对话框。

（2）在图 11-33 的【页边距】选项中，分别为【上】、【下】、【左】、【右】等文本框输入以毫米为单位的数值，如输入 20，单击【确定】按钮。

（3）单击 按钮。

图 11-33 的目的是设置报表四周与纸张的距离，也就是报表边界，此段距离会在报表四周，形成不打印数据的外框。单位为厘米，故本例输入的 20 mm 等于 2 cm，这 4 个距离默认值是 2.5 英寸（6.35 cm）。

2.计算及更改报表宽度

延续前例，用户在报表设计视图可使用的空间，应是纸张宽度减去左右两个版边后的空间，以图 11-33 为例，左右版边各为 2 厘米，且纸张为 A4，宽度是 21 厘米，故用户在设计视图中，使用的宽度不可超过 21-（2×2）=17 cm，如图 11-34 所示。

图 11-33　设置报表边界

图 11-34　设置报表宽度

图 11-34 的报表宽度属性是 15.891 厘米，用户可设置此属性，也可在设计窗口拖动报表右边界，更改报表宽度。在本例中，若将报表宽度设置刚好为 17 厘米或大于 17 厘米，都会因为宽度过大，超过纸张宽度而发生如图 11-35 所示的错误。

图 11-35　报表过宽时

如果由于报表过宽而发生错误的话，此报表仍可打印，但超出部分，将无法打印。此时有两个解决方案，一是在图 11-33 缩小左右边界；另是在图 11-34 缩小报表本身的宽度，若无法缩小，必定是有控件超出允许宽度。

3．更改打印方向

打印方向有【纵向】和【横向】两个选项，默认为纵向打印，即根据纸张宽度按行打印；如果指定为横向打印，则打印内容将转置 90°，沿纸张长度方向按列打印。具体步骤如下：

（1）选择【页面设置】命令，弹出如图 11-33 所示的对话框。

（2）切换至【页】选项卡，选择打印方向，如图 11-36 所示。

另外，图 11-36 还可设置纸张大小及打印机等，其中可用的纸张大小视用户安装的打印机而定，所以用户在操作时，图 11-36 的内容可能与本书不同，此处会自动显示默认打印机的可用纸张大小。

4．自定义纸张大小

若用户使用 Windows 操作系统，可以进行自定义纸张大小的操作，可分为两大步骤，首先需在 Windows 资源管理器中建立新纸张大小，再返回 Access 的报表，为报表指定使用的纸张大小，本小节先说明如何在 Windows 7 中建立新纸张大小，再于下面指定至报表。

（1）使用【开始】→【设备和打印机】选项，如图 11-37 所示。

（2）选择欲建立纸张大小的打印机，再使用【文件】→【服务器属性】选项。

图 11-36　设置纸张大小及方向

图 11-37　打开打印机

（3）在打开的【打印服务器属性】对话框中，选中【创建新表单】复选框，输入【出货单】为新表单名称，再于【纸张大小】中输入新大小的高、宽、上下左右等边界值，如图 11-38 所示，完成后再击【确定】按钮。

图 11-38 建立新纸张大小

以上就是建立新纸张大小的操作，用户必须先指定打印机，因为新纸张大小会"跟着"打印机。

（4）再次打开报表的【页面设置】对话框，单击【纸张大小】的 ▼ 按钮，名称为【出货单】的纸张大小，便会出现在图 11-36 所示的【大小】列表中。

编者在本节自定义纸张大小时，是在默认打印机内建立新大小，而每一报表默认皆使用默认打印机执行打印，故在图 11-36 的列表中，会显示默认打印机的所有可用纸张大小。

换言之，若图 11-36 中未显示用户在前例制作的新纸张大小，表示新大小不在默认打印机中，需先更改打印机，方可使用新大小。

5．更改打印机打印品质

更改打印机打印品质的具体步骤如下：

（1）打开需要打印的报表，并切换到【打印浏览】视图。

（2）打开报表的【页面设置】对话框，切换至【页】选项卡，选中【使用指定打印机】单选按钮，单击【打印机】按钮，弹出图 11-39 所示的对话框。

（3）在图 11-39 中，单击【属性】按钮，弹出【文档属性】对话框，如图 11-40 所示。在图中各功能选项卡上，在欲更改的选项中单击，再输入新值或以鼠标指定新值，单击【确定】按钮。

若有多台打印机，可按下此按钮，
指定目前报表使用的打印机

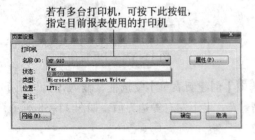

图 11-39 指定打印机

图 11-40 更改打印机选项

本节目的是在打印前，更改打印机设置，用户在操作时，图 11-40 的内容可能与本书不同，此图是 HP 910 的打印机内容，此处会显示安装至用户计算机中打印机的内容

👉 **说　明**

每一报表均可设置打印时使用的打印机，若未特别设置，均是使用默认打印机。更改的操作如图 11-39 所示。建议用户若没有特别需要，使用默认打印机即可，因为若数据库复制至另一台计算机，则该部计算机亦需安装同一打印机，否则会发生找不到打印机的错误。

习　题

一、选择题

1. 以下有关打印报表的设计，（　　　）有误。
   （A）一页打印笔数等于总高度除以主体的高度
   （B）页面页首及页面页脚无法使用函数
   （C）可以扩大为是后，若数据过多，会自动加大宽度
   （D）报表页眉会打印在第一页最上方

2. 若要在页面页脚打印如"打印日期：2001/11/27"，则应在文本框输入（　　　）。
   （A）="打印日期："& Time()　　　　　（B）="打印日期："& Date()
   （C）="打印日期："& Today()　　　　　（D）以上皆非

3. 承上题，叙述应输入在文本框的属性（　　　）。
   （A）控件来源　　（B）记录来源　　（C）格式　　　（D）输入掩码

4. 以下（　　　）可针对报表进行分页。
   （A）分页控件　　　　　　　　　　　（B）强制分页属性
   （C）保持同页属性　　　　　　　　　（D）以上皆是

5. 若要使用自定义纸张大小，应先在（　　　）处自定义新大小。
   （A）打印机　　　（B）报表　　　（C）Access 内自定义新大小

6. 若要在报表将相同月份的数据打印在一起，应使用（　　　）功能。
   （A）排序　　　　（B）分组　　　（C）多列　　　（D）自动扩大

7. 假设现有单价及数量字段，则在报表页脚中，计算二者相乘的合计公式是（　　　）。
   （A）Count(单价*数量)　　　　　　　（B）Sum(单价*数量)
   （C）Average(单价*数量)

8. 下列有关多列报表的叙述，（　　　）有误。
   （A）字段数较多
   （B）一列宽度等于报表总宽度除以列数
   （C）可设置先列后行或先行后列

9. 以下（　　　）是只可使用在报表之前，无法使用于窗体的功能。
   （A）页面页眉及页面页脚　　　　　　（B）分组
   （C）排序　　　　　　　　　　　　　（D）图表

10. 预览报表时，若发生报表宽度过宽的错误，应如何更改（　　　）。
    （A）换用较大纸张

（B）略过错误及直接打印

（C）缩小报表宽度

二、填空题

1. 报表的主要供是_____。

2. 在报表中常用的视图有_____、_____和_____。

3. 报表通过有_____、_____、_____、_____和_____5 部分组成。

4. 在报表中进行分组统计，需要的操作区域是_____节。

第4篇 专题练习

第12章

应用Access完成图书进销存管理

通过本章的学习，读者应该掌握进销存管理系统的设计过程和基本组成，能够在本章示例的基础上扩充其他功能。

同时，读者应该进一步体会完整的数据库系统开发的步骤，了解进销存管理系统的一般功能组成。读者还要进一步学习表、查询、窗体、报表等数据库对象在数据库程序中的各自作用。

学习目标：

- 通过与客户的交流，完成系统的功能设计及模块设计
- 能够对数据库进行合理的设计
- 能够合理的设计及建立查询、窗体及报表
- 掌握软件测试的工作步骤及应用
- 能够培养学生的独立思考能力
- 提高学生的沟通能力

12.1 工程背景

目前我国的中小企业数量较多、地区分布广泛、行业分布跨度大，随着全球经济一体化的发展及中国加入WTO，中小企业将面临外资企业和国外产品与服务的严峻挑战，比较而言，外资企业具有更为雄厚的资金实力、丰富的管理经验和先进的技术手段，因此，如果我国的中小企业不借助先进的管理思想转变经营观念、使用信息化提高企业的管理水平和工作效率，将很难在今后的国际竞争中取胜。然而企业管理在很多方面、很大程度上都必须借助信息化来完成，而我国中小企业的信息化水平还很低，与外资企业相比，还处于起步阶段。

随着技术发展，计算机操作及管理日趋简化，计算机知识日趋普及，同时市场经济快速多变，竞争激烈，因此企业采用计算机管理进货、库存、销售等诸多环节也已成为趋势及必然。

在经济快速发展的今天，企业的进销存管理是企业经营管理中的重要环节，也是一个企业能够取得效益的关键，如果能够做到合理进货，及时销售，库存量最小的同时又不至于缺货，那么企业就能获得最好的效益。

目前国内知名的进销存软件有 Simple 进销存、美萍软件、金蝶软件、特尔特软件、用友软件、秘奥软件、金动力软件等。每种进销存软件的功能和特点各不相同，目前国内进销存软件市场可大体分为三大派系：

第一类以"速达"为首，将进销存做成专业的财务软件，供会计使用。此类软件专业性强、功能强大、可用于报税。但此类软件前期培训成本较高，且对于非财务人员不适用，有很强的排它性。

第二类以"管家婆"为首，将进销存专业、复杂的程序隐入幕后，做成傻瓜型的软件，供普通用户使用。此类软件操作界面简单，易学易用，非财务人员也能快速掌握。但此类软件功能比较单一，很多统计数据无法实现。

第三类以"金蝶智慧记"为首，针对个体批发店、个体零售店、网店、简单管理小企业的免费进销存软件。主要功能：进出货记录、管理库存、管理欠款、管理收支、管理客户、管理供应商、统计报表等，界面简单，功能齐全，简单易学。

本课程的教学项目为应用 Access 完成图书进销存管理，该项目完全来源于企业的应用，其要求是完成 Access 数据库管理系统的分析、设计及窗体、报表的开发与测试的过程，让学生了解掌握如何进行需求分析、系统设计、系统实现以及灵活使用 Access 软件。

12.2　技术要求

按照软件工程和数据库技术的设计要求，数据库设计需要分成以下几个阶段：需求分析、概念结构设计、逻辑结构设计、物理设计、数据库实施、数据库运行与维护等环节和方面。如图 12-1 所示。

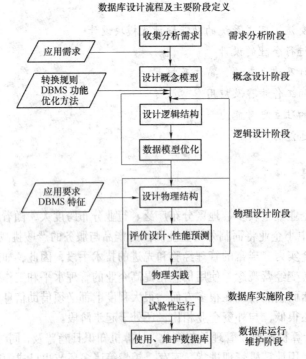

图 12-1　数据库设计流程及主要阶段定义

1. 需求分析

能够分析用户提出的需求，并能根据模块要求，进行需求说明书的编写。

2. 概念结构设计阶段

概念结构设计的任务是在需求分析阶段产生的需求说明书的基础上，按照特定的方法把它们抽象为一个不依赖于任何具体机器的数据模型，即概念模型。概念模型使设计者的注意力能够从复杂的实现细节中解脱出来，而只集中在最重要的信息的组织结构和处理模式上。该阶段的主要任务是要设计出能真实反映客观事物的模型，同时让设计的模型能易于理解，易于扩展，能方便的向其他数据库转移，并形成一个独立于具体 DBMS 的概念模型，可以用实体-关系图（E-R 图）来表示。

3. 逻辑结构设计

概念结构设计所得的 E-R 模型是对用户需求的一种抽象的表达形式，它独立于任何一种具体的数据模型，因而也不能为任何一个具体的 DBMS 所支持。为了能够建立起最终的物理系统，还需要将概念结构进一步转化为某一 DBMS 所支持的数据模型，然后根据逻辑设计的准则、数据的语义约束、规范化理论等对数据模型进行适当的调整和优化，形成合理的全局逻辑结构，并设计出用户子模式。这就是数据库逻辑设计所要完成的任务。

数据库逻辑结构的设计分为两个步骤：首先将概念设计所得的 E-R 图转换为关系模型；然后对关系模型进行优化，

关系模型是由一组关系（二维表）的结合，而 E-R 模型则是由实体、实体的属性、实体间的关系 3 个要素组成。所以要将 E-R 模型转换为关系模型，就是将实体、属性和联系都要转换为相应的关系模型。

4. 数据库物理设计阶段

数据库最终是要存储在物理设备上的，为一个给定的逻辑数据模型选取一个最适合应用环境的物理结构（存储结构与存取方法）的过程，就是数据库的物理设计。物理结构依赖于给定的 DBMS 和和硬件系统，因此必须充分了解所用 DBMS 的内部特征，特别是存储结构和存取方法；充分了解应用环境，特别是应用的处理频率和响应时间要求；以及充分了解外存设备的特性。

该阶段的主要任务是确定数据的存储结构、设计数据的存取路径、确定数据的存放位置以及确定系统配置。

5. 数据库实施阶段

根据逻辑设计和物理设计的结果，在计算机系统上建立起实际数据库结构、装入数据、测试和试运行的过程称为数据库的实施阶段。

实施阶段主要完成三项工作：

（1）建立实际数据库结构。对描述逻辑设计和物理设计结果的程序即"源模式"，经 DBMS 编译成目标模式并执行后，便建立了实际的数据库结构。

（2）装入试验数据对应用程序进行调试。试验数据可以是实际数据，也可由手工生成或用随机数发生器生成。应使测试数据尽可能覆盖现实世界的各种情况。

（3）装入实际数据，进入试运行状态。测量系统的性能指标，是否符合设计目标。如果不符，则返回到前面，修改数据库的物理模型设计甚至逻辑模型设计。

6. 数据库运行和维护

数据库试运行合格后，数据库开发工作就基本完成，即可投入正式运行了。但是，由于应用环境在不断变化，数据库运行过程中物理存储也会不断变化，对数据库设计进行评价、调整、修改等维护工作是一个长期的任务，也是设计工作的继续和提高。

该阶段主要的任务有以下几点：

（1）数据库的转储和恢复：针对不同的应用要求制定不同的转储计划，以保证一旦发生故障能尽快将数据库恢复到某种一致的状态，并尽可能减少对数据库的破坏。

（2）数据库的安全性、完整性控制。

（3）数据库性能的监督、分析和改造。

（4）数据库的重组织与重构造。

在案例实施过程中，按照企业实际工作流程，编写《需求说明书》《数据库设计说明书》《系统详细设计说明书》以及《测试需求》《测试计划》等，并于定期进行小组讨论，汇总成会议纪要，同时要进行阶段性的总结。

12.3 解决方案

根据企业实际工作流程，将整个项目分解为几个任务，具体任务的解决方案如下：

12.3.1 需求分析

进销存管理系统的意义在于使用用户方便地查找和管理各种业务信息，大大提高企业的效率和管理水平。

用户的需求主要有以下几方面的内容：

（1）将商品、客户、进货、销售等信息录入管理系统，提供修改和查询的功能。

（2）能够对各类信息提供查询。

（3）能够统计进出库的各类信息，对进库、销售、库存进行汇总，协调各部门的相互工作。

按照前面的需求分析，设计的进销存管理系统分为以下几个模块：

（1）系统的基本配置模块：包括商品图书、客户、图书存放地书架的基本信息的录入。

（2）产品进出库处理模块：主要包括对入库图书和出库图书的处理。

（3）查询模块：对系统中的各类信息，如商品资料、出入库详细资料等进行查询，支持模糊查询。

（4）报表显示模块：根据用户的需要和查询结果生成报表。

12.3.2 数据库结构的设计

数据库的设计最重要的就是数据表结构的设计，数据表作为数据库中其他对象的数据源，表的结构设计好坏直接影响到数据库的性能，也直接影响整个系统设计的复杂程序，因此设计既要满足需求，又要具有良好的结构。

在数据库概念设计的基本上，通过优化，可以建立如下 7 个关系模式存储所有信息。

1．客户编码表

客户编码表存储着客户的基本信息，具体字段结构如表 12-1 所示。

表 12-1　客户编码表

字段名称	数据类型	长度	非空字段	特殊说明
客户编号	自动编号	长整型	否	主键
客户名称	文本	50	否	

2．书架编码表

不同类型的书需要放在不同的书架上进行存储，书架表的具体字段结构如表 12-2 所示。

表 12-2　书架编码表

字段名称	数据类型	长度	非空字段	特殊说明
书架编号	自动编号	长整型	否	主键
书架名称	文本	50	否	

3. 图书编码表

图书编码表存储了图书自身的一些属性，其具体的字段结构如表 12-3 所示。

表 12-3　图 书 编 码

字段名称	数据类型	长度	非空字段	特殊说明
图书编码	自动编号	长整型	否	主键
图书名称	文本	50	否	

4. 入库记录表

记录了图书入库的基本信息，其具体的字段结构如表 12-4 所示。

表 12-4　入库记录表

字段名称	数据类型	长度	非空字段	特殊说明
入库编号	自动编号	长整型	否	主键
书架编码	数字	长整型	否	
书架名称	文本	50	是	
入库日期	日期/时间	中日期	否	
图书编码	数字	长整型	否	
图书名称	文本	50	是	
出版日期	日期/时间	中日期	否	
入库数量	数字	长整型	否	

5. 出库记录表

记录了图书出库的基本信息，其具体的字段结构如表 12-5 所示。

表 12-5　出库记录表

字段名称	数据类型	长度	非空字段	特殊说明
出库编号	自动编号	长整型	否	主键
出库日期	日期/时间	中日期	否	
库存编号	数字	长整型	否	
书架名称	文本	50	否	
入库日期	日期/时间	中日期	否	
图书编码	数字	长整型	否	
图书名称	文本	50	是	
出版日期	日期/时间	中日期	否	
库存数量	数字	长整型	否	
出库数量	数字	长整型	否	
客户名称	文本	50	否	

6. 库存信息表

记录产品的库存信息，其具体的字段结构如表 12-6 所示。

表 12-6 库存信息表

字段名称	数据类型	长度	非空字段	特殊说明
库存编号	自动编号	长整型	否	主键
书架编码	数字	长整型	否	
书架名称	文本	50	否	
入库日期	日期/时间	中日期	否	
出版日期	日期/时间	中日期	否	
图书编码	数字	长整型	否	
图书名称	文本	50	是	
库存数量	数字	长整型	否	

7. 预计入库图书表

记录了即将入库产品的信息，其具体的字段结构如表 12-7 所示。

表 12-7 预计入库图书表

字段名称	数据类型	长度	非空字段	特殊说明
预计入库编号	自动编号	长整型	否	主键
发货日期	日期/时间	中日期	否	
图书编码	数字	长整型	否	
图书名称	文本	50	否	
预计入库数量	数字	长整型	否	
预计到货日	日期/时间	中日期	否	

数据表中按主题存放了各种数据记录，在使用时，用户从各个数据表中提取出一定的字段进行操作。这其实就是关系型书架的工作方式。

要保证数据库里各个表之间的一致性和相关性，就必须建立表之间的关系。根据实际需要，最终建立了图 12-2 所示的关系图。

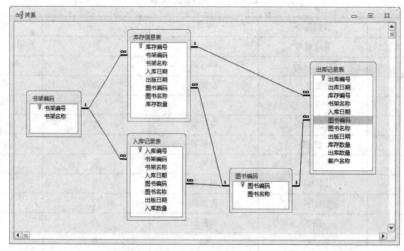

图 12-2 关系图

12.3.3　查询的设计

使用进销存管理关系的用户，要查看各方面的数据，就要使用查询功能。通过设计查询，使用进销存管理关系的用户可以浏览全部数据或部分该用户想查看的数据。

本软件主要有四种查询，分别是预计入库查询，入库查询，出库查询，库存查询。对于每一种查询来说，又包含两种查询方式，一种是按入库日期升序排列之后显示出来，另外一种是按图书类型汇总之后显示出来。以下以入库查询为例，其余的 SQL 语句类似。

1．入库明细查询（按入库时间升序）

SELECT 入库记录表.入库编号，入库记录表.书架名称，入库记录表.入库日期，入库记录表.图书编码，入库记录表.图书名称，入库记录表.出版日期，入库记录表.入库数量

FROM 入库记录表

ORDER BY 入库记录表.入库日期；

2．入库明细汇总（按图书编码）

SELECT 入库明细查询.图书编码，入库明细查询.图书名称，Sum(入库明细查询.入库数量) AS 入库数量合计

FROM 入库明细查询

GROUP BY 入库明细查询.图书编码，入库明细查询.图书名称；

12.3.4　窗体设计

在前面的内容中，已经建立了数据库后端的表格，并设计了他们之间的关系。而直接与用户接触的前端对象窗体，是一个访问的平台，用户通过它查看和访问数据库，实现数据的输入等。该系统的访问界面如图 12-3 所示。

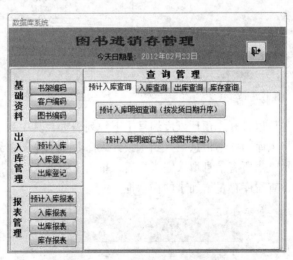

图 12-3　图书进销存管理

（1）书架编码：可以浏览目前所有书架的分类情况，同时也可以增加新类型的书架，如图 12-4 所示。

（2）客户编码：可以浏览目前所有注册登记的客户信息，同时也可以添加新客户信息，如图 12-5 所示。

图 12-4　书架编码

图 12-5　客户编码

（3）图书编码：可以浏览目前所有登记入库的图书信息，同时也可以添加新的图书信息，如图 12-6 所示。

（4）预计入库：该窗体主要针对图书批发零售商完成的，主要登记那些还在运送途中的图书信息。一旦运送到货，立即删除此条信息，并重新登记到图书入库窗体中。为了便于操作，其中【发货日期】、【预计到货日期】可以通过隐含的日期控件进行选择。当用户单击【图书编码】下拉按钮时，能够显示出所有登记过的图书编码及图书名称，并把用户选中的信息自动填入【图书编码】和【图书名称】文本框中，如图 12-7 所示。

图 12-6　图书编码

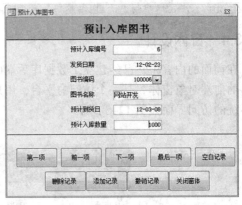

图 12-7　预计入库图书

（5）入库登记：首先可以打开【预计入库编号】下拉列表框，其中列出了所有未入库的图书信息，并把用户选中即将入库的图书信息填入到【预计入库数量】、【图书编码】、【图书名称】文本框中，如图 12-8 所示。当所有信息填入完毕之后，单击【图书入库】按钮，完成图书入库操作，并给出【入库成功，查看库存量增加】的提示框。

图 12-8　入库记录

（6）查看库存：该窗体主要查看目前所有入库图书的信息，并可以通过模糊查询的方式对图书进行查找，如图 12-9 所示。

图 12-9　查看库存

（7）查看在途：该窗体主要查看目前所有预计入库图书的信息，并可以通过模糊查询的方式对图书进行查找，如图 12-10 所示。

图 12-10　查看在途

（8）出库登记：首先打开【库存编号】下拉列表框，在其中选中即将要发货的商品，系统会把用户选好的商品信息填入到【图书编码】、【图书名称】、【书架名称】、【出版日期】、【入库日期】及【库存数量】文本框中，以方便用户的操作，如图 12-11 所示。此时用户只需填入【出库日期】、【出库数据】及【客户名称】中的信息，查看无误之后并可以单击【图书出库】按钮，完成出库操作，同时系统会自动更新库存量数据表中相应图书的数量，并给出【出库成功，库存量减少】的提示框。

图 12-11　出库登记

12.3.5 报表的实现

报表对象是 Access 数据库的主要对象之一，其主要作用是专门用来统计、汇总且整理数据，并将它们打印出来。用户可以利用报表，有选择地将数据输出，从中检索有用信息。

作为 Access 数据库中的主要接口，窗体提供了新建、编辑和删除数据的最灵活的方法。窗体和报表都是用于数据库中数据的维护，但是其中的作用不同，窗体主要用于数据的输入，报表则用来在屏幕上打印输出的窗体中查阅，虽然数据库中的表、查询和窗体都有打印的功能，但是它们只能打印比较简单的信息，要打印数据库中的数据，最好的方式是使用报表。

（1）预计入库报表：该报表按图书编码进行分类汇总，并打印，如图 12-12 所示。

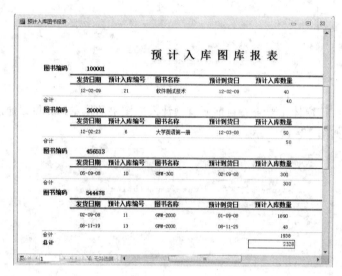

图 12-12 预计入库报表

（2）入库报表：该报表可以把入库时间在一范围之内的所有图书，按照图书编码进行分类汇总，并打印出来，如图 12-13 所示。

图 12-13 入库报表

（3）出库报表：该报表可以把出库时间在一范围之内的所有图书，按照图书编码进行分类汇总，并打印出来，如图 12-14 所示。

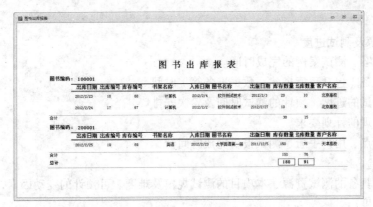

图 12-14　出库报表

（4）库存报表：该报表按图书编码进行分类汇总，并打印，如图 12-15 所示。

图 12-15　库存报表

12.3.6　制定测试计划书

软件测试描述一种用来促进鉴定软件的正确性、完整性、安全性、和品质的过程。软件投入运行前，对软件需求分析、设计规格说明和编码的最终复审，是软件质量保证的关键步骤。

1．测试项目简介
简单描述测试的项目概况（参考功能说明书）。

2．测试所需的软硬件配置（须注明已经具备的和缺少的）
（1）硬件配置。
（2）软件系统配置：包括系统软件和应用软件。

3．测试组组成及人力资源要求
（1）本项目的测试人员姓名及分工，指定测试负责人。
（2）需要配合的相关部门和人员。

4．测试的内容及步骤
（1）技术测试。阐述哪些地方采用需要进行除功能测试之外的测试如压力测试、性能测试，若不进行技术测试则填写"无"。
（2）功能测试。简单描述需要测试的业务种类或功能模块（力求简洁），有移行测试需在此描述。

5．测试规模及工作量分析
对本次测试的内容和难度进行分析，技术人员分析系统资源利用情况和性能等，并按"人日"

折算成工作量。

6．时间资源及测试进度

（1）测试方案、测试案例的完成时间。

（2）环境准备（包括环境搭建、数据准备等）时间。

（3）预估测试的进度，预计的测试时间及轮次安排。

（4）批量处理的计划要求。

（5）测试要点、用户手册、测试报告完成时间。

7．测试风险

通过分析已具备的测试资源、本项目的测试规模及难度、可预计的变动因素，提出完成本项目存在的风险程度。

（1）人力、时间资源方面。

（2）测试环境方面。

（3）部门配合方面。

12.4 评价标准

评价标准如表12-8所示。

表 12-8　评 价 标 准

考核要点		评　价　等　级			
		优	良	中	差
技术要点评价标准	专业技能	胜任岗位职责要求，能独立承担岗位职责范围内的专业技术工作，能熟练运用专业知识，解决工作中的技术难题	胜任岗位职责要求，能在老师和同学的指点下独立承担岗位职责范围内的专业技术工作，运用专业知识，解决工作中的中等难题	基本胜任岗位职责要求，能在老师同学的帮助下一起完成岗位职责范围内的专业技术工作，能解决工作中的一般性难题	无法胜任岗位职责要求，即使在老师同学的帮助下也无法完成岗位职责范围内的工作，不能解决工作中出现的问题
	需求分析	正确理解客户的需求，并做好需求分析	能力理解客户的绝大部分需求，需求报告制作合理	基本能够理解客户的需求，需求报告基本合理	不能理解客户的需求，需求报告没有或者制作不合理
	数据库安装与配置	熟练安装、配置、使用数据库管理系统，完成数据库的创建	正确安装、配置、使用数据库管理系统，基本完成数据库的创建	安装、配置、使用数据库管理系统，排查之后能够正常完成数据库的创建	不能完成数据库的安装与配置
	设计查询	能够正确通过编写SQL查询代码完成设计查询的工作，且符合规范	在老师和同学的帮忙下通过编写SQL查询代码完成查询设计的工作，且基本符合规范	无法通过编写SQL代码进行查询设计，但是能够正确使用查询设计向导完成查询设计工作	无法通过编写SQL代码进行查询设计，且也不会使用查询设计向导完成查询设计工作
	设计窗体	能够使用空窗体命令进行建立窗体，且建立的窗体控件易于操作，界面美观	能够使用窗体设计命令进行建立窗体，且建立的窗体控件不具有易操作，界面美观	能够使用窗体向导命令进行建立窗体，且建立的窗体控件不具有易操作性，界面一般	即使在老师和同学的指点下，也不能独立完成窗体的建立

续表

考核要点		评价等级			
		优	良	中	差
技术要点评价标准	设计报表	能够使用空报表命令进行建立报表，且建立的报表界面美观，分类汇总项选项正确，对用户今后分析数据能够起到很大的帮助	能够使用报表设计命令进行建立报表，且建立的报表界面一般，分类汇总项选项基本正确，对用户今后分析数据能够起到一定帮助	能够使用报表向导命令进行建立报表，且建立的报表界面一般，分类汇总项选项不正确，对用户今后分析数据很难起到一定的作用	即使在老师和同学的指点下，也不能独立完成报表的建立
	测试与运行	测试计划合理，测试项选择正确，测试用例全面且具有代表性，能够灵活运行最新的自动化测试工具	测试计划基本符合要求，测试项选择基本正确，测试用例全面且具有代表性，能够运行自动化测试工具做一些简单的测试工作	测试计划符合要求但是不全面，测试项选择正确，测试用例具有一定代表性，不会使用自动化测试工具	测试计划不合理，测试项选择不正确，测试用例不具有代表性，并且不会使用自动化测试工具
文档报告评价标准	文档书写规范性	撰写的文档完全符合相应的文档规范	撰写的文档基本符合相应的文档规范	撰写的文档大部分符合相应的文档规范	撰写的文档小部分符合相应的文档规范
	小组会议纪记录	小组会议记录完整，并按会议纪要模板进行编写	小组会议记录符合要求，并按会议纪要模板进行编写	小组会议记录基本合格，并按会议纪要模板进行编写	小组会议记录不完整，格式不正确
	系统实施过程中常见问题汇总	汇总问题全面、具体，描述清楚，解决方案正确	汇总问题一般、比较具体，描述较清楚，解决方案基本合理	汇总问题具有代表性但不全面，描述清楚，解决方案有待进一步推敲	汇总问题不具有代表性，描述模糊，解决方案不合理
个人能力评价标准	信息搜集能力	完全能够借鉴以往项目的成功经验，在现存的一些资料中能够较好地获取有益于本项目的信息	能够借鉴以往项目的成功经验，在现存的一些资料中能够较好地取有益于本项目的信息	基本能够借鉴以往项目的成功经验，在现存的一些资料中能够获取较好地取有益于本项目的小部分信息	不能够借鉴以往项目的成功经验，在现存的一些资料中能够不能获取有益于本项目的任何信息
	团队合作能力	计划组织能力强，协作能力强，能充分发挥小组内每一个人员的能力	计划较周全，团队协作较好，发挥团队成员的优势	计划组织能力一般，团队协作一般，团队成员的优势没有全部挖掘出来	计划组织能力较差，体现不出来团队协作的优势
	工作能力和工作态度	事业心强，工作勤勤恳恳满负荷，积极主动不拖拉，对职责范围内工作做到早安排，按时完成，对领导交办的临时性工作，按质按量完成，能充分发挥主观能动性解决工作中的各种困难	事业心较强，工作认真，对职责范围内工作做到早安排，按时完成，对领导交办的临时性工作，按质按量较好地完成，能充分发挥主观能动性解决工作中的较困难的事情	事业心一般，工作积极主动，基本能够按时完成，对领导交办的临时性工作，按质按量基本完成，充分发挥主观能动性解决工作中各种问题的能力还需要提高	事业心较差，工作不主动，不能按时完成，对领导交办的临时性工作，无法按质按量完成
	学习水平	系统掌握本专业基础理论和技术知识，达到岗位职责要求，业务精通，并在某一方面有独到见解	较好的掌握本专业基础理论和技术知识，达到岗位职责要求，业务水平较好	基本掌握本专业基础理论和技术知识，达到岗位职责要求，业务水平一般	对本专业基础理论和技术知识掌握极差，无法达到岗位职责要求，业务水平较差
	开拓创新能力	思想活跃，思路开阔，开拓精神强，能综合运用专业理论和实践经验，提出新观点、新技术、新方法	思想较活跃，思路较开阔，能综合运用专业理论和实践经验，提出新观点、新技术、新方法	思想不太活跃，思路一般，能运用专业理论和实践经验，提出一般的观点和方法	思想不活跃，思路不开阔，无法运用专业理论和实践经验，提出观点和解决方法

附录 Ⓐ

Access 2010新增功能

Access 2010 是 Microsoft 公司最新推出的 Access 版本,是微软办公软件包 Office 2010 的一部分。

1. 概述

新版本的 Access 2010,在用户界面上较之前的 Access 2007 版本变化不大,但还是新增了许多使用的功能。利用 Access 2010 新的交互式设计功能和能够处理来自多种数据源数据的能力,用户可以快速创建具有企业级功能的应用程序,而不需要具有高深的数据源知识。

1)新的宏生成器

Access 2010 包含一个新的宏生成器,它具有智能感知功能和整齐简洁的界面,如附录 A 图-1 所示。

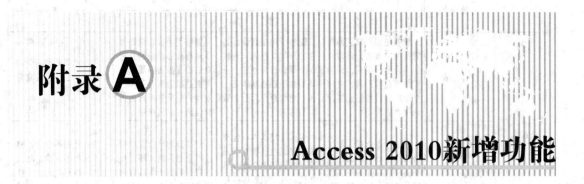

附录 A 图-1 宏生成器

具体操作如下:

(1)从【添加新操作】列表中选择操作。

(2)双击【操作目录】中的操作来将其添加到宏中。

(3)处理宏时会显示【设计】选项卡。

添加操作时,宏生成器中会显示更多选项。例如,在添加【IF 操作】时,用户会看到:除了传统宏外,还可以使用新的宏生成器来创建数据宏,如附录 A 图-2 所示。数据宏是一个新功能。

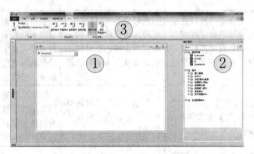

附录 A 图-2 添加 IF 操作

（1）数据宏：根据事件更改数据。数据宏有助于支持 Web 数据库中的聚合，并且还提供了一种在任何 Access 2010 数据库中实现"触发器"的方法。

例如，假设有一个【已完成百分比】字段和一个【状态】字段。可以使用数据宏进行如下设置：当【状态】设置为【已完成】时，将【已完成百分比】设置为 100；当【状态】设置为【未开始】时，将【已完成百分比】设置为 0。

（2）增强的表达式生成器。表达式生成器现在具有智能感知功能，因此可以在键入时看到需要的选项。它还在【表达式生成器】窗口中显示有关当前选择的表达式值的帮助。例如，如果选择 Trim 函数，表达式生成器会如附录 A 图-3 所示。

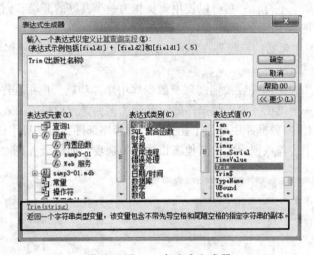

附录 A 图-3　表达式生成器

在 Access 2010 表达式生成器中还有以下两项需要注意。

（1）计算字段。可以创建显示计算结果的字段。计算必须引用同一表中的其他字段。可以使用表达式生成器来创建计算。

（2）表有效性规则。如果更改的记录要验证指定的规则，可以创建阻止数据输入的规则。与字段有效性规则不同，表有效性规则可以检查多个字段的值。可以使用表达式生成器来创建有效性规则。

2）SharePoint 网站

在 Microsoft Access 2010 中，可以生成 Web 数据库并将它们发布到 SharePoint 网站。SharePoint 访问者可以在 Web 浏览器中使用您的数据库应用程序，并使用 SharePoint 权限来确定哪些用户可以看到哪些内容。用户可以从使用模板开始，以便可以立即开始协作。很多其他增强功能支持这个新的 Web 发布功能，而且还提供了传统桌面数据库具有的好处。

在 Web 上共享数据库有几下几种方法：

（1）使用模板：Access 2010 附带了五个模板：【联系人】、【资产】、【项目】、【事件】和【慈善捐赠】。在发布任何模板之前或之后，都可以对其进行修改。

（2）从头开始：在创建空白的新数据库时，可以在常规数据库和 Web 数据库之间进行选择。此选择影响将看到的设计功能和命令，因此很容易确保您的应用程序与 Web 兼容。

（3）将现有的数据库转换为 Web 数据库：可以将现有的应用程序发布到 Web 上，但并非所有桌面数据库功能都受 Web 支持，因此可能必须调整应用程序的一些功能。可以运行新增的 Web 兼容性检查器来帮助用户识别和修复任何兼容性问题。

（4）Intranet 或 Internet：可以发布到自己的 SharePoint 服务器上，也可以使用托管的 SharePoint 解决方案。

3）用来创建完整应用程序的数据库模板

Access 2010 包括一套经过专业化设计的数据库模板，可用来跟踪联系人、任务、事件、学生和资产，以及其他类型的数据。可以立即使用它们，或者对其进行增强和调整，以完全按照您所需的方式跟踪信息。

每个模板都是一个完整的跟踪应用程序，其中包含预定义表、窗体、报表、查询、宏和关系。这些模板被设计为可立即使用，这样，就可以快速开始工作。如果模板设计符合用户的需求，则可以直接开始工作。如果不符合，则可以使用模板作为一个良好的开端，创建满足您的特定需求的数据库，如附录 A 图-4 所示。

除了 Access 2010 中包括的模板外，还可以连接到 Office.com 下载更多的模板。

4）添加应用程序部件

可以通过使用应用程序部件轻松地向现有数据库中添加功能。应用程序部件是 Access 2010 中的新增功能，它是一个模板，构成数据库的一部分（例如，预设格式的表或者具有关联窗体和报表的表）。例如，如果向数据库中添加【任务】应用程序部件，将获得【任务】表、【任务】窗体以及用于将【任务】表与数据库中的其他表相关联的选项，如附录 A 图-5 所示。

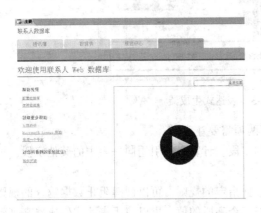

附录 A 图-4　模板的使用

附录 A 图-5　应用程序部件

5）改进的数据表视图

在 Access 2010 中无需提前定义字段即可创建表以及开始使用表。只需单击【创建】选项卡上的【表】，然后开始在出现的新数据表中输入数据即可。Access 2010 会自动确定适合每个字段的最佳数据类型，这样，便能立刻开始工作。【单击以添加】列向用户显示添加新字段的位置。如果您需要更改新字段或现有字段的数据类型或显示格式，可以通过使用功能区上【字段】选项卡中的命令进行更改。还可以将 Microsoft Excel 表中的数据粘贴到新的数据表中，Access 2010 会自动创建所有字段并识别数据类型，如附录 A 图-6 所示。

附录 A 图-6　数据表

6）布局视图

在查看窗体或报表中的数据的同时，可以使用布局视图来更改设计。【布局视图】相对于 Access 2007 进行了一些改进。在为网站设计窗体或报表时，将会用到【布局视图】，如附录 A 图-7 所示。

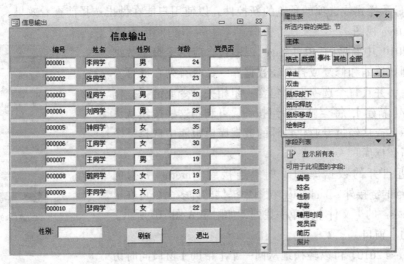

附录 A 图-7　布局视图下的窗体

例如，可以通过从【字段列表】窗格拖动一个字段的方式在设计网格中添加一个字段；或者通过使用【属性表】来更改属性。

7）使用控件布局保持内容整洁

Office Access 2007 中引入的布局是可作为一个单元移动和调整大小的控件组。在 Access 2010 中，对布局进行了增强，允许更加灵活地在窗体和报表上放置控件。可以水平或垂直拆分或合并单元格，从而使您能够轻松地重排字段、列或行，如附录 A 图-8 所示。

附录 A 图-8　使用控件布局

在设计 Web 数据库时，必须使用布局视图，但设计视图仍可用于桌面数据库设计工作。

2．全新的用户界面

Office Access 2007 中引入并在 Access 2010 中增强的全新用户界面旨在使您能够轻松地查找命令和功能。而过去，命令和功能常常深藏在复杂的菜单和工具栏中。

1）功能区

功能区是包含按特征和功能组织的命令组的选项卡集合。功能区取代了 Access 的早期版本中分层的菜单和工具栏，如附录 A 图-9 所示。

附录 A 图-9　功能区

功能区的重要功能包括：

① 命令选项卡：显示通常配合使用的命令的选项卡，这样即可在需要命令的时候找到命令。

② 上下文命令选项卡：根据上下文显示的一种命令选项卡。所谓上下文，也就是正在着手处理的对象或正在执行的任务。上下文命令选项卡中包含极有可能适用于您目前的工作的命令。

③ 库：显示样式或选项的预览的新控件，以使用户能在做出选择前查看效果。

2）Backstage 视图

Access 2010 中新增的 Backstage 视图包含应用于整个数据库的命令，例如压缩和修复或打开新数据库。命令排列在屏幕左侧的选项卡上，并且每个选项卡都包含一组相关命令或链接。例如，如果单击【新建】，将会显示一组按钮。可利用这些按钮从头创建新数据库，或从经过专业化设计的数据库模板库中选择一个模板来创建新数据库。

除了最近打开的数据库和（如果连接到 Internet）指向 office.com 文章的链接外，Backstage 视图中提供的许多命令可在早期版本的 Access 的【文件】菜单中找到，如附录 A 图−10 所示。

3）【帮助】窗口

使用 Access 2010，可以轻松地从同一个【帮助】窗口同时访问 Access 帮助和《开发人员参考》内容。例如，可以轻松地将搜索范围更改为仅限于《开发人员参考》内容。不论在【帮助】窗口中做何种设置，Office.com 或 MSDN 上都始终联机提供所有 Access 帮助和《开发人员参考》内容。

附录 A 图−10　Backstage 视图

3. 更强大的对象创建工具

Access 2010 为创建数据库对象提供了直观的环境。

1）【创建】选项卡

使用【创建】选项卡可快速创建新窗体、报表、表、查询及其他数据库对象。如果在导航窗格中选择了一个表或查询，则可以通过选择【窗体】或【报表】命令，基于该对象来创建新的窗体或报表。

通过此单击一下过程创建的新窗体和报表使用更新的设计来帮助使其外观更精美，并且可以立即投入使用。自动生成的窗体和报表具有专业的外观设计，并带有包括一个徽标和一个标题的页眉。此外，自动生成的报表还包括日期和时间信息，以及含有很多信息的页脚和总计。

2）报表视图和布局视图

Office Access 2007 中引入并在 Access 2010 中增强的这些视图允许您交互处理窗体和报表。通过使用报表视图，可以浏览精确呈现的报表，而不必打印它或在打印预览中显示它。若要重点查看某些记录，可以使用筛选功能，或使用【查找】操作来搜索匹配的文本。可以使用【复制】命令将文本复制到剪贴板上，或单击报表中显示的活动超链接以在浏览器中打开链接。

使用【布局】视图，可以在浏览数据时更改设计。可以在查看窗体或报表中的数据时使用【布局】视图进行许多常见设计更改。例如，可以通过从新的【字段列表】窗格中拖动字段名称来添加字段，或者通过使用属性表来更改属性。

【布局】视图现在提供经过改进的设计布局。这些布局是一系列控件组，您可以将它们作为一个整体来调整，这样就可以轻松重排字段、列、行或整个布局。还可以在【布局】视图中轻松删除字段或添加格式。

4．新的数据类型和数据显示

1）计算字段

Access 2010 中新增的计算字段允许您存储计算结果。

可以创建一个字段，以显示根据同一表中的其他数据计算而来的值。可以使用表达式生成器来创建计算，以便您可以受益于智能感知功能并轻松访问有关表达式值的帮助。

其他表中的数据不能用作计算数据的源。计算字段不支持某些表达式。

2）条件格式功能

新增的数据显示功能可帮助您更快地创建数据库对象，然后更轻松地分析数据。

Access 2010 新增了设置条件格式功能，使您能够实现一些与 Excel 中提供的相同的格式样式。例如，现在可以添加数据条以使数字列看起来更清楚，如附录 A 图–11 所示。

5．增强的安全性

利用增强的安全功能以及与 Windows SharePoint Services 的高度集成，可以更有效地管理，并使您能够让自己的信息跟踪应用程序比以往更加安全。通过将跟踪应用程序数据存储在 Windows SharePoint Services 上的列表中，可以审核修订历史记录、恢复已删除的信息以及配置数据访问权限。

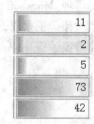

附录 A 图–11　条件格式

Office Access 2007 引入了一个新的安全模型，Access 2010 继承了此安全模型并对其进行了改进。统一的信任决定与 Microsoft Office 信任中心相集成。通过受信任位置，可以很方便地信任安全文件夹中的所有数据库。您可以加载禁用了代码或宏的 Office Access 2010 应用程序，以提供更安全的"沙盒"（即，不安全的命令不得运行）体验。受信任的宏以沙盒模式运行。

在 Access 2010 中，您可以将数据导出为 PDF（可移植文档格式）或 XPS（XML 纸张规范）文件格式以进行打印、发布和电子邮件分发，前提是您首先将 Publish 作为 PDF 或 XPS 加载项安装。通过将窗体、报表或数据表导出为 .pdf 或 .xps 文件，可以通过保留了所有格式特征的便于分发的窗体来捕获信息，其他人不需要在其计算机上安装 Access 便可打印或审阅您的输出。

① 可移植文档格式：可移植文档格式 (PDF) 是一种固定布局的电子文件格式，可以保留文档格式并支持文件共享。PDF 格式确保了在联机查看或打印文件时，可以完全保留所需的格式，而文件中的数据不能轻易复制或更改。对于要使用专业印刷方法进行复制的文档，PDF 格式也很有用。

② XML 纸张规范：XPS 是一种电子文件格式，可以保留文档格式并支持文件共享。XPS 格式确保了在联机查看或打印文件时，可以完全保留所需的格式，而文件中的数据不能轻易复制或更改。

参 考 文 献

[1] 张成叔. Access 数据库程序设计[M]. 2版. 北京：中国铁道出版社，2010.

[2] 邵丽萍. Access 数据库实用技术[M]. 2版. 北京：中国铁道出版社，2009.

[3] 科教工作室. Access2010数据库应用 [M]. 2版. 北京：清华大学出版社，2012.

[4] 潘明寒. Access 程序设计教程[M]. 北京：清华大学出版社，2011.

[5] 韩泽坤. Microsoft Access 2003公司数据库管理综合应用[M]. 北京：中国青年出版社，2005.

[6] 刘大伟，王永皎，巩志强. Access 数据库项目案例导航[M]. 北京：清华大学出版社，2005.

[7] 李春葆，曾平. Access 数据库程序设计[M]. 北京：清华大学出版社，2005.